터보유체기계

A. T. Sayers 지음
서용권 · 예용택 · 주원구 옮김

KM 경문사 McGraw Hill

옮긴이 머리말

유체기계에는 용적형과 터보형이 있는데, 대학에서 유체기계를 강의함에 있어서 가장 많은 시간을 할애하고 또 가장 큰 비중을 두는 부분이 터보형 유체기계(turbomachines)이다. 단순히 유체기계라 하면 이 터보형 유체기계를 의미하는 것으로 생각해도 좋을 정도이다.

이 책은 크게 보아 두 파트로 구성된다고 볼 수 있다. 2장부터 3장까지의 첫 파트는 펌프와 수차를 대상으로 하는 비압축성 유체기계 즉 수력기계에 관한 것이고, 4장부터 7장까지의 둘 째 파트는 압축기, 팬, 증기터빈, 및 개스터빈을 대상으로 하는 압축성 유체기계에 관한 것이다. 수력기계는 압축성 유체기계와 달리 밀도나 온도의 변화가 관여하지 않기 때문에 열역학적 지식이 거의 사용되지 않는다. 따라서 거의 모든 유체기계 교재에서 그렇게 하는 것처럼 책의 전반부에서 설명하는 것이 타당하다. 한편, 유체기계를 에너지 수수(收受)의 관점에서 분류한다면, 수력기계의 펌프와 압축성 기계의 압축기와 팬은 다같이 기계로부터 유체로 에너지가 전달되는 형태이고, 나머지들은 반대로 유체로부터 기계로 에너지가 전달되는 장치이다. 따라서 에너지의 전달과 관련한 개념들(동력의 손실, 효율같은 것), 유동방향, 날개의 방향 등을 고려할 때는 후자의 분류가 유익하다.

이 책은 유체기계의 극히 핵심적인 내용을 학부과정 학생들의 적절한 수준에서 잘 다루고 있다. 따라서 2~3 학점의 유체기계 교과목에 대한 한 학기 교재로서 적절하며, 너무 많은 내용을 담아 한 학기가 끝났을 때 책의 반도 배우지 못하고 마는 경우는 드물 것으로 생각된다(이 책의 분량이 그래도 제법 많은 것은 연습문제의 풀이 때문이다.) 그리고, 각 장마다 10 개 전후의 연습문제를 제시하였고, 더구나 그 풀이 과정까지 상세히 설명하고 있으므로 자습서로서도 훌륭하다.

원서를 번역함에 있어서, 독자들이 '차라리 원서를 보는 것이 낳겠다'라는 느낌을 가지는 일이 없도록, 직역(直譯)보다는 의역(意譯)을 택하였다. 원서의 번역시에 매번 경험하는 일이지만, 원어의 묘한 뉴앙스를 그대로 전달할 수가 없는 안타까움이 도처에서 느껴졌으나, '전공내용의 이해가 우선'이라는 생각으로 미련을 버렸다. 그러나, 역자들의 착오로 뜻하지 않은 오류가 없지 않을 것으로 생각되므로 독자 여러분들의 많은 충고와 의견제시를 구한다. 마지막으로, 이 책을 출판해 주신 경문사 관계자 여러분께 사의(謝意)를 표하며, 수학뿐만 아니라 공학분야에서도 양질의 교재를 계속 출판해 주실 것을 희망한다.

2000년 7월

역자 일동

머 리 말

이 책(Hydraulic and Compressible Flow Turbomachines)은 학부생들을 위한 터보기계(turbomachines)의 강의노트를 모아서 정리한 것이다. 터보기계라 하면 수력 기계뿐만 아니라 압축성 유체기계도 포함한다. 이 둘의 각각에 대한 책은 많이 나와 있지만, 두 분야 모두를 적절한 수준에서 동시에 다룬 책은 찾을 수 없었다.

이 책은 학부 및 대학원 과정의 학생들을 대상으로 한 것으로서, 터보기계 분야에서 사용되는 용어와 개념들을 소개하고 있다. 그러나 이 책은 터보기계에 관한 모든 사항을 총 망라한 것은 아니며, 또한 터보기계의 설계 책도 아니다(설계 파라미터같은 것들은 많이 제시되어 있기는 하다). 그보다 터보기계 분야의 좀더 전문화된 책의 도입부라 생각하면 되겠다. 이 책을 공부하는 학생들은 기초 유체역학과 열역학 과목을 이수한 것으로 가정하고 꾸몄다. 그리고 수학적인 작업은 가능하면 최소로 하였다. 각 장은 터보기계의 종류별로 독자적으로 꾸며져 있다. 이 책을 강의할 때는 본문의 내용과 병행하여 예제 문제를 다루어 최대의 교육 효과를 얻도록 해야 할 것이다. 각 장의 마지막에는 이러한 목적으로 연습문제들을 수록하였고 그 풀이 과정도 제시하였다.

이러한 책을 출판하는 데는 타이핑과 원고 교정에 있어서 꾸준한 인내

심을 필요로 한다. 이와 관련하여 저자는 Iris von Bentheim 부인과 Lyn Scott 부인에게 깊은 감사의 뜻을 표한다. 사진 작업에서는 Vernon Appleton 씨의 도움이 있었으며, 밑그림을 그려준 나의 아내 Susan의 끊임없는 격려가 없었다면 이 책의 출판은 불가능하였을 것이다. 마지막으로, 지난 수년간 나의 강의 노트와 문제의 질을 제고시켜준 학부생들에게 감사한다.

A.T. Sayers

차 례

제 6 장 축류 증기터빈과 개스터빈

제 7 장 반경류 개스터빈

찾아보기

기 호

A	면적	m^2
a	음속	m/s
b	깃(날개)의 깊이 혹은 두께	m
C	절대 속도	m/s
C_D	항력 계수	
C_{DA}	원환 항력계수(annulus drag coefficient)	
C_{DC}	팁 간극 항력계수(tip clearance drag coefficient)	
C_{DS}	이차적 손실 항력계수(secondary loss drag coefficient)	
C_L	양력계수	
C_p	정압 비열	J/kg K
C_s	분출 속도(spouting velocity)	m/s
C_v	노즐 속도계수	
c	익현(blade chord)	
D	직경	m
	항력	N
d_H	수력 직경(hydraulic diameter)	m
E	단위 질량유량 당 동력	W/(N/s)
e	외접원의 반경	m
F	힘	N

g	중력 가속도	m/s^2
H	수두	m
h	수두 손실	m
	비 엔탈피	J/kg
	깃(날개) 높이	m
I	임펠러(impeller) 상수	J/kg
i	입사각(incidence angle)	deg
L	양력	N
	길이	m
l	익(날개)폭	m
M	마하 수 질량	kg
m	질량유량	kg/s
N	단수(number of stages) 속도	rpm
$NPSH$	유효흡입수두(net positive suction head)	m
N_s	무차원 비속도	rev 혹은 rad
N_{sp}	무차원 동력 비속도	rev 혹은 rad
P	동력	W
$\overline{P}$	동력 계수(power coefficient)	
p	압력	Pa
Q	시스템으로의 열전달	W
	유량	m^3/s
q	비 열전달	J/kg
	누설 유량	m^3/s
R	반경	m
	입구 팁 반경(eye tip radius)	m
	기체 상수	J/kg K
Re	레이놀즈 수	
r	반경	m
	입구 허브 반경(eye hub radius)	m
SP	비속도	rad/s
s	깃(날개) 피치	m
	비 엔트로피	J/kg K

T	온도	K
	시간	s
	토크	Nm
U	원주 속도	m./s
u	단위 질량당 내부 에너지	J/kg
V	속도	m/s
v	체적	m^3
	속도	m/s
W	단위 시간당 일	W
	상대 속도	m/s
Y	압력 손실계수	
Z	깃(날개) 수(number of blades)	
	위치 수두 혹은 퍼텐셜 헤드	m

그리스 문자

α	절대속도의 각도	deg
β'	상대속도의 각도	deg
β	깃(날개) 각도	deg
Γ	순환(circulation)	m^2/s
γ	비열비	
δ	편차각(deviation angle)	deg
ε	전향각(deflection angle)	deg
ζ	엔탈피 손실계수	
	설치 각도(stagger angle)	deg
η	효율	
θ	캠버 각도	deg
λ	일 계수	
μ	절대 점도	Pa s
ρ	밀도	kg/m^3
σ	캐비테이션 계수(cavitation parameter)	

	고형비(solidity ratio)	
σ_c	임계 캐비테이션 계수	
σ_s	미끄럼 계수(slip factor)	
ϕ	유량 계수	
ψ	입력 동력 계수(power input factor)	
	단 부하(하중) 계수(stage loading factor)	
	수두 계수	
ω	각속도	rad/s

첨 자

a	축
atm	대기
av	평균
b	깃(날개)
c	케이싱
	압축기
D	설계 조건
d	흡출관
f	마찰
fp	관마찰
g	게이트(gate)
H	수력
h	허브(hub)
i	임펠러(impeller)
	입구
l	누설
m	평균 직경 상에서
	기계적
N	노즐
nom	규정(표준)(nominal)
o	출구
	전체(전)(overall)
	총 (정체) 조건 (total (stagnation) condition)

p	투사 면적
R	고정자
	팁에서(at tip)
γ	반경
r	러너
	허브에서 (at hub)
rel	상대속도 기준
s	등엔트로피
	축
	정(靜; static)
suc	흡입
t	팁(tip)
	터빈(turbine)
t-s	총압-정압(total to static)
t-t	총압-총압(total to total)
u	단위 양
v	체적의
vap	증기
x	접선 방향

제 1 장

서 론

1.1 정 의

터보기계는 연속적으로 움직이는 유체로부터 에너지를 뽑아 내거나 혹은 그것에게 에너지를 주는 모든 기계 장치를 말한다. 터보기계에서 에너지 전달은 회전 익렬(blade row)의 동적인 작용에 의해 이루어진다. 구체적으로 말하자면, 회전 익렬의 동적 작용에 의해 회전 날개와 유체 사이에 힘이 생겨나고 이 힘의 날개 이동 방향 성분이 날개-유체 사이의 에너지 전달을 만들어내는 것이다. 터보기계는 연속적으로 흐르는 유체를 대상으로 하며, 이 것이 용적형 유체기계(positive displacement machine)와 구분되는 점이다. (용적형 기계에서는 유체가 밀폐된 공간에 유입되는데, 그 밀폐된 공간은 주기적으로 정해진 시간동안 유체의 유입부나 유출부와 분리되고, 이 동안에 일이 수행된다.) 유체는 기체일 수도 있고 액체일 수도 있다. 이 책에서 우리는 기체의 경우는 이상기체로 가정하며, 액체의 경우는 뉴턴 유체로 가정한다.

위에서 제시한 터보기계의 정의는 보다 광범위한 것으로서, 선박의 프로펠러, 풍차, 물레방아, 수차, 개스 터빈 등이 모두 포함된다. 이 책에서 다루려는 터보기계는 회전 요소가 케이싱 혹은 슈라우드(shroud)에 의해 둘러

싸여 유선이 임펠러(impeller)의 선단에서 벗어나지 않는 형태를 말한다(따라서 풍차나 풍력발전기(aerogenerator) 등은 이 책에서 다루지 않는다).

표 1.1은 이 책에서 다루려는 터보기계의 종류를 보여준다. 이 표에서 좌우측의 구분은 유체가 회전기계 요소에 일을 가하느냐 아니면 그 반대의 것이냐에 따른 것이다. 터보기계는 또한 회전 요소 내를 통과하는 유체의 이동 방식에 의해 구분된다. 유체가 기본적으로 축 방향으로 움직이는 기계이면 축류 기계로 분류되고, 반경 방향으로 흐르는 경우에는 반경류형 혹은 원심형 기계로 분류된다. 민토(Minto) 휠이나 베이키(Baki) 터빈과 같이 특수한 형태의 터보기계도 있지만 이 책에서는 다루지 않을 것이다.

표 1.1 터보기계의 종류

터보기계의 종류	
유체가 기계에 대해 일을 하는 것	기계가 유체에 대해 일을 하는 것
축류 수차	원심 펌프
반경류 수차	축류 펌프
혼류 수차	원심 압축기
축류 개스 터빈	축류 압축기
펠톤 수차	반경류형 팬

표 1.1의 분류는 좀 더 일반적인 관점에서 설명할 수 있다. 즉, 이 표의 좌측은 유체의 압력 또는 수두(수력 기계의 경우) 혹은 엔탈피(압축성 유체 기계의 경우)가 입구에서 출구로 갈수록 감소하는 기계의 집합이고, 우측은 반대로 수두 혹은 엔탈피가 입구에서 출구로 갈수록 증가하는 기계의 집합이다. 입출구에서의 두 수두의 차이에 중량유량(단위 시간당 흐르는 유체의 무게)을 곱하면 그것이 바로 회전 날개로부터 추출할 수 있는 혹은 회전 날개가 흡수하는 에너지에 해당하는 것이다. 두 경우에 있어서 에너지의 전달은 유체의 각 운동량을 변화시키면 달라진다. 따라서 터보기계의 종류가 다르면 날개를 포함한 회전 요소들의 모양도 달라진다고 생각하는 것이 타당하다. 덧붙여, 각각의 터보기계들은 역사적으로 서로 다른 시대에서 발전

되었기 때문에, 기계의 명칭도 기계의 어떠한 부분에 대한 명명(命名)의 결과로 탄생한 것이 있는가 하면 기계의 종류별로 붙인 것도 있다. 이러한 명칭들을 살펴보자.

터빈 또는 수차(turbine). 유체가 연속적으로 흐르는 동안 압력이 감소하면서 동력을 생산하는 기계이다. 출력은 일반적으로 kW로 표시한다.

펌프(pump). 흐르는 유체의 압력 혹은 수두를 증가시키는 기계이다. 보통 압력은 kPa 로 수두는 m로 표시한다.

팬(fan). 연속적으로 흐르는 기체의 압력을 작은 양만큼 증가시키는 장치를 말한다. 입구와 출구에서의 기체의 밀도비가 보통 1.05 이하이기 때문에 기체는 비압축성이라 간주할 수 있고, 압력의 증가는 mm 수주(물기둥 높이)의 단위로 나타내는 것이 일반적이다.

압축기(compressor). 연속적으로 흐르는 기체에 압력을 크게 증가시키는 장치를 말한다. 입구와 출구에서의 기체의 밀도비는 보통 1.05 이상이다.

임펠러(impeller). 원심 펌프 또는 원심 압축기에서 회전하는 요소를 말한다.

러너(runner). 반경류 수차 혹은 반경류 수력 펌프에서 회전하는 요소이다.

회전자(rotor). 축류 개스 터빈 또는 축류 증기 터빈에서 회전하는 요소이다. 때로는 디스크(disc)라 부르기도 한다.

디퓨저(diffuser). 유체의 흐름 방향으로 나아가면서 단면적이 증가하는 유로를 말하며, 여기서 유체의 운동 에너지는 정압으로 변환된다. 보통, 압축기의 출구 쪽에 설치된다.

흡출관(draught tube). 수차의 출구에 설치되는 디퓨저를 말한다.

벌류트(volute). 압축기 혹은 펌프에서, 회전 날개로부터 배출된 유체를 끌어모으는 나선형 유로를 말한다. 수력 터빈에서는, 유체가 러너로 유입되기 전에 유체의 속도가 증가되도록 한다.

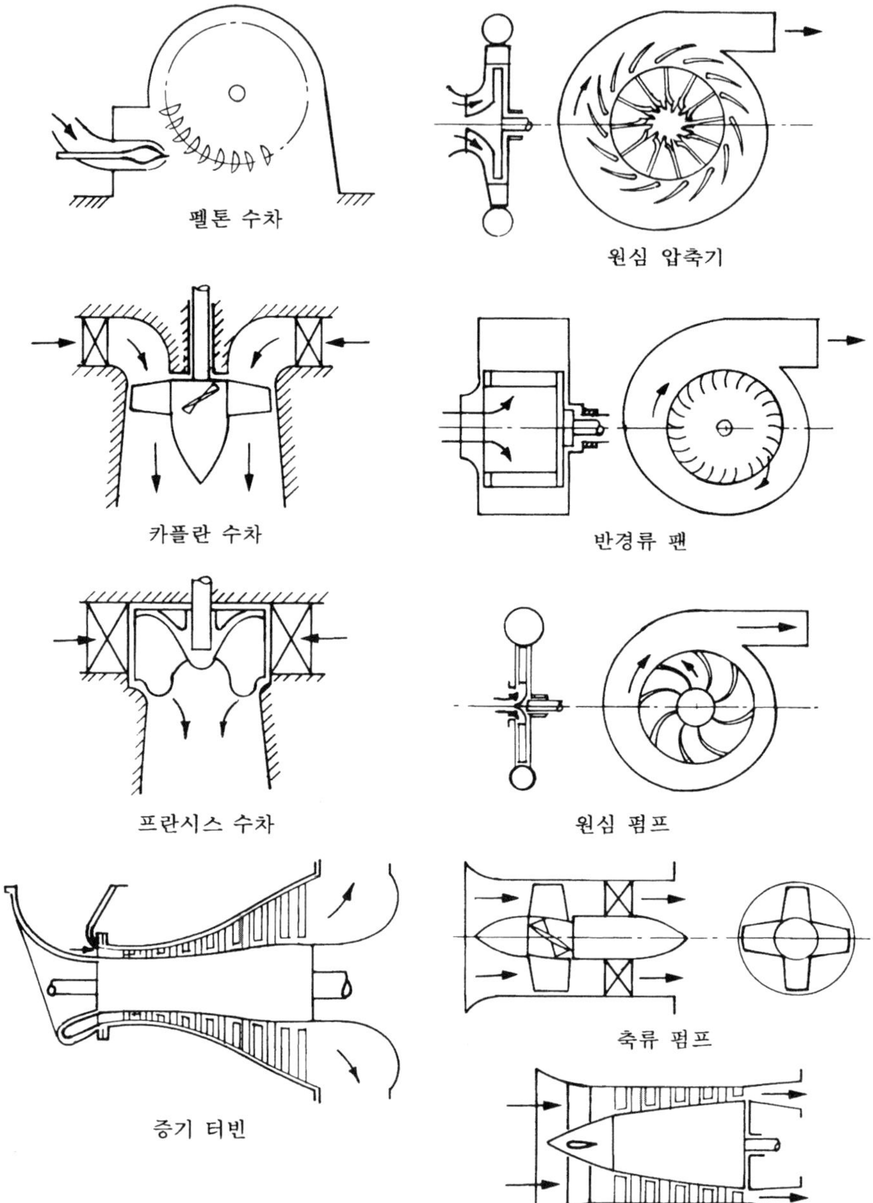

그림 1.1 터보기계의 형식과 모양

1.2 단　　위

이 책에서는 SI 단위를 사용한다. 기본 단위는 킬로그램[kg], 미터[m], 초[s]이다.

1.3 차원 해석

터보기계의 특성을 논함에 있어서는 많은 변수들이 관여하기 때문에, 차원 해석을 통해 이 변수들을 무차원 그룹으로 묶어 파라미터의 개수를 줄일 필요가 있다. 차원 해석은 또한 다음과 같은 두 가지 작업에서 중요한 쓰임새가 있다. 첫 번째는, 모델 기계에 대한 시험을 통해 원형(prototype) 기계의 성능을 예측할 때이며, 두 번째는, 주어진 수두, 속도 및 유량에서 최고의 효율을 내는 최적의 유체기계 형태를 선정할 때이다. 차원 해석에 관한 보다 일반화된 내용은 유체역학의 교과서에 나와 있고, 여기서는 무차원 그룹을 형성하는 방법과 터보기계의 모델 시험에서 어떻게 그것이 이용되는지를 간단히 설명하고자 한다.

1.3.1 수력 기계

그림 1.2는 밀도 ρ의 비압축성 유체가 유량 Q로 흐르는 경우에 있어서 수차 주위를 둘러싼 검사체적을 보여주고 있다. 여기서, 유량은 관로 중에 설치된 밸브의 개도(opening)에 의해 제어된다. 검사체적의 입출구에서의 수두의 차이를 H로 두었다. 또, 검사체적의 크기가 터빈의 직경 D와 같다고 보고, 수차가 회전속도 N에서 축동력 P를 낸다고 한다면, 축동력은

모든 변수들의 함수로 보기 때문에 아래와 같이 나타낼 수 있다.

$$P = f(\rho, N, \mu, D, Q, (gH)) \tag{1.1}$$

식 (1.1)에서, f는 '어떤 함수임'을 나타내고, g는 중력 가속도이며 H와 결합되어 단위 질량당의 에너지 (gH)로 표시되었다. 이제 식 (1.1)의 형태를 아래와 같이 모든 변수들의 거듭제곱의 곱인 것으로 가정하자.

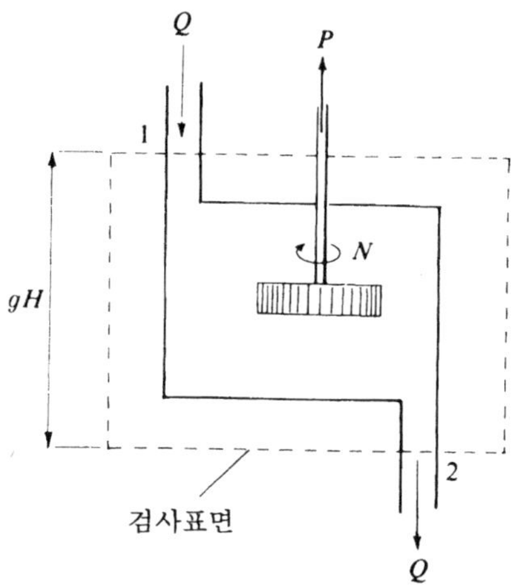

그림 1.2 수차를 위한 검사체적

$$P = \text{상수} \times [\rho^a N^b \mu^c D^d Q^e (gH)^f] \tag{1.2}$$

만약 모든 변수들이 기본 차원인 질량 M, 길이 L, 그리고 시간 T에 의해 표현될 수 있다면, 차원의 동차성 원리에 의해 식 (1.2)의 양변은 같은 차원을 가져야 하고, 이것은 M, L 및 T의 지수가 같아야 한다는 것을 의미한다. 즉

$$(ML^2/T^3) = \text{상수} \times (M/L^3)^a (1/T)^b (M/LT)^c (L)^d (L^3/T)^e (L^2/T^2)^f$$

으로부터

$$\begin{array}{ll} M & 1 = a + c \\ L & 2 = -3a - c + d + 3e + 2f \\ T & -3 = -b - c - e - 2f \end{array}$$

을 얻을 수 있는 것이다. 미지수가 6개인데 식은 3개밖에 없다. 따라서 그 중 3개의 미지수를 안다고 보고 나머지 3개에 대해 위 식을 푸는 작업을 할 수 있다. 지수 c, e, f를 기지수로 취급하고, 지수 a, b, d를 미지수로 하여 구하면 결과는 다음과 같다.

$$a = 1 - c$$

$$b = 3 - c - e - 2f$$

$$d = 5 - 2c - 3e - 2f$$

이 결과를 식 (1.2)에 대입하면

$$P = \text{상수} \times [\rho^{1-c} N^{3-c-e-2f} \mu^c D^{5-2c-3e-2f} Q^e (gH)^f]$$

을 얻고, 같은 미지수끼리 모으면

$$P = \text{상수} \times [(\rho N^3 D^5)(\mu/\rho N D^2)^c (Q/ND^3)^e (gH/N^2D^2)^f] \quad (1.4)$$

을 얻는다.

괄호 [ ] 내의 두 번째 항은 레이놀즈 수의 역수이다. 그런데 지수 c가 미지수이기 때문에 이 항은 역으로 취해도 상관없다. 그러면 식 (1.4)는 다음과 같이 된다. .

$$P/\rho N^3 D^5 = \text{상수} \times [(\rho N D^2/\mu)^c (Q/ND^3)^e (gH/N^2D^2)^f] \quad (1.5)$$

식 (1.5)의 각 그룹은 무차원이고 실제로 수력 터보기계의 분야에서 사용되고 있는 양이다. 이 그룹들의 이름은 아래와 같다.

$P/\rho N^3 D^5 = \overline{P}$	동력계수
$Q/ND^3 = \phi$	유량계수
$gH/N^2D^2 = \psi$	수두계수

식 (1.5)에서, ND는 원주 속도 V에 비례하므로, 항 $\rho ND^2/\mu$는 레이놀즈 수 $Re = \rho VD/\mu$와 같다. 그러면 식 (1.1)은 아래와 같이 쓸 수 있다.

$$\overline{P} = f(Re, \phi, \psi) \quad (1.6)$$

이 식이 뜻하는 것은, 터보기계에서 동력계수는 레이놀즈 수, 유량계수, 및 수두계수의 함수라는 것이다. 그러나 현재로서는 이 함수가 구체적으로 무엇인지는 알 수 없고 실제 원형의 기계나 모델에 대한 실험으로부터 구해야 할 것이다. 보통 수력 기계의 경우에는 레이놀주 수가 매우 크기 때문에 점성 효과는 동력의 변화에 큰 영향을 미치지 못하고 따라서 동력계수는 ψ와 ϕ만의 함수가 된다. 실제로 $\overline{P}$가 ϕ와 ψ에 따라 어떻게 변화하는지를 이해하기 위해 그림 1.2를 다시 보자.

P, ψ 및 ϕ 사이의 관계를 결정하기 위해서는 기계의 입출구 간의 수두를 고정시키는데, 이것은 수력발전 설비(hydroelectric installation)에서 일반적이다. 입구 밸브의 개도가 고정되어 있는 상태에서 기계의 부하를 변화시켜 가며 토크, 속도, 및 유량을 측정한다. 이 측정결과로부터 동력이 계산되고, $\overline{P}$의 곡선을 ϕ와 ψ의 변화에 대해 그릴 수 있다.

수차와 펌프에 대한 전형적인 무차원 특성곡선이 그림 1.3(a)와 1.3(b)에 각각 주어져 있다. 주어진 기계의 특성은 P, N, Q 및 H를 다르게 조합하여 나타낼 수도 있다. 즉, 시험의 특성에 따라 이들 무차원 그룹은 상호 곱하거나 나누어 다른 무차원 형태로 만들어 사용할 수도 있는 것이다. 좀 더 구체적으로 말한다면, 위에서는 c, e, f를 기지수로 하고 a, b, d를 미지수로 하여 구하였는데, 경우에 따라서는 이와 달리 함으로써 다른 형태의 무차원 그룹을 만들 수가 있는 것이다.

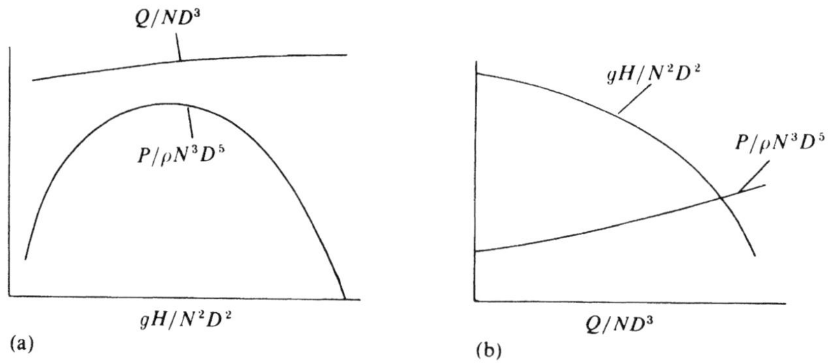

그림 1.3 수력 기계의 성능곡선을 무한원 그룹으로 나타낸 모양
(a) 수차 (b) 수력 펌프

터빈의 경우 수력 효율은 아래와 같이 정의된다.

$$\eta = \frac{\text{러너에 실제로 전달된 동력}}{\text{러너가 사용할 수 있는 동력}} \tag{1.7}$$

$$= P/\rho gQH$$

P에 관한 식을 대입하고 재정리하면

$$\eta = \overline{P}(ND^3/Q)(N^2D^2/gH) \tag{1.8}$$

$$= \overline{P}/\phi\psi$$

을 얻는다. 그러나 펌프의 경우에는 반대로

$$\eta = \phi\psi/\overline{P} \tag{1.9}$$

가 된다.

1.3.2 모델 시험

많은 경우, 수력 기계는 대형이고 오직 한 대의 장치만을 필요로 한다. 예를 들면 어떤 수력발전소에서 수차는 수 메가와트(MW)의 동력을 낸다. 따라서, 실제 크기의 장치를 설치하기 이전에 모델(model)을 만들어서 시험하고 이로부터 그 기계의 특성에 관한 가능한 많은 정보를 획득할 필요가 있다. 이 때, 모델에서 획득한 결과를 원형(prototype)에 올바르게 적용시키기 위해서는 세 가지 조건을 만족시켜야 한다. 첫 번째, 모델과 원형은 기하학적으로 닮아야 한다. 즉, 모델과 원형에 있어서 모든 기하학적 길이의 비가 서로 같아야 하는 것이다. 두 번째, 운동학적 상사성은 모델의 한 점에서의 속도와 원형에서의 그 상응점에서의 속도의 비는 위치에 관계없이 항상 일정한 값을 가져야 한다. 세 번째, 역학적 상사성은 모델의 한 점에 작용하는 힘과 원형에서의 그 상응점에 작용하는 힘의 비는 위치에 관계없이 항상 일정한 값을 가져야 한다는 것이다. 기하학적 상사성을 만족시킬 때, 역학적으로 상사이면 그것은 운동학적 상사성을 의미한다.

위의 세 가지 상사칙을 만족시키려면 식 (1.5)에서 제시한 무차원 그룹의 값이 모델과 원형에서 서로 같아야 한다. 따라서 그림 1.3과 같은 특성곡선이 어떤 모델시험에서 얻어졌다면, 이 곡선은 원형에 대해서도 적용될 수 있는 것이다. 나아가 이 곡선은 시험 모델과 유사한 다른 모든 유체기계에 대해 임의의 수두, 유량 및 속도에서 사용할 수 있다.

1.3.3 압축성 기계

모든 터보기계가 다 작동매체로서 액체를 사용하는 것은 아니다. 항공기의 제트 엔진에 널리 사용되는 개스 터빈이나 축류 압축기에서는 연소기체와 공기가 각각 작동유체이며, 많은 디젤 엔진은 과급기(supercharger)로서 원심압축기를 사용한다. 이러한 작동유체에 대해서는, 앞에서 수력 기계에 대해 사용한 변수에 덧붙여 새로운 변수들을 도입해야 하고, 몇 가지 정의도 다르게 내릴 필요가 있다.

압축성 기계에서 중요한 파라미터는 기체의 압력과 온도인데, 압축기에서는 이것들이 질량유량과 더불어 증가하고, 터빈에서는 질량유량과 더불어 감소한다. 그림 1.4는 압축과 팽창 과정을 $T-s$ 선도로 보여준 것이다.

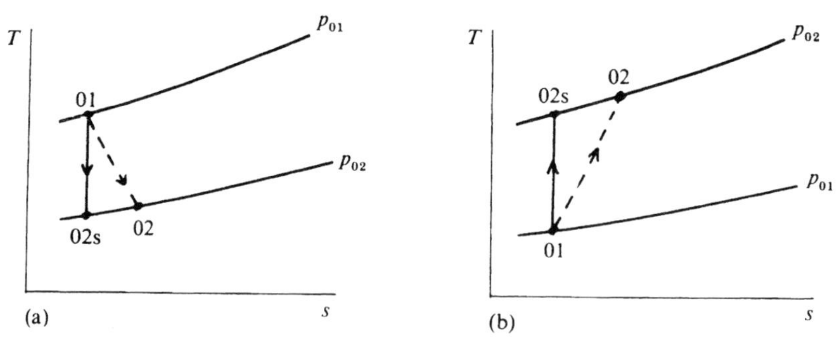

그림 1.4 압축성 유체기계의 압축과 팽창 (a) 터빈 (b) 압축기

기체의 배출 과정이 등엔트로피 흐름이면 기체의 출구점은 02s 이나, 실제로는 등엔트로피가 아니기 때문에 02가 된다. 하첨자 0은 총 상태(total condition; ['정체상태' 또는 '전 상태'를 의미])를 나타내고, 1과 2는 각각 기체의 입구와 출구점을 나타낸다. 그리고 하첨자 s는 등엔트로피를 의미한다.

출구에서의 압력 p_{02}는 다음과 같이 여러 변수들의 함수인 것으로 생각할 수 있다.

$$p_{02} = f(D, N, m, p_{01}, T_{01}, T_{02}, \rho_{01}, \rho_{02}, \mu) \tag{1.10}$$

수력기계에서는 압력비 p_{02}/p_{01}가 수두 H로 대체되고 질량유량 m(kg/s)은 유량 Q로 대체된다. 그런데, 밀도는 상태방정식 $\rho = p/RT$로 표현될 수 있기 때문에 위 식은 아래와 같이 단순화된다.

$$p_{02} = f(p_{01}, RT_{01}, RT_{02}, m, N, D, \mu)$$

그리고 p_{02}를 구체적으로 아래와 같이 다른 변수들의 거듭제곱의 곱으로 나타낸다.

$$p_{02} = \text{상수} \times [(p_{01})^a (RT_{01})^b (RT_{02})^c (m)^d (N)^e (D)^f (\mu)^g] \tag{1.11}$$

각 변수의 차원을 넣으면

$$(\mathrm{M/LT^2}) =$$
$$\text{상수} \times [(\mathrm{M/LT^2})^a (\mathrm{L^2/T^2})^b (\mathrm{L^2/T^2})^c (\mathrm{M/T})^d (1/\mathrm{T})^e (\mathrm{L})^f (\mathrm{M/LT})^g]$$

이 된다. 좌우변의 각 기본차원의 지수끼리 같게 두면,

$$\begin{aligned} &\mathrm{M} && 1 = a + d + g \\ &\mathrm{L} && -1 = -a + 2b + 2c + f - g \\ &\mathrm{T} && -2 = -2a - 2b - 2c - d - e - g \end{aligned}$$

을 얻고, 이를 풀어서 a, b, f를 c, d, e, g로 나타내면 아래와 같은 관계식을 얻는다.

$$a = 1 - d - g$$
$$b = d/2 - c - e/2 + g/2$$

$$f = e - 2d - g$$

식 (1.11)의 a, b, f를 이 관계식들로 대체하면 다음과 같다.

$$p_{02} = \text{상수}\left[p_{01}^{1-d-g}(RT_{01})^{d/2-c-e/2+g/2}(RT_{02})^{c}m^{d}N^{e}D^{e-2d-g}\mu^{g}\right]$$

$$= \text{상수} \times p_{01}\{(RT_{02}/RT_{01})^{c}[m(RT_{01})^{1/2}/p_{01}D^{2}]^{d}[ND/(RT_{01})^{1/2}]^{e}$$

$$\times[\mu(RT_{01})^{1/2}/p_{01}D]^{g}\} \tag{1.12}$$

위 식에서 괄호 내의 마지막 항의 분자와 분모에 $(RT_{01})^{1/2}$를 각각 곱하고 p_{01}/RT_{01}이 ρ_{01}과 같다는 사실을 적용하면 이 항은

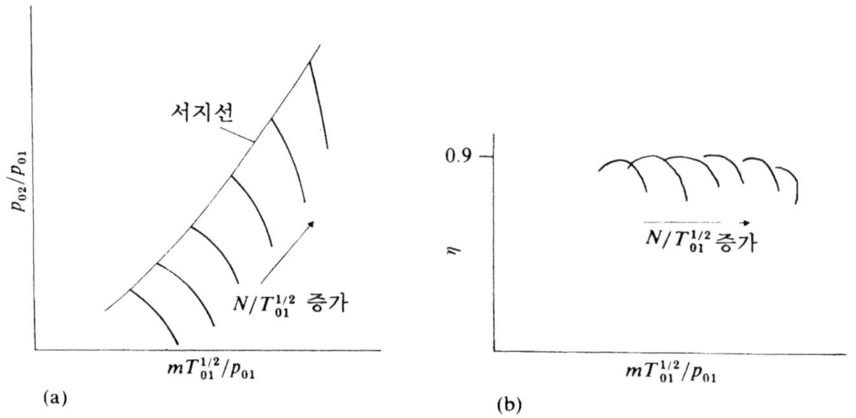

그림 1.5 축류 압축기의 특성: (a) 압력비 (b) 효율

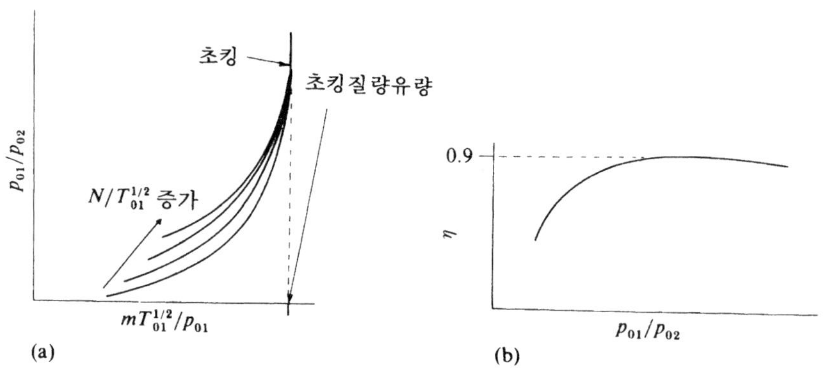

그림 1.6 축류 개스터빈의 특성: (a) 압력비 (b) 효율

$$\mu RT_{01}/p_{01}(RT_{01})^{1/2}D=\mu/(RT_{01})^{1/2}\rho_{01}D$$

와 같이 된다. 그런데 $(RT_{01})^{1/2}$는 L/T, 즉 속도의 차원을 가지므로, 이 항은 레이놀즈 수의 역으로 간주할 수 있다. 그러면 함수 관계식 (1.12)는 다음과 같이 된다.

$$p_{02}/p_{01}=f((RT_{02}/RT_{01}),(m(RT_{01})^{1/2}/p_{01}D^2),(ND/(RT_{01})^{1/2}),Re) \tag{1.13}$$

이 함수의 구체적인 형태는 모델이나 원형에 대한 실험으로부터 구해져야 할 것이다. 어떤 특정한 기계에 대해 특정한 유체를 사용하는 경우, 또는 모델에 사용하는 유체가 원형에서의 유체와 동일한 경우, R은 상수가 되고 이 식에서 소거된다. 보통 레이놀즈 수는 무척 높고, 흐름은 난류이기 때문에 터보기계의 일반적인 작동범위에서 레이놀즈 수의 영향은 무시된다. 그러나, 밀도가 크게 변하는 경우에는 레이놀즈 수 Re의 변화는 상당히 크고 따라서 이 영향을 고려해야 한다. 직경이 일정한 동일한 유체 기계에서는 직경 D가 상수가 된다. [즉, D는 단순히 무차원화를 위한 도구로 볼 수 있다.] 이러한 것들을 고려하면 식 (1.13)은 아래와 같이 쓸 수 있다.

$$p_{02}/p_{01}=f((T_{02}/T_{01}),(mT_{01}^{1/2}/p_{01}),(N/T_{01}^{1/2})) \tag{1.14}$$

이제 어떤 항은 무차원이 아님을 알 수 있다. 어떤 특정한 하나의 유체 기계에 대한 특성곡선은 보통, p_{02}/p_{01} 혹은 T_{02}/T_{01}을 세로축으로, 질량 유량 파라미터 $mT_{01}^{1/2}/p_{01}$를 가로축으로 하고 속도 파라미터 $N/T_{01}^{1/2}$를 여러 가지로 달리하여 그린다. 그러나 여러 가지 다른 크기의 터보기계를 대상으로 하고, 또 사용하는 기체도 달라지는 경우에는 원래의 무차원 식 (1.13)을 적용해야 할 것이다. 항 $ND/(RT_{01})^{1/2}$은 마하 수의 영향을 나타내는 것이라 볼 수 있다. 이것은 임펠러의 속도 V가 $V\propto ND$이고 음속이 $a_{01}\propto(RT_{01})^{1/2}$이며 마하 수가 $M=V/a_{01}$이기 때문이다. 어떤 축류 압축기와 축류 터빈에 대한 전형적인 성능곡선이 그림 1.5와 1.6에 나타나 있다.

1.4 원형과 모델에서의 효율

지금까지 무차원 그룹의 사용에 관해 설명하였는데, 이제 모델과 원형이 상사관계에 있을 때 모델의 효율과 원형의 효율 사이의 관계에 대해 살펴보자. 어떤 수차의 원형의 효율이 η_p이고, 이와 상사인 어떤 모델을 만들었다고 가정하자. 모델을 하첨자 m으로 원형을 하첨자 p로 각각 나타내면 상사칙으로부터

$$H_p/(N_p D_p)^2 = H_m/(N_m D_m)^2 \quad \text{또는} \quad H_p/H_m = (N_p/N_m)^2 (D_p/D_m)^2$$

$$Q_p/N_p D_p^3 = Q_m/N_m D_m^3 \quad \text{또는} \quad Q_p/Q_m = (N_p/N_m)(D_p/D_m)^3$$

$$P_p/N_p^3 D_p^5 = P_m/N_m^3 D_m^5 \quad \text{또는} \quad P_m/P_p = (N_m/N_p)^3 (D_m/D_p)^5$$

가 된다. 그런데 수차의 효율은

$$\begin{aligned} \text{수차의 효율} &= \frac{\text{축동력}}{\text{가용 수동력}} \\ &= P/\rho g Q H \end{aligned} \tag{1.15}$$

이므로

$$\eta_m/\eta_p = (P_m/P_p)(Q_p/Q_m)(H_p/H_m) = 1$$

의 결과를 얻게 된다. 이것은 모델과 원형이 상사칙을 만족한다면, 두 효율은 동일하다는 것을 의미한다. 그러나 실제로는 둘 사이에 완전한 상사칙을 만족한다는 것은 불가능하다. 구체적으로, 표면의 거칠기가 기하학적 상사칙을 만족시키지 못할 경우가 많고, 또 레이놀즈 수와 마하 수가 동시에 같도록 한다는 것이 어렵다.

1.5 무차원 비속도

1.3절에서, 어떤 정해진 형태의 기계에 대한 무차원 그룹 사이의 함수 관계를 나타내는 곡선들은 상사칙만 만족된다면 같은 부류(family)의 기계에 그대로 적용된다는 것을 알았다. 따라서 유체기계의 형태가 다르면 이 곡선들도 달라지며, 이것을 달리 말한다면, 어떠한 작동 조건이 제시되었을 때 이에 가장 적합한 유체기계를 선정함에 있어서 이들 곡선을 사용할 수 있는 것이다. 그림 1.7은 형태가 다른 수력 펌프에서의 전형적인 특성곡선들을 비교하여 보여준 것이다. 이것을 보면 하나의 유량계수[그림에서 가로 축]에 대해 두 개 이상의 임펠러 형태를 선택할 수 있음을 알 수 있다. 그러나, 각 곡선에서 효율이 최대가 되는 점은 한 점밖에 없다. 즉, 어떤 펌프가 설계되면 효율이 최대가 되는 ϕ와 ψ가 유일하게 결정되며 이것이 이 펌프 고유의 성질을 나타낸다. 터빈의 경우에는 ψ 대신에 $\overline{P}$를 사용한다. 즉, 터빈의 경우에는 효율이 최대가 되는 $\overline{P}$와 ϕ가 유일하게 결정된다.

펌프를 설계할 때 요구되는 것은, 주어진 유량 Q와 속도 N에서 양정 H가 얼마가 되어야 한다는 식이다. 여기서 속도가 정해지는 이유는 보통 전기모터를 사용함으로써 속도가 어떤 일정한 값으로 이미 결정되기 때문이다. 그러나 기계의 크기(직경)와 종류에 대해서는 보통 사양에서 언급되지 않으며, 이 둘은 설계자가 결정하지 않으면 안된다. 유체기계가 최적의 상태로 작동하는 설계점, 즉 최대 효율점에 해당하는 상수 ϕ와 ψ를 각각 ϕ_D와 ψ_D라 하자.

$$\phi_D = Q/ND^3 \quad \text{및} \quad \psi_D = gH/N^2D^2$$

이 두 식으로부터 직경을 소거하면

$$D = (gH/\psi_D)^{1/2}/N \quad \text{및} \quad \phi_D = QN^2(\psi_D/gH)^{3/2}$$

또는

$$NQ^{1/2}/(gH)^{3/4} = (\phi_D^{1/2}/\psi_D^{3/4}) = \text{상수} = N_s \tag{1.16}$$

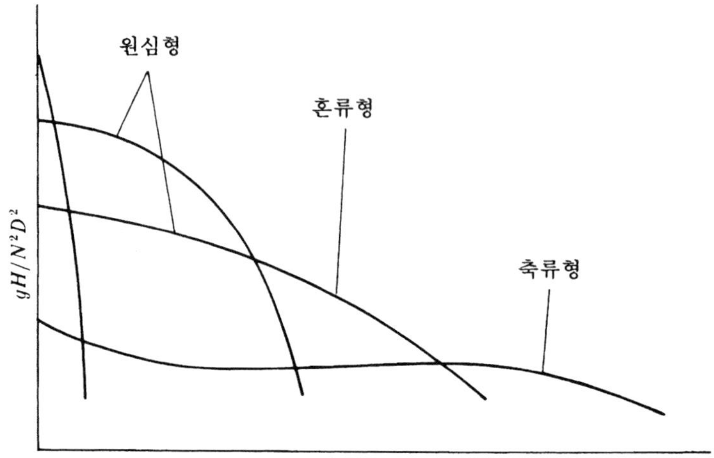

그림 1.7 여러 가지 펌프형태의 특성 곡선

을 얻게 된다. 여기서 N_s가 무차원 비속도이며, 단위는 N의 단위를 따라 rev(회전) 혹은 rad(라디안)이 된다. 이것을 차원 있는 비속도와 혼동하여서는 안된다.

최대 효율점에서의 조건으로부터 D가 소거되었기 때문에 무차원 비속도는 설계 파라미터의 역할을 하게 되며, 이 무차원 비속도는 주어진 N, H, Q에서 어떠한 형식의 기계가 사용되어야 하는지를 말해준다. 식 (1.16)을 보면, N_s가 높은 펌프는 낮은 양정과 큰 유량을 의미하며 이것은 축류 펌프의 경우이다.

반면에, 낮은 N_s는 양정이 높고 유량이 작은 원심 펌프의 경우이다. 그림 1.8은 펌프 임펠러의 형태에 따른 N_s값의 변화를 보여주고 있으며, 더불어 각 펌프 형식에 있어서의 최대 효율값의 기대치를 알 수 있다.

실제로는 상수 g를 빼버리고 $NQ^{1/2}/H^{3/4}$를 N_s로 사용하는 경우가 많다. 그러면 이것은 이전의 N_s와는 다른 값을 가지게 된다. 그리고, 비속도의 식에 참여하는 N, H, Q의 단위들도 일관성 없이 사용되기 때문에,

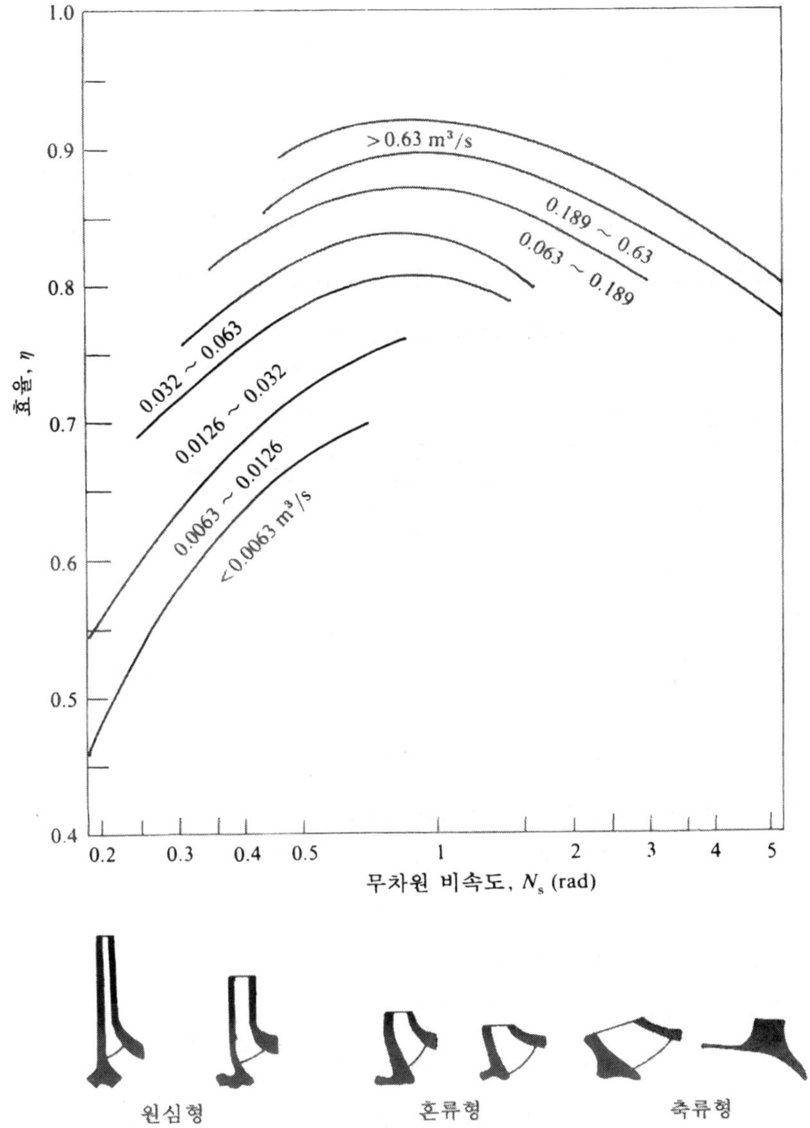

그림 1.8 수력 펌프의 임펠러 설계 형태

만약 비속도의 값이 주어진다면 그것이 어떠한 정의 하에서의 값인지를 알아야 할 것이다. 이 책에서는 SI 단위를 사용할 것이며 N_s 도 무차원 형태의 것을 사용한다.

그러나, 참고로 표 1.2는 다른 단위의 N, H, Q가 사용되었을 경우에 비속도의 값을 환산할 수 있는 식을 제시하고 있다. 여기서 gpm은 분당 US 갈론(gallon)이며, ft는 푸트(또는 피트(foot)), cfs는 단위 초당 세제곱 피트, 그리고 hp는 호스파우어(horse power)를 나타낸다.

표 1.2 비속도의 환산 계수

비속도	무차원 비속도, N_s (rad)
$SP_1 = \text{rpm}(\text{cfs})^{1/2}/\text{ft}^{3/4}$	$N_s = SP_1/129$
$SP_2 = \text{rpm}(\text{m}^3/\text{s})^{1/2}/\text{m}^{3/4}$	$N_s = SP_2/53$
$SP_3 = \text{rpm}(\text{gpm})^{1/2}/\text{ft}^{3/4}$	$N_s = SP_3/2730$
$SP_4 = \text{rpm}(\text{hp})^{1/2}/\text{ft}^{5/4}$	$N_s = SP_4/42$
$SP_5 = \text{rpm}(\text{metric hp})^{1/2}/\text{m}^{5/4}$	$N_s = SP_5/187$

수력 기계에서 자주 사용되는 용어로서 단위 양정 [또는 단위 수두, 또는 단위 낙차](unit head), 단위 속도(unit speed) 및 단위 동력(unit power) 등이 있다. 이것들은 수력 기계들을 어떠한 표준 조건에서 시험하여 상호 비교하기 위한 목적으로 나온 것이다. 수차나 터빈에서는, 효율이 일정하게 유지되는 상태에서 단위 낙차 혹은 단위 수두(말하자면 1m 혹은 1ft)로 가정하여 속도라든지, 출력 및 유량을 계산한다. 예를 들면, 낙차 H_1, 속도 N_1 rpm 하에서 어떤 수차에 대해 시험을 실시하였다고 가정해 보자. 그러면, 다른 속도 N_2와 다른 수두 H_2에서는 식 (1.6)에 의해

$$H_1/N_1^2 = H_2/N_2^2$$

혹은

$$N_2 = N_1(H_2/H_1)^{1/2}$$

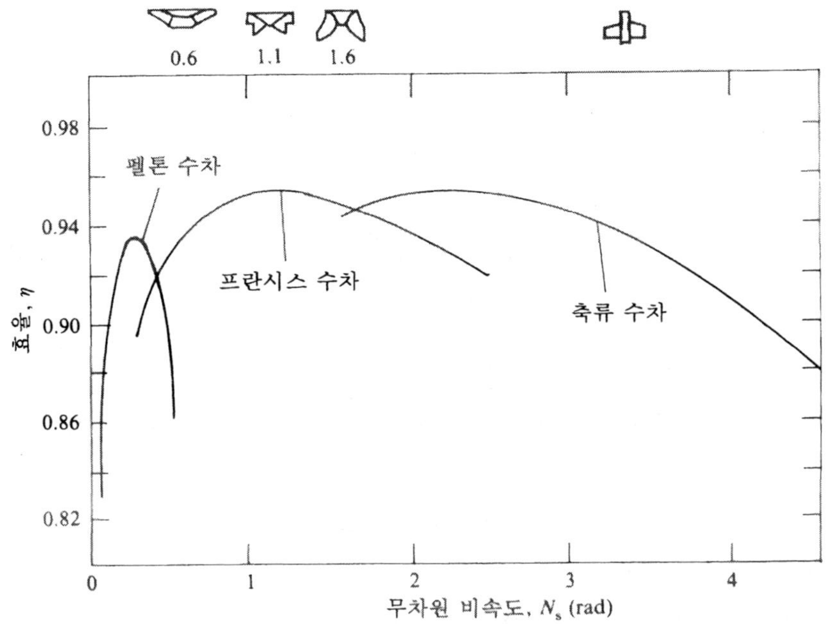

그림 1.9 무차원 비속도에 따른 수차의 러너 형태의 변화

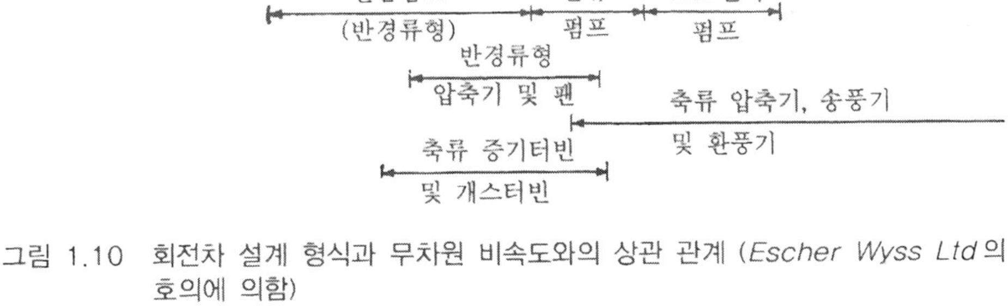

그림 1.10 회전차 설계 형식과 무차원 비속도와의 상관 관계 (*Escher Wyss Ltd*의 호의에 의함)

이 된다. 여기서 $H_2 = 1$(단위 낙차)로 두면

$$N_2 = N_1/H_1^{1/2} = N_u \tag{1.17}$$

을 얻게 되는데, 이것을 단위 속도라 부른다. 단위 유량과 단위 동력에 대해서도 이와 유사하게 정의할 수 있다.

$$Q_u = Q/H^{1/2} \tag{1.18}$$

$$P_u = P/H^{3/2} \tag{1.19}$$

터빈에서의 무차원 비속도는 펌프에서와 같은 요령으로 유도할 수 있다. 다만, 터빈에서는 $\overline{P}$와 ψ의 식으로부터 D를 소거한다는 점이 다르며, 이와 같이 하여 얻어지는 것을 동력 비속도라 부르고 여기서는 N_{sp}로 표기한다.

$$N_{sp} = NP^{1/2}/\rho^{1/2}(gH)^{5/4} \tag{1.20}$$

그림 1.9는 터빈의 임펠러 형상에 따른 효율곡선을 무차원 비속도에 대해 그린 것인데, 각 형상에 대한 최적의 효율 또는 설계 효율이 존재함을 알 수 있다.

그림 1.10과 1.11에서 보는 바와 같이 터보기계의 임펠러 설계 형태는 낮은 비속도의 값을 가지는 형태에서부터 높은 비속도의 값을 가지는 형태까지 다양하다. 이 그림을 보면 낮은 비속도의 기계는 직경이 크고 높은 비속도의 기계는 직경이 작음을 알 수 있다. 일반적으로 직경이 작을수록 기계의 가격은 낮기 때문에 설계자는 가능하면 비속도가 큰 쪽으로 설계하려는 경향이 있다.

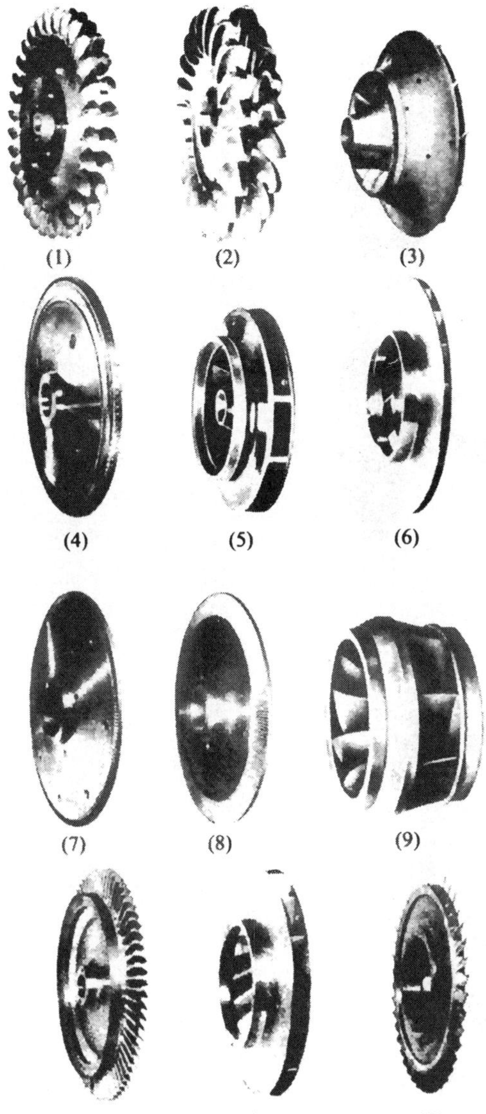

	N_s		N_s
(1) 펠톤 수차	0.05	(7) 증기터빈	0.54
(2) 펠톤 수차	0.13	(8) 증기터빈	1.07
(3) 프란시스 수차	0.38	(9) 원심펌프	1.07
(4) 증기터빈	0.4	(10) 개스터빈	1.18
(5) 원심펌프	0.54	(11) 반경류형 압축기	1.34
(6) 반경류형 압축기	0.54	(12) 축류 압축기	1.6

그림 1.11 회전차 형식에 따른 무차원 비속도의 값

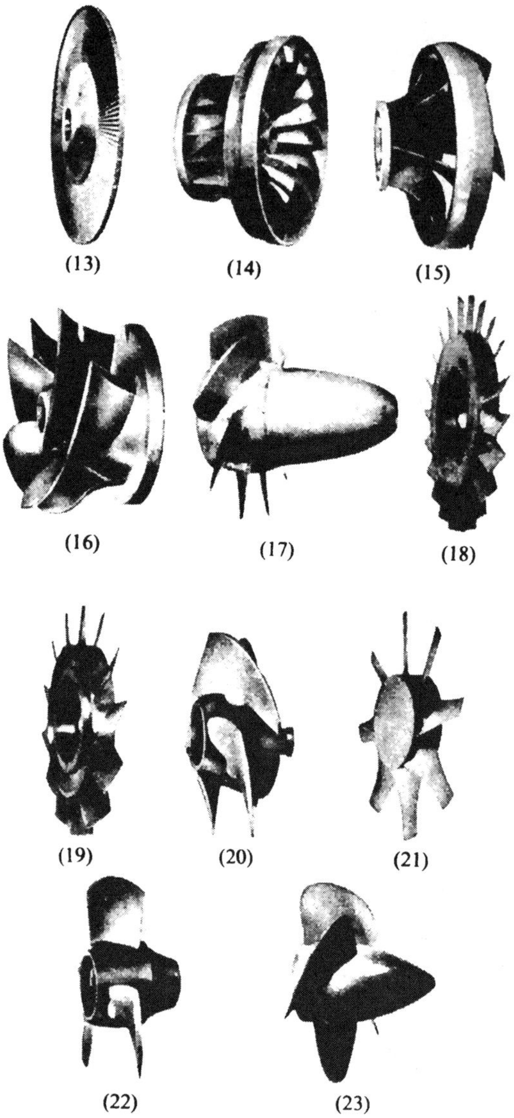

	N_s		N_s
(13) 증기터빈	1.6	(19) 축류 압축기	3.21
(14) 프란시스 터빈	1.72	(20) 프로펠러 펌프	3.21
(15) 프란시스 터빈	2.14	(21) 축류 송풍기	4.82
(16) 혼류펌프	2.14	(22) 프로펠러 펌프	5.36
(17) 카플란 수차	2.41	(23) 카플란 수차	5.36
(18) 축류 압축기	2.41		

그림 1.11 (계속)

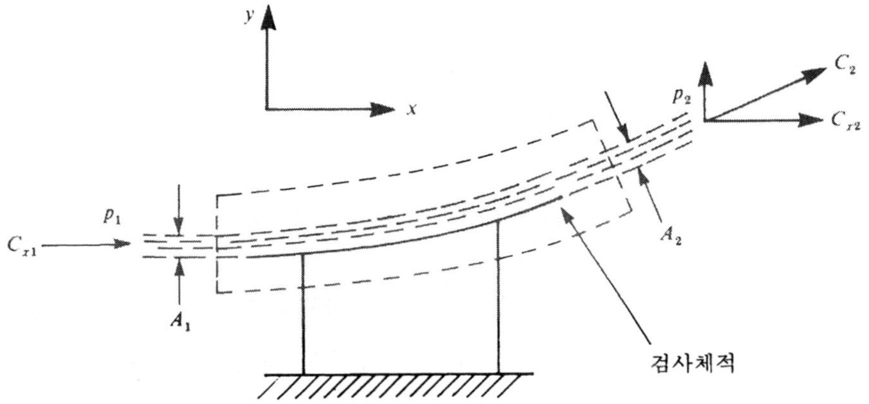

그림 1.12 선형 운동량을 위한 검사체적

1.6 기본 법칙과 방정식

터보기계에서는 열역학과 유체역학에 관한 기본 법칙이 적용되는데, 이들 법칙은 좀 더 간편한 형태로 사용된다. 각 법칙은 모두 다 적용될 때도 있고 부분적으로만 적용될 때도 있다. 이들 법칙에 대해 차례대로 설명하고자 한다.

1.6.1 연속법칙

어떤 검사체적을 통과하는 정상유동에서 질량유량 m은 일정하다. 그림 1.12를 참고하여

$$m = \rho_1 C_1 A_1 = \rho_2 C_2 A_2 \tag{1.21}$$

을 얻을 수 있다. 여기서 속도 벡터 C_1과 C_2는 유동 단면적 A_1과 A_2

에 수직이다. 압축성 흐름에서는 질량유량(kg/s)이 대부분 사용되고, 수력 기계에서는 체적 유량 $Q\,(\mathrm{m}^3/\mathrm{s})$가 사용된다.

1.6.2 정상 유동에서의 에너지 방정식 (열역학 제 1 법칙)

시스템 검사체적을 통과하는 정상 유동에서, 주위로부터 시스템에 유입되는 열전달율이 Q이고 시스템이 외부에 대해 수행한 일이 W일때,

$$Q - W = m[\,(p_2/\rho_2 - p_1/\rho_1) + (C_2^2 - C_1^2)/2 + g(Z_2 - Z_1) + (u_2 - u_1)\,] \tag{1.22}$$

이 성립된다. 여기서 p/ρ=단위 질량당의 압력 에너지(J/kg), $C^2/2$=단위 질량당 운동 에너지(J/kg), u=단위 질량당의 내부 에너지(J/kg), gZ=단위 질량당의 퍼텐셜 에너지(J/kg), m=질량유량(kg/s), W=주위에 대해 수행한 일(W), 그리고 Q=시스템으로의 유입 열량(W)이다.

다르게 말한다면, 식 (1.22)는 정상 흐름에서 다음 사실이 성립함을 의미한다.

유체에 유입된 단위 질량당 열량	−	유체에 의해 수행된 단위 질량당 일	=	단위 질량당 압력 에너지의 증가	+	단위 질량당 운동 에너지의 증가
			+	단위 질량당 퍼텐셜 에너지의 증가	+	단위 질량당 내부에너지의 증가

위의 정상 유동에 대한 에너지 방정식은 액체, 기체, 그리고 증기는 물론 비점성 유체에도 적용할 수 있다. 또한, 이 식에 있는 많은 항들이 0이 되거나 아니면 서로 상쇄되어 없어지기 때문에 식은 보기보다 많이 단순화 된다는 것을 보게 될 것이다.

1.6.3 뉴턴의 운동 법칙

이 법칙은, 검사체적에 가해지는 모든 힘들의 합은 검사체적 내 운동량의 시간 변화율과 같다는 것을 말한다. 그림 1.12의 상태에서 뉴턴의 제 2 법칙은 아래와 같이 된다.

$$\sum F_x = m(C_{x2} - C_{x1}) \tag{1.23}$$

식 (1.23)은 선형 운동량에 대해 적용된다. 그러나, 터보기계는 회전하는 몸체(회전체)를 가지기 때문에, 출력은 토크(torque)와 각속도의 곱으로 표현되며, 따라서 각운동량이 더 유용한 파라미터가 된다.

그림 1.13은 유체 입자가 A 위치에서 B 위치로 이동하면서 동시에 그 반경도 r_1에서부터 r_2로 바뀌지는 모양을 나타낸 것이다. 만약 유체의 접선 방향 속도가 각각 C_{x1}, C_{x2}이라면, 시스템에 가해지는 모든 토크의 합이 각운동량의 시간변화율과 같다는 원리로부터 다음 식을 얻게 된다.

$$\sum T = m(r_2 C_{x2} - r_1 C_{x1})$$

만약 터보기계가 각속도 ω로 회전한다면, 출력은 다음과 같다.

$$\sum T\omega = m(U_2 C_{x2} - U_1 C_{x1})$$

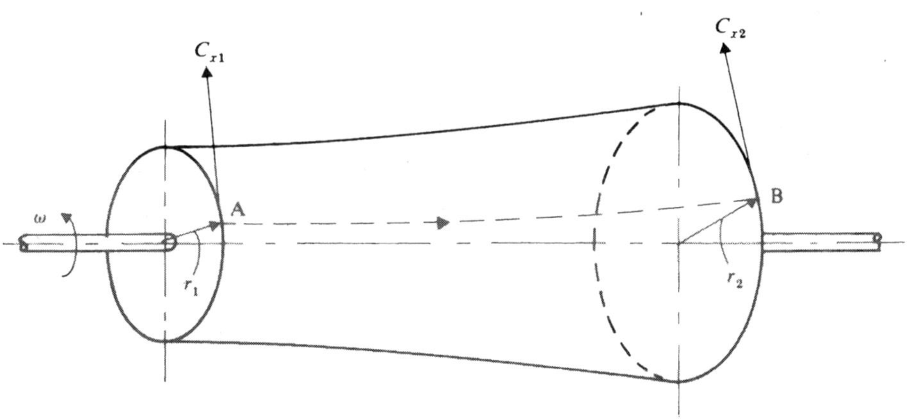

그림 1.13 각 운동량을 위한 검사체적

터빈에서는

$$W = m(U_1 C_{x1} - U_2 C_{x2}) > 0 \tag{1.24}$$

이 되고 오일러의 터빈 방정식이라 부른다.

펌프에서는

$$W = m(U_2 C_{x2} - U_1 C_{x1}) > 0 \tag{1.25}$$

이 되고 오일러의 펌프 방정식이라 한다.

1.6.4 엔트로피 (열역학 제 2 법칙)

이 법칙은, 가역 단열과정을 보이는 유체 시스템에서 엔트로피 변화는 0이며, 가역이 아닌 단열 변화나 다른 과정이라면 엔트로피는 입구에서 출구로 가면서 증가한다는 것을 말한다. 이 사실에 의해, 실제 터빈에서 얻어지는 동력은 이상적인 등엔트로피 과정으로부터 얻을 수 있는 동력보다 작으며, 또한 펌프가 필요로 하는 실제의 입력 동력이 이상적인 등엔트로피 과정의 동력보다 커야 한다는 이치도 이 법칙으로부터 비롯된다. 단열과정에서 엔트로피 변화가 0이 되는 것이 이론적으로는 가능하나 실제로는 불가능하다. 가역과정에서 열역학 제 2 법칙은 다음과 같다.

$$dq/T = \triangle s \tag{1.26}$$

여기서, dq=단위 질량당의 열전달(J/kg), T=열전달이 이루어지는 시점에서의 온도(K), 그리고 $\triangle s$=엔트로피 변화(J/kg K)이다.

유체 운동이나, 중력 또는 다른 영향이 없다면, 식 (1.22)에서 퍼텐셜 에너지와 운동 에너지의 항은 사라지고

$$Q - W = m(u_2 - u_1) \quad \text{혹은} \quad dq - dw = du$$

가 된다. 여기서, 단위는 J/kg이다. dq의 식을 대입하고 정리하면

$$\triangle s = dq/T = (du + dw)/T$$

을 얻을 수 있다. $dw = p\,dv$를 대입하면(여기서 dv는 비체적의 미소변화),

$$T\,ds = du + p\,dv \tag{1.27}$$

을 얻는다. 비 엔탈피(specific enthalpy)를 $h = u + pv$로 정의하고 이것의 du에 관한 식 (1.27)에 대입하면

$$T\,ds = dh + v\,dp \tag{1.28}$$

을 얻는데, 이것이 압축성 유동의 터보기계에서 널리 사용되는 식이다.

제 2 장에서는 지금까지 소개한 개념들을 사용할 것이다. 이 장에서는 열역학과 유체역학에서 배운 별도의 개념들을 다시 한 번 복습하고 이들의 조합이 어떻게 터보기계를 위한 방정식으로 만들어지는지를 배웠다.

연습문제

1.1 반경류 수차를 설계하고자 한다. 14 m의 낙차와 95 rpm의 속도에서 30 MW의 출력을 얻고자 한다. 이것과 기하학적으로 유사한 모델을 사용하여 시험하려고 하는데 낙차는 5 m이고 출력은 40 kW이다. 모델의 속도는 얼마가 되어야 하고, 모델과 원형의 임펠러 직경의 비는 얼마가 되어야 하며, 또 모델에서의 유량은 얼마가 되어야 하는가? (단, 효율은 90 %인 것으로 한다.)

1.2 어떤 원심 펌프의 성능 곡선이 그림 1.14와 같다. 임펠러 직경이 127 mm이고 펌프의 토출 유량이 2.83 l/s이며 속도가 2000 rpm이라고 한다. 만약 임펠러 직경이 102 mm이고 펌프의 회전 속도가 2200 rpm이라면 유량은 얼마가 되는가? 또한 펌프의 새로운 양정도 구하여라.

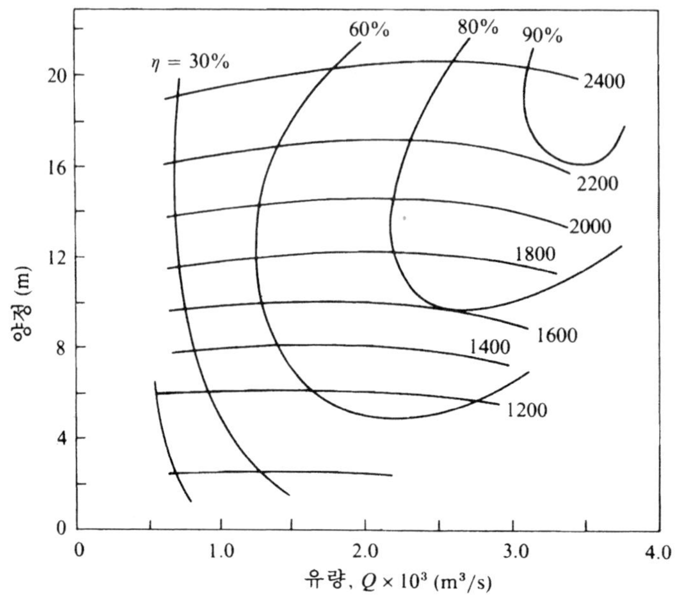

그림 1.14

1.3 회전속도가 4500 rpm인 어떤 축류 압축기를 설계하는데, 주위의 설계조건은 대기압이 101.3 kPa이고 온도가 15°C이다. 성능곡선을 위한 시험을 할 때 주위의 온도가 25°C이라면 임펠러는 정확히 얼마의 속도로 회전해야 하는가? 만약 입구에서의 압력이 60 kPa이고 주위가 설계조건 하에 있을 때 질량유량이 65 kg/s이라고 한다면 시험시의 질량유량은 얼마가 되겠는가?

1.4 가압 경수로 핵반응 장치에서 축류형 냉각 펌프의 사양이 다음과 같다고 한다.

양정 85 m
유량 20000 m^3/h
속도 1490 rpm
직경 1200 mm
물의 밀도 714 kg/m^3
동력 4 MW (전기 동력)

이러한 사양의 펌프에 대해 모델 시험을 하고자 한다. 시험상의 제약으로 인해 전기 동력은 500 kW이고, 유체는 차거운 물이고 유량은 0.5 m^3/s 이다. 모델과 원형의 효율이 동일하다는 조건하에서, 양정, 속도, 및 펌프크기에 있어서 모델과 원형의 비를 구하여라. 또한, 원형의 무차원 비속도를 계산하고 이것이 모델과 동일함을 보여라.

1.5 어떤 펌프가 800 rpm에서 0.2 m^3/s 의 유량으로 1.83 m의 양정을 내고자 한다. 어떤 형태의 펌프를 사용해야 하며 소요 동력은 얼마인가?

1.6 상수조의 높이가 40 m이고 수로를 통한 물의 유량이 34 m^3/s 이다. 임펠러의 속도가 150 rpm이라면, 어떤 수차가 가장 적합한가?

1.7 동점성 계수가 물의 3∼6배 정도 되는 어떤 유체가 대형 원심 펌프 내에서 작동한다. 펌프의 무차원 비속도가 0.183 rev이고 총 양정 15 m에 2 m^3/s 의 유량을 내고 있다. 만약 물을 사용하여 1/4 축척의 모델로 시험하고자 한다면 시험시 속도의 범위는 얼마가 되어야 하는가?

1.8 저낙차 수력 발전소의 프러젝트에서 수량이 10000 ft^3/s이고 낙차가 12 ft 정도라고 한다. 비속도 105 rpm의 프란시스 수차 여러 대를 병렬로 사용하는 방법과 비속도 180 rpm의 카플란 수차 여러 대를 병렬로 사용하는 두 가지 방법에 대해 검토하려고 한다. 설계 회전속도는 50 rpm이다. 무차원 비속도를 구하고 위의 두 가지 선택 방법을 비교하여라. 그리고 각 터보기계에서의 출력을 계산

하여라. 각 장치에서 단위 기계는 동일한 출력과 동일한 효율 90%를 보인다고 가정하여라.

1.9 어떤 펌프 판매원에게 임펠러 직경 152.4 mm의 축류형 펌프의 성능을 문의하였더니, 980 rpm 회전 하에서 효율 85%에 양정 9.1 m를 유량 0.283 m^3/s로 극복할 수 있다고 한다. 판매원의 이 말이 실제로 가능한 것인지 판단하라.

1.10 어떤 프란시스 수차가 146 m의 낙차에서 180 rpm의 회전 속도로 작동하는 데 효율이 93.5%이다. 이 장치의 출력을 예측하라.

문제풀이

1.1

모델과 원형의 유체 밀도가 같다는 사실을 염두에 두고 수두, 유량 및 동력 계수를 같게 놓으면 된다. 여기서 하첨자 1은 원형, 2는 모델을 나타낸다. 우선 동력의 식은 아래와 같다.

$$\frac{P_1}{\rho_1 N_1^3 D_1^5} = \frac{P_2}{\rho_2 N_2^3 D_2^5}, \quad \text{단} \quad \rho_1 = \rho_2$$

그러면

$$\begin{aligned}\frac{D_2}{D_1} &= \left(\frac{P_2}{P_1}\right)^{1/5}\left(\frac{N_1}{N_2}\right)^{3/5} \\ &= \left(\frac{0.04}{30}\right)^{1/5}\left(\frac{N_1}{N_2}\right)^{3/5} \\ &= 0.266\left(\frac{N_1}{N_2}\right)^{3/5}\end{aligned}$$

이다. 그리고 수두의 식

$$\frac{gH_1}{(N_1 D_1)^2} = \frac{gH_2}{(N_2 D_2)^2}$$

으로부터

$$\frac{D_2}{D_1} = \left(\frac{H_2}{H_1}\right)^{1/2}\left(\frac{N_1}{N_2}\right) = \left(\frac{5}{14}\right)^{1/2}\left(\frac{N_1}{N_2}\right)$$

이 된다. 직경비에 관한 두 식을 같게 놓으면

$$0.266\left(\frac{N_1}{N_2}\right)^{3/5} = \left(\frac{5}{14}\right)^{1/2}\left(\frac{N_1}{N_2}\right)$$

또는

$$\left(\frac{N_2}{N_1}\right)^{2/5} = 2.25$$

을 얻고, 이에 따라 다음과 같이 구할 수 있다.

$$N_2 = 2.25^{5/2} \times 95$$

$$\underline{\text{모델의 속도} = 721.4\ \text{rpm}}$$

모델과 원형의 축적비는 아래와 같이 구해진다.

$$\frac{D_2}{D_1} = 0.266\left(\frac{95}{721.4}\right)^{3/5}$$

$$\underline{\text{축적비} = 0.079}$$

모델에서의 유량은 효율에 관한 식으로부터 구할 수 있다.

$$\text{모델의 효율} = \frac{\text{출력 동력}}{\text{입력 수동력}}$$

$$0.9 = \frac{40 \times 10^3}{\rho g Q H}$$

$$Q = \frac{40 \times 10^3}{0.9 \times 10^3 \times 9.81 \times 5}$$

$$\underline{\text{모델의 유량} = 0.906\ \text{m}^3/\text{s}}$$

1.2

크기가 다른 두 펌프에 대해 역학적 상사의 법칙을 적용할 수 있다고 하고 유량계수를 같게 놓으면

$$\frac{Q_1}{N_1 D_1^3} = \frac{Q_2}{N_2 D_2^3}$$

$$\frac{2.83}{2000 \times 127^3} = \frac{Q_2}{2200 \times 102^3}$$

이 된다. 이것을 풀면

$$\underline{Q_2 = 1.61 \text{ l/s}}$$

을 얻는다. 그림 1.14로부터, $Q_1 = 2.83$ l/s ($2.83 \times 10^{-3} \text{m}^3/\text{s}$) 와 2000 rpm 에서 양정 H_1 은 14 m이다. 수두계수의 식을 같게 놓으면

$$\frac{gH_1}{N_1^2 D_1^2} = \frac{gH_2}{N_2^2 D_2^2}$$

와 같고 숫자를 대입하면

$$\frac{9.81 \times 14}{(2000 \times 127)^2} = \frac{9.81 \times H_2}{(2200 \times 102)^2}$$

이 되고 이것을 풀면 답은 아래와 같다.

$$\underline{H_2 = 10.9 \text{m 수주}}$$

1.3

일단은 식 (1.13)의 무차원 그룹의 사용을 생각할 수 있다. 그런데 같은 기계이므로 기체상수 R과 직경 D의 영향은 고려할 필요가 없고 따라서 식 (1.14)를 사용해야 한다. 우선 속도계수를 고려하면 다음과 같다.

$$\frac{N_1}{\sqrt{T_{01}}} = \frac{N_2}{\sqrt{T_{02}}}$$

$$N_2 = 4500\left(\frac{275+25}{273+15}\right)^{1/2}$$

<u>시험 회전속도 = 4577 rpm</u>

질량유량의 계수를 고려하면 다음과 같다.

$$\frac{m_1\sqrt{T_{01}}}{p_{01}} = \frac{m_2\sqrt{T_{02}}}{p_{02}}$$

$$m_2 = 65\times\left(\frac{60}{101.3}\right)\left(\frac{288}{298}\right)^{1/2}$$

<u>시험시의 질량유량 = 37.85 kg/s</u>

1.4

식 (1.5)를 써서, 원형과 모델의 수두계수, 동력계수, 및 유량계수를 각각 같게 두면

$$\frac{Q_1}{Q_2} = \left(\frac{N_1}{N_2}\right)\left(\frac{D_1}{D_2}\right)^3$$

과 같고, 이로부터

$$\begin{aligned}\frac{N_1}{N_2} &= \left(\frac{20000}{0.5\times3600}\right)\left(\frac{D_2}{D_1}\right)^3\\ &= 11.11\left(\frac{D_2}{D_1}\right)^3\end{aligned}$$

을 얻는다. 또한

$$\frac{P_1}{P_2} = \left(\frac{N_1}{N_2}\right)^3\left(\frac{D_1}{D_2}\right)^5\left(\frac{\rho_1}{\rho_2}\right)$$

에 (N_1/N_2)의 값을 대입하면

$$\frac{4}{0.5} = (11.11)^3\left(\frac{D_2}{D_1}\right)^9\left(\frac{D_1}{D_2}\right)^5\left(\frac{714}{1000}\right)$$

$$\left(\frac{D_2}{D_1}\right)^4 = \frac{8}{(11.11)^3\times0.714}$$

$$\underline{\text{축적비 } D_2/D_1 = 0.3}$$

을 얻는다. 그러면

$$N_1/N_2 = 11.11 \times (0.3)^3$$

$$\underline{\text{속도비 } N_2/N_1 = 3.3}$$

와 같이 구할 수 있고, 계속해서

$$\begin{aligned}\frac{H_2}{H_1} &= \left(\frac{N_1}{N_2}\right)^2\left(\frac{D_1}{D_2}\right)^2 \\ &= \left(\frac{1}{3.3}\right)^2\left(\frac{1}{0.3}\right)^2\end{aligned}$$

$$\underline{\text{양정비 } H_2/H_1 = 1.0}$$

을 얻게 된다. 식 (1.16)으로부터 무차원 비속도는

$$N_s = \frac{NQ^{1/2}}{(gH)^{3/4}}$$

이고, 원형과 모델의 무차원 비속도를 계산하면 다음과 같다.

$$\begin{aligned}N_{s1} &= \frac{2\pi \times 1490}{60} \times \left(\frac{20000}{3600}\right)^{1/2}\left(\frac{1}{9.81}\right)^{3/4}\left(\frac{1}{85}\right)^{3/4} \\ &= 2.37 \text{ rad}\end{aligned}$$

$$\begin{aligned}N_{s2} &= 2\pi \times \frac{1490}{60} \times 3.3 \times \frac{(0.5)^{1/2}}{(9.81 \times 85)^{3/4}} \\ &= 2.35 \text{ rad}\end{aligned}$$

오차를 고려한다면 원형과 모델의 무차원 비속도는 서로 같은 것으로 생각할 수 있다.

1.5

식 (1.16)으로부터

$$N_s = \frac{NQ^{1/2}}{(gH)^{3/4}}$$

$$= \frac{800}{60} \times \frac{(0.2)^{1/2}}{(9.81 \times 1.83)^{3/4}}$$

$$= 0.683 \text{ rev } (4.29 \text{ rad})$$

을 구할 수 있다. 그림 1.8로부터 주어진 유량에 적합한 펌프는 축류 펌프이며 효율은 약 80%로 기대된다. 따라서 필요한 동력은

$$P = \rho g Q H$$

$$= 1000 \times 9.81 \times 0.2 \times 1.83$$

$$= 3.59 \text{ kW}$$

이다. 이것은 물에 공급되어야 할 동력이고, 축에 공급되어야 할 동력은 아래와 같이 구할 수 있다.

$$\text{필요한 축동력} = 3.59/0.80$$

$$\underline{\text{축동력} = 4.49 \text{ kW}}$$

1.6

수차의 동력은 아래와 같이 구할 수 있다.

$$\text{수차의 동력} = \rho g Q H$$

$$= 1000 \times 9.81 \times 34 \times 40$$

$$= 13.3 \text{ MW}$$

동력 비속도는 식 (1.20)에 의해

$$N_{sp} = \frac{NP^{1/2}}{\rho^{1/2}(gH)^{5/4}}$$

$$= \frac{150 \times (13.3 \times 10^6)^{1/2}}{60 \times (1000)^{1/2} \times (9.81 \times 40)^{5/4}}$$

$$\underline{= 0.165 \text{ rev } (1.037 \text{ rad})}$$

이다. 그림 1.10으로부터 프란시스 수차가 이 경우 가장 적합함을 알 수 있다.

1.7

원형과 모델에 사용된 유체의 점도가 많이 변하므로, 역학적 상사를 위해 식 (1.5)에서 레이놀즈 수가 같아야 한다. 하첨자 1과 2를 각각 원형과 모델이라 하자. 레이놀즈 수를 같게 두면

$$\frac{N_1 D_1^2}{v_1} = \frac{N_2 D_2^2}{v_2}$$

$$\frac{N_2}{N_1} = \frac{v_2}{v_1}\left(\frac{D_1}{D_2}\right)^2$$

이 된다. 점도가 물의 3배가 되는 경우는

$$\frac{N_2}{N_1} = \frac{4^2}{3} = 5.333$$

으로 된다. 유량계수를 같게 두면

$$\frac{Q_1}{N_1 D_1^3} = \frac{Q_2}{N_2 D_2^3}$$

$$\frac{Q_2}{Q_1} = \frac{N_2}{N_1}\left(\frac{D_2}{D_1}\right)^3 = \frac{5.333}{4^3} = 0.0833$$

의 결과를 얻고, 수두계수를 같게 두면

$$\frac{H_1}{(N_1 D_1)^2} = \frac{H_2}{(N_2 D_2)^2}$$

$$\frac{H_2}{H_1} = \left(\frac{N_2}{N_1}\right)^2\left(\frac{D_2}{D_1}\right)^2 = \left(\frac{5.33}{4}\right)^2 = 1.776$$

을 얻는다. 식 (1.16)으로부터 다음과 같이 구할 수 있다.

$$N_{s1} = \frac{N_1 Q_1^{1/2}}{(gH_1)^{3/4}}$$

$$N_1 = \frac{0.183(9.81 \times 15)^{3/4}}{2^{1/2}}$$

$$= 5.47 \text{ rev/s}$$

$$N_2 = 5.47 \times 5.33$$

<u>모델의 회전속도 = 29.16 rev/s</u>

$$Q_2 = 2 \times 0.0833$$

<u>모델의 유량 = 0.166 m^3</u>

$$H_2 = 15 \times 1.776$$

<u>모델의 양정 = 26.67 m</u>

이와 유사하게 점도가 물의 6배가 되는 경우에는 아래와 같이 계산된다.

$$\underline{N_2 = 14.58 \text{ rev/s}}$$

$$\underline{H_2 = 6.67 \text{ m}}$$

따라서 1/4 축척 모델의 속도와 양정은 아래 범위에 든다.

<u>14.58 < 모델의 속도 < 29.16 rev/s</u>

<u>6.67 m < 모델의 양정 < 26.67 m</u>

1.8

무차원 비속도를 1.5절의 비속도 환산계수로부터 구한다. 주어진 단위에 대해서는 아래와 같이 구해진다.

$$N_{sp} = SP/42$$

프란시스 수차의 무차원 비속도는

$$= 105/42$$

$$\underline{= 2.5 \text{ rad}}$$

이고, 카플란 수차의 무차원 비속도는

$$= 180/42$$

$$\underline{= 4.3 \text{ rad}}$$

이다. 이 값을 그림 1.10에서 확인할 수 있다.

SI 단위로 환산하면 아래와 같다.

$$10000 \text{ ft}^3/\text{s} = 283.17 \text{ m}^3/\text{s}$$

$$12 \text{ ft} = 3.66 \text{ m}$$

$$\text{수차 효율} = \frac{\text{축 동력}}{\text{가용 동력}}$$

$$0.9 = \frac{P}{\rho g Q H}$$

$$P = 0.9 \times 1000 \times 283.17 \times 3.66 \times 9.81$$

$$= 9150 \text{ kW}$$

이것은 두 수차에서 각각 송출되는 동력이다.

동력 비속도의 식에서

$$N_s = \frac{NP^{1/2}}{\rho^{1/2}(gH)^{5/4}} \quad (\text{단, } N\text{은 rev/s의 단위})$$

이므로 프란시스 수차의 경우에는

$$2.5 = \frac{50 \times 2 \times \pi \times P^{1/2}}{60 \times (1000)^{1/2}(9.81 \times 3.66)^{5/4}}$$

이 되어 아래와 같이 구할 수 있다.

$$P = 1761 \text{ kW}$$

$$\text{프란시스 수차의 수} = \frac{\text{필요한 전체 동력}}{\text{기계 한 대당 필요한 동력}}$$

$$= \frac{9150}{1761}$$

$$\underline{= 5.19 \text{ (즉 6대)}}$$

카플란 수차의 경우는 아래와 같이 계산된다.

$$4.3 = \frac{50 \times 2 \times \pi \times P^{1/2}}{60 \times (1000)^{1/2}(9.81 \times 3.66)^{5/4}}$$

$$P = 5209.7\,\text{kW}$$

$$\text{카플란 수차의 대수} = \frac{9150}{5209.7}$$

$$= 1.76\ (\text{즉 2대})$$

1.9

식 (1.16)으로부터 비속도는

$$N_s = \frac{NQ^{1/2}}{(gH)^{3/4}}\,\text{rev}$$

$$= \frac{2 \times \pi \times 980 \times 0.283^{1/2}}{60 \times (9.81 \times 9.1)^{3/4}}\,\text{rad}$$

$$= 1.88\ \text{rad}$$

이다. 그림 1.10을 보면 축류 펌프의 무차원 비속도는 약 2.0 rad부터 시작된다. 따라서 판매원의 말은 사실과 다른 것으로 판단할 수 있다.

적합한 펌프는 혼류형임을 알 수 있다. 이 펌프를 사용하면 주어진 유량과 계산된 비속도에서 판매원이 언급한 효율을 얻을 수 있을 것이다.

1.10

그림 1.9를 보면, 프란시스 수차는 무차원 비속도 2.0 rad에서 93.5%의 효율을 가진다. 식 (1.20)으로부터 무차원 동력 비속도는

$$N_{sp} = \frac{NP^{1/2}}{\rho^{1/2}(gH)^{5/4}}$$

이다. 따라서 동력을 다음과 같이 구할 수 있다.

$$P^{1/2} = \frac{2.0 \times (1000)^{1/2} \times (9.81 \times 146)^{154} \times 60}{180 \times 2 \times \pi}$$

$$= 29563$$

$$P = 874\,\text{MW}$$

제 2 장

수력 펌프

2.1 서 론

'수력학(hydraulics)'이란 관을 통한 액체의 수송을 연구하는 학문을 말한다. 수력 펌프(hydraulic pump)와 관련한 대부분의 이론은 물을 대상으로 하여 유도되었다. 그러나 그렇다고 하여 이 이론들이 물이 아닌 다른 액체들에 적용될 수 없다는 것은 아니다. 펌프로서 잘 사용되는 두 가지 형태는 원심형과 축류형인데, 이것은 임펠러 내를 통과하는 유체의 방향성에 의해 붙여진 이름이다. 그러나, 작동원리는 동일하다. 즉, 액체가 펌프 내를 통과하면서 접선 방향 가속도가 증가되고 이로 인해 에너지가 증가되는 것이다. 이 에너지는 물론 1차적으로 임펠러에 의해 부여되고, 임펠러 에너지는 다시 전기 모터나 다른 장치에 의해 부여된다. 일련의 곡선형 깃들이 부착된 임펠러를 회전시키면 액체들은 깃 사이를 통과하면서 원래의 진행 방향 속도를 유지함과 동시에 접선 방향 가속도를 얻게 되는 것이다. 그림 1.1은 전형적인 원심 펌프와 축류 펌프의 임펠러를 보여주고 있다. 이 그림에서는 또한 두 형태의 중간인 혼류형(mixed flow) 펌프도 보이고 있는데, 이는 원심형과 축류형을 혼합시킨 것으로서, 임펠러 내를 통과하는 액체의 흐름이 반경류형과 축류형 사이인 형태를 말한다.

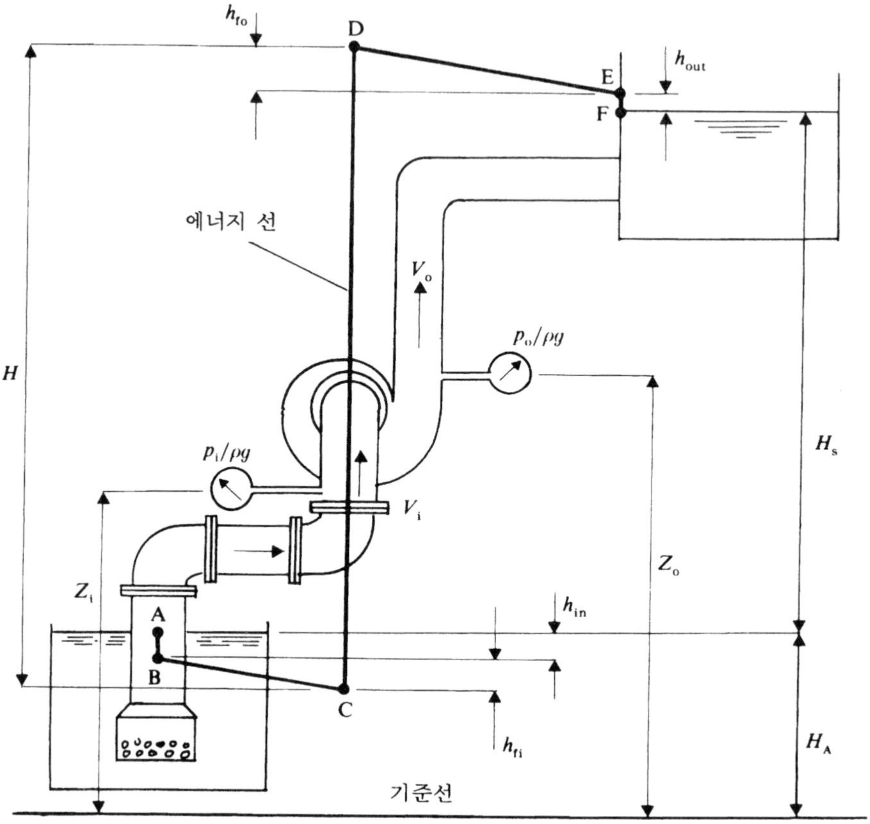

그림 2.1 펌핑 시스템

원심형과 축류형 펌프에 대해서는 이 다음 절에서 다시 다루게 될 것이다. 그러나, 각 형태의 펌프에 대해 자세히 다루기 전에 이 절에서는 두 가지 형태에 공통적이고 일반적인 요소에 대해 살펴보고자 한다. 그림 2.1은 (축류이든 원심형이든) 어떤 일반 펌프가 낮은 저수지로부터 높은 저수지로 액체를 끌어올리는 것을 보여 주고 있다.

시스템의 임의의 지점에서, 압력, 위치 및 속도 에너지는 모두 합하여 기준선(datum line)으로부터 측정한 총수두(total head)로 변환하여 나타낼 수 있다. 낮은 저수지의 자유 표면에서의 총수두는 H_A 이고, 이것은 자유 표면의 수위와 같다. 왜냐하면, 이 지점에서 속도는 0이고 정압도 계기압으로 하여 0이기 때문이다. 액체가 관 입구로 유입되면서 수두 손실 h_{in} 이 발생하고 이로 인해 총수두 곡선은 그림에서 점 B까지 내려간다. 유체가 관 입구에서부터 펌프의 입구 플렌지 부분(기준선으로부터의 높이는 Z_i)까지 흐르는 사이에 관마찰 및 기타 손실 즉 h_{fi} 로 인해 총수두는 점 C까지 내려간다. 유체가 펌프 내로 들어가서 출구로 나오는 사이 총수두는 임펠러의 작용에 의해 점 D까지 상승한다. 펌프 출구에서부터 높은 저수지의 입구까지는 다시 관마찰 및 기타 손실 h_{fo} 에 의해 총수두는 점 E까지 내려간다. 높은 저수지의 입구를 통해 액체가 저수지로 유입되면서 출구 손실 (관의 입장에서는 유체가 빠져나간다.) h_{out} 이 또한 발생하고, 이로 인해 총수두는 자유 표면에서 점 F까지 내려간다.

펌프의 입구 및 출구의 총수두는 보통 입구 플렌지와 출구 플렌지에서 각각 측정하는데, 이 방법은 펌프 시험에서 표준이 된다. 그러면,

$$\text{펌프 입구 총수두} = p_i/\rho g + V_i^2/2g + Z_i$$

$$\text{펌프 출구 총수두} = p_o/\rho g + V_o^2/2g + Z_o$$

펌프에 의해 공급된 총수두

$$= [(p_o - p_i)/\rho g] + [(V_o^2 - V_i^2)/2g] + (Z_o - Z_i)$$

$$= H \tag{2.1}$$

이 된다. 이것이 식 (1.16)에서 사용되는 총 양정이며, 어떤 펌프를 선택하는지를 결정할 때 이용되는 것이다. 때로는 이것을 펌프의 '마노미터 수두'(manometric head)라 부르기도 한다. 정수두(static head) H_s 는 저수지에서 두 지점의 수직 거리와 같고[정수두를 실양정(실揚程)이라 부르기도 한다.], 그림 2.1의 경우 펌프의 총양정 H와 정수두 H_s 와의 관계는 다음과 같다.

$$H = H_s + \sum 손실$$
$$= H_s + h_{fi} + h_{fo} + h_{in} + h_{out}$$

여기서, 유입부 및 유출부 관의 직경이 동일하다면 속도 V_i와 V_o도 동일하고, 또 실제로 $(Z_o - Z_i)$는 $(p_o - p_i)/\rho g$에 비해 무시할 만큼 작다는 사실을 주시할 필요가 있다. 그렇다면 펌프 전후의 정압 수두가 펌프에 의해 공급된 총양정과 같다는 것을 알 수 있다(식 (2.1)).

2.2 원심 펌프

그림 2.2는 원심 펌프의 세 가지 중요 부품 (1) 임펠러, (2) 벌류트 케이싱, 및 (3) 디퓨저 링을 보여주고 있다.

디퓨저는 옵션으로서 펌프의 크기나 가격에 따라서 펌프 설계시에 포함시킬 수도 있고 뺄 수도 있다. 임펠러는 회전하는 고체 디스크로서, 표면에는 곡률진 깃이 수직으로 설치되어 있다. 경우에 따라서는 깃의 팁(tip: 깃의 길이 방향 끝이 아닌 높이 방향의 끝, 즉 깃의 뿌리(즉 허브)와 반대 방향에 있는 끝)을 별도의 평판 디스크가 덮어주는 형태가 있고, 펌프 케이싱 자체가 이 역할을 할 때도 있다. 전자와 같이 깃을 감싸기 위한 평판을 별도로 설치하는 경우에 그 깃을 슈라우드 깃(shrouded blade)이라 부른다. 이 형태의 이점은 깃 팁이 확실히 차단되어 있기 때문에 통로(깃과 깃 사이의 유로)와 통로 사이에 유체의 누설이 적다는 것이다. 임펠러가 회전하는 중에 유체가 깃 통로의 입구에 유입되면 반경방향으로 흐르는 동안 입자는 가속된다. 이렇게 하여, 임펠러 외경(즉 깃 통로의 출구 끝)에서의 정압은 내경(즉 깃 통로의 입구 끝)에서의 정압보다 훨씬 더 높다.

유체는 임펠러 외경에서 큰 속도를 가진다. 이 운동 에너지를 압력 에

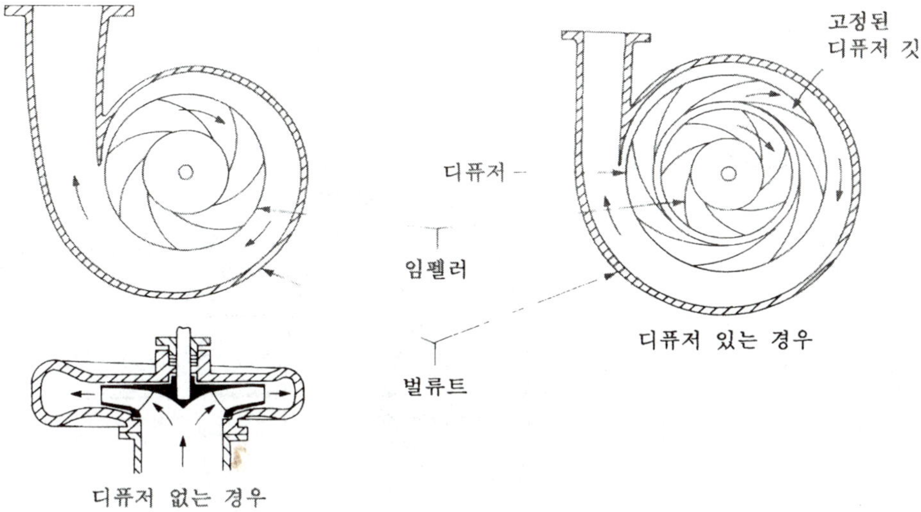

그림 2.2 원심 펌프의 구성품

너지로 바꾸기 위해서 디퓨저 링에 디퓨저 깃(정지)을 설치한다. 이렇게 하여 형성되는 정익(stationary blade)의 깃 사이 통로는 유체가 이 내부를 흐르는 동안 점차 넓어지도록 설계한다. 그러면 유체의 운동 에너지는 감소하고 대신에 압력 에너지가 증가하게 된다. 디퓨저에 따라서는 정익이 없는 것도 있다.

디퓨저 깃을 벗어난 유체는 마지막으로 벌류트 케이싱(volute casing)으로 유입되고, 거기서 모인 유체는 다시 펌프의 출구로 간다. 때로는 디퓨저도 없이 바로 벌류트 케이싱으로 유체가 유입되도록 하는 것도 있다. 이렇게 하여도 벌류트 케이싱에서 압력이 회복될 수 있다.

수력 펌프의 이론을 적용하기 위해서는 몇 가지 가정을 해야 한다. 깃 통로 상의 임의의 지점에서 유체 속도는 일반적으로 세 성분을 가진다. 첫째는 축방향 성분, 두 번째는 반경방향, 그리고 세 번째가 원주방향 성분이다(그림 2.3).

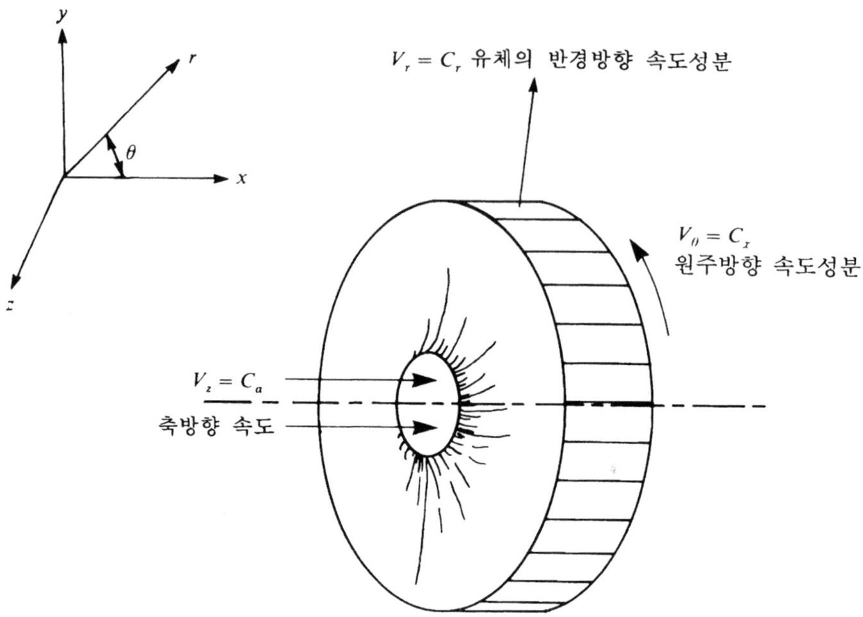

그림 2.3 원심 펌프를 위한 원통좌표계

유체 속도는 세 좌표의 함수로 표현할 수 있다.

$$V = f(r, \theta, z)$$

그러나, 아래와 같이 가정한다.

1. 깃은 무한히 많다고 가정한다. 그러면 깃 사이의 통로는 무한히 좁기 때문에 $\partial V/\partial \theta = 0$로 둘 수 있다. 또한, 깃을 가로지르는 방향의 속도 성분도 0으로 둘 수 있다.
2. 임펠러 깃은 무한히 얇아서 깃의 양쪽 면에 작용하는 압력의 차이는 유체에 작용하는 접선 방향 힘으로 대체할 수 있다.
3. 임펠러의 폭 또는 깊이 방향의 유속 변화는 없다고 가정한다. $\partial V/\partial z = 0$.
4. 임펠러의 입구와 출구에서의 조건과 두 지점 사이의 각 운동량의 차이

만 가지고 해석을 수행한다. 이 두 지점 사이의 유체의 상태는 해석에 관여하지 않는다.

5. 펌프의 입구를 통해 들어온 유체는 곧바로 반경 방향으로 흐르는 것으로 한다.

가정 1과 2는 유속이 r만의 함수, 즉 $V=f(r)$ 임을 뜻한다. 이 가정이 있음으로 하여 임펠러의 입출구에서의 속도 벡터를 그릴 수가 있고 또 이론적인 에너지 전달을 계산할 수가 있는 것이다.

그림 2.4는 임펠러 입출구에서의 속도 삼각형을 보인 것이다. 반경 r_1인 입구와 반경 r_2인 출구 사이에서 깃이 굽혀져 있고, 유체 입자는 깃 사이의 파선으로 표시한 곡선을 따라 이동한다. β_1은 입구에서 깃이 원주 방향과 이루는 각이며, β_2는 출구에서 깃이 원주 방향과 이루는 각이다. 유체는 입구에서 절대 속도 C_1으로 유입되는데, 이 속도의 방향은 접선 속도(원주 방향의 유체 속도) U_1의 방향에 대해 α_1의 각을 이루고 있다. 여기서 $U_1 = \omega r_1$이며, ω는 임펠러의 회전 각속도이다. 유체 입자의 상대 속도 W_1은 입구에서 원주 방향에 대해 β_1'의 각도를 이루고 있다. 이와 유사하게, 출구에서 유체의 상대 속도는 W_2이며 이것이 원주 방향과 이루는 각도는 β_2'이다. 상대 속도는 절대 속도로부터 원주 속도를 뺀 것이다. 한편, 입출구에서의 유체 흐름의 각도 β'은 해당 지점에서의 깃의 각도 β와 일반적으로 같지 않다. 그러나 여기서는 별도의 언급이 없는 한 두 각도는 같은 것으로 가정한다(두 각도가 같지 않은 것으로 취급하는 경우는 제 2.3절의 '미끄럼 계수'를 다룰 때이다).

오일러의 펌프 방정식 (1.25)로부터, 펌프가 유체에 대해 단위 중량유량에 대해 수행한 일률은

$$E = W/mg = (U_2 C_{x2} - U_1 C_{x1})/g \quad \text{(J/s per N/s 또는 m)} \quad (2.2)$$

이 된다. 여기서 C_x는 절대 속도의 원주 방향 성분이다. E를 오일러 수

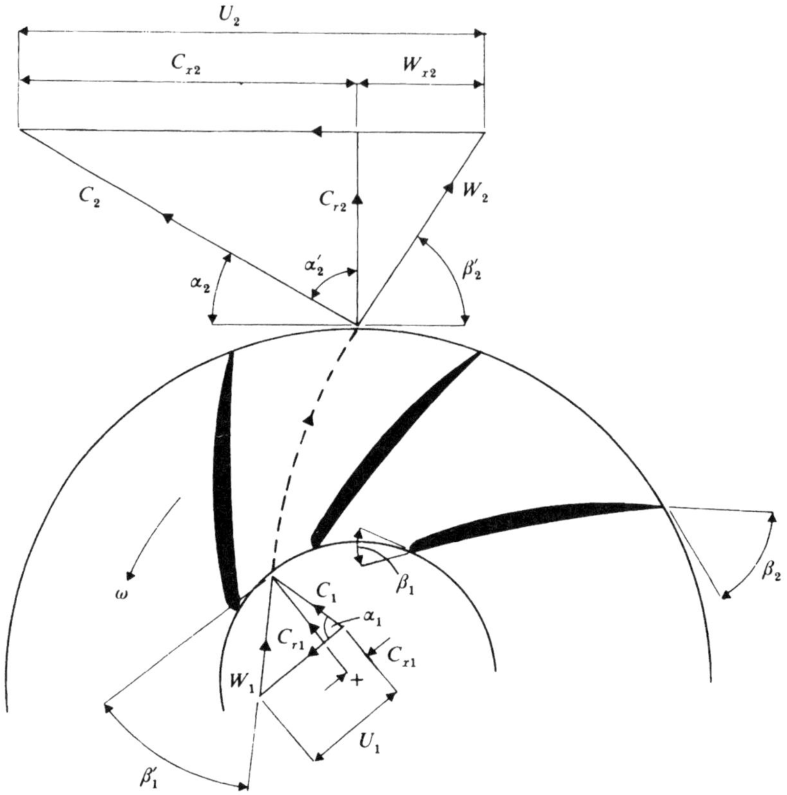

그림 2.4 원심 펌프 임펠러를 위한 속도 삼각형

두라 부른다. 그리고 이것은 임펠러가 유체에 부가한 이상적인 또는 이론적인 수두를 나타낸다.

이제,

$$C_{x1} = C_1 \cos\alpha_1 \quad 및 \quad C_{x2} = C_2 \cos\alpha_2$$

을 사용하면

$$E = (U_2 C_2 \cos\alpha_2 - U_1 C_1 \cos\alpha_1)/g \tag{2.3}$$

와 같이 정리할 수 있다. 또한 $W^2 = U^2 + C^2 - 2UC\cos\alpha$의 관계를 사용하여

$$U_1 C_1 \cos \alpha_1 = (U_1^2 - W_1^2 + C_1^2)/2$$

및

$$U_2 C_2 \cos \alpha_2 = (U_2^2 - W_2^2 + C_2^2)/2$$

으로 두면 식 (2.3)은 다음과 같이 된다.

$$E = [(U_2^2 - U_1^2) + (C_2^2 - C_1^2) + (W_1^2 - W_2^2)]/2g \tag{2.4}$$

식 (2.4)의 각 항들을 차례대로 검토해 보자.

항 $(C_2^2 - C_1^2)/2g$는 임펠러의 입출구 사이의 유체의 운동 에너지의 증가를 나타내고, $(U_2^2 - U_1^2)/2g$는 유체를 원운동 시키는 데 사용된 에너지를 나타내며, $(W_1^2 - W_2^2)/2g$는 임펠러 내의 상대속도 감소에 따라 얻어지는 정수두의 증가를 나타낸다. 유량은

$$Q = 2\pi r_1 C_{r1} b_1 = 2\pi r_2 C_{r2} b_2$$

이다. 여기서 C_r은 절대 속도의 반경 방향성분이며, b는 깃의 폭(z 방향)이다. 일반적으로 $\alpha_1 = 90°$ 이고, 따라서 $C_1 = C_{r1}$ 이다. 이 경우 $C_{x1} = 0$ 이다. W_x와 C_x는 각각 상대 속도의 회전 방향 성분, 절대 속도의 회전 방향 성분이라 부른다. $\beta_1 = \beta_1'$ 인 경우는 입구에서의 '무충돌 조건'이라 부른다. 이 경우 유체는 입구에서 깃과의 충돌없이 부드럽게 통로로 유입된다. 그리고, $\beta_2 = \beta_2'$ 인 경우는 출구에서 미끄러짐이 없는 경우이다.

2.3 미끄럼 계수

2.2절에서, 유체가 임펠러 출구에서 깃 사이의 통로를 벗어나는 각도 β_2'은 일반적으로 깃의 각도 β_2와 같지 않다고 지적한 바 있다. 이것은 유체의 미끄럼 때문이며, 원심 펌프와 원심 압축기에 공히 나타나는 현상이다. 그러면 오일러 펌프 방정식에서 C_{x2}는 작아진다. 이 미끄럼 현상은 상대 와류 가설(relative eddy hypothesis)로 설명할 수 있다.

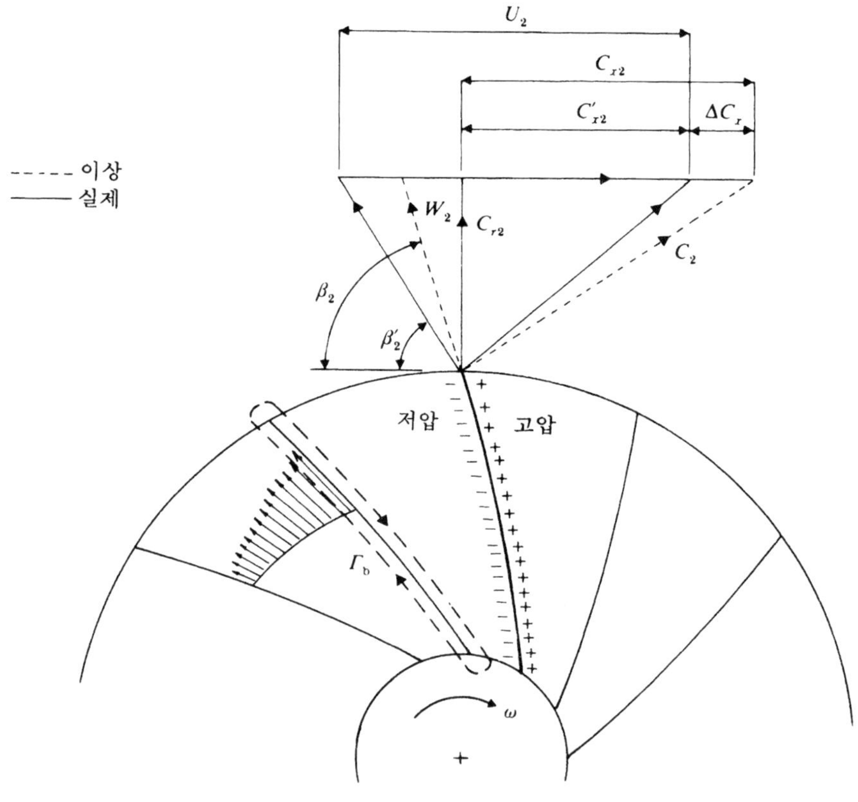

그림 2.5 원심 펌프 임펠러를 위한 속도 삼각형

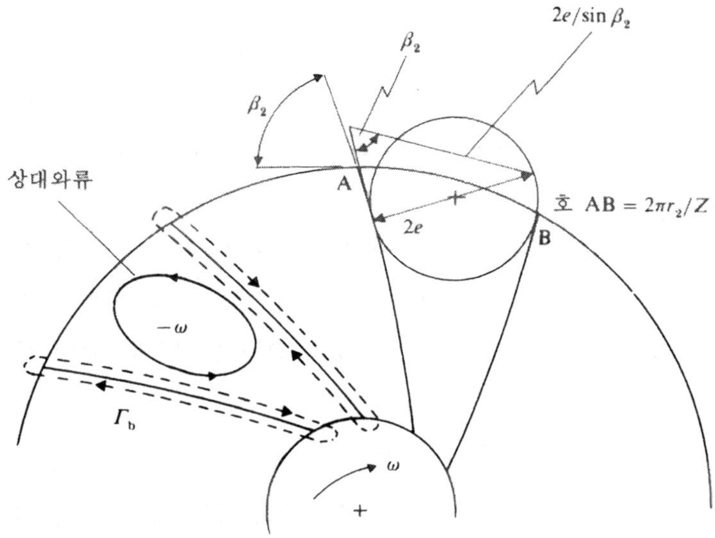

그림 2.6 임펠러 깃 사이의 상대 와류

그림 2.5는 깃 통로에서 형성되는 압력 분포를 보인 것이다. 깃의 전면(leading side)은 고압으로 깃의 후면(trailing side)은 저압으로 유지되며, 통로 내의 지역은 이 두 압력의 사이 값으로 유지된다. [여기서, 전면이란 깃 하나를 보았을 때 깃의 이동 방향 쪽에 있는 면을 뜻하며, 후면이란 그 뒷면을 뜻한다. 경우에 따라서는 이것들을 압력면(pressure side), 및 흡입면(suction side)이라 각각 부르기도 한다.] 깃 전후면에서의 이러한 압력 차이는 자유 흐름에 놓인 비행 날개의 전후면 압력 차이와 유사하고, 따라서 깃 둘레의 순환과 관계 있다. 즉, 저압 측에서는 유속이 증가하고 고압 측에서는 유속이 감소하는 것이다. 이에 따라 유속은 그림과 같이 고속의 후면에서 저속의 전면으로 가면서 점점 감소하는 분포를 보인다. 그리고 깃을 벗어나는 유체의 흐름 각도 β_2'은 일반적으로 깃의 각도 β_2와 다르다. 그러면 C_{x2}는 C_{x2}'로 감소하고 그 차이 $\triangle C_x$를 미끄럼으로 정의한다. 미끄럼 계수는 아래와 같이 정의한다.

$$\text{미끄럼 계수} = C_{x2}'/C_{x2} = \sigma_s \quad (2.5)$$

스토돌라(Stodola)[1]는 그림 2.6에서 보인 바와 같이 통로 내의 상대 와류(relative eddy)의 존재를 제안하였다. 그는, 만약 비점성 유체가 통로 내에 들어온다면, 비점성의 가정에 의해, 회전(rotation)은 없다고 하였다. 따라서 통로의 출구에서도 회전은 0이 되어야 한다. 그런데 임펠러는 각속도 ω로 회전하기 때문에 절대 회전이 0이 되기 위해서는 통로 내의 유체의 상대 회전은 $-\omega$가 되어야 한다. 만약 출구 통로에서 반경 e의 원을 그려서 깃의 전후면에 접하도록 한다면(그림 2.6 참조), 미끄럼은 다음과 같이 주어진다.

$$\triangle C_x = \omega e$$

임펠러의 출구에서 원주 길이가 $2\pi r_2$이므로 이웃하는 깃 사이의 거리는 $2\pi r_2/Z$가 된다. 여기서 Z는 깃의 수이며, 깃의 두께는 무시한다. 이웃하는 깃 사이의 거리는 또한 개략적으로 $2e/\sin\beta_2$와 같다. 두 식을 같게 놓고 정리하면,

$$e = (\pi r_2/Z)\sin\beta_2$$

$$\begin{aligned}\triangle C_x &= (U_2/Z_{r_2})(\pi r_2 \sin\beta_2)\\ &= (U_2\pi\sin\beta_2)/Z\end{aligned}$$

을 얻는다. 그림 2.5에 의하면 미끄럼이 발생하지 않을 조건에서

$$C_{x2} = U_2 - C_{r2}\cot\beta_2$$

와 같이 쓸 수 있고, 이것을 식 (2.5)에 대입하면 다음을 얻는다.

$$\begin{aligned}\text{미끄럼 계수} &= (C_{x2} - \triangle C_x)/C_{x2}\\ &= 1 - \triangle C_x/C_{x2}\\ &= 1 - (U_2\pi\sin\beta_2)/[Z(U_2 - C_{r2}\cot\beta_2)]\\ &= 1 - (\pi\sin\beta_2)/\{Z[1 - (C_{r2}/U_2)\cot\beta_2]\} \quad (2.6)\end{aligned}$$

원심형 압축기에서 흔히 볼 수 있는 바와 같이 순전히 반경 방향으로만 깃이 설치된 경우에는 β_2가 90° 이며 스토돌라(Stodola)의 미끄럼 계수는 아래와 같다.

$$\sigma_s = 1 - \pi/Z \tag{2.7}$$

스토돌라(Stodola) 미끄럼 계수의 식은 $20° < \beta_2 < 30°$ 의 범위에서 가장 잘 맞는다. 미끄럼 계수에 관한 다른 식으로서는 뷰스만(Buseman)[2]의 식이 있다.

$$\sigma_s = [A - B(C_{r2}/U_2)\cot\beta_2]/[1-(C_{r2}/U_2)\cot\beta_2] \tag{2.8}$$

여기서 A, B는 β_2, Z 및 r_2/r_1의 함수이다. 이 식은 $30° < \beta_2 < 80°$의 범위에서 가장 잘 맞는다. 또한 스타니쯔(Stanitz)[3]의 식은

$$\sigma_s = 1 - 0.63\pi/\{Z[1-(C_{r2}/U_2)\cot\beta_2]\} \tag{2.9}$$

와 같으며, $80° < \beta_2 < 90°$ 의 범위에서 가장 잘 맞는다.

미끄럼 계수를 적용하면 오일러의 식 (1.25)는 아래와 같이 된다.

$$W/m = \sigma_s U_2 C_{x2} - U_1 C_{x1} \tag{2.10}$$

전형적인 미끄럼 계수의 값은 0.9정도이다. 미끄럼은 이상 유체에서도 발생한다.

2.4 원심 펌프의 특성 곡선

1.3절에서 동력, 수두 및 유량과의 관계를 나타내기 위해 무차원 그룹을 사용하였다. 펌프는 설계점, 즉 최고 효율점에서 작동할 때 가장 바람직하다.

그러나 때로는 탈설계점(off-design condition)에서는 어떻게 작동하는지 알 필요가 있다. 예로서, 수두가 감소하면 유량은 증가한다. 그러나, 이러한 탈설계점의 특성을 조사하기 이전에 펌프에서 발생하는 손실에 대해 그리고 이로 인한 효율의 변화에 대해 살펴보아야 하겠다.

2.4.1 펌프의 손실

축동력 P_s 또는 회전구동 장치에 의해 펌프에 공급된 동력은 액체가 받은 동력과 같지 않다. 그 중 일부는 액체가 통로를 따라 흐르는 동안 없어진다. 손실의 미캐니즘은 아래와 같이 분리하여 생각할 수 있다.

1. 기계적 손실 동력 P_m은 베어링 등과 같이 회전하는 부품과 정지된 부품 사이의 마찰로 인한 것이다.
2. 디스크 손실 동력 P_i는 임펠러(또는 디스크)의 회전부와 액체 사이의 마찰로 인한 손실을 나타낸다.
3. 누설 또는 재순환 손실 동력 P_l은 펌프로부터의 누설이나 임펠러 내의 액체의 재순환에 의한 손실을 나타낸다.
4. 마지막으로 케이싱 손실 동력 P_c가 있다.

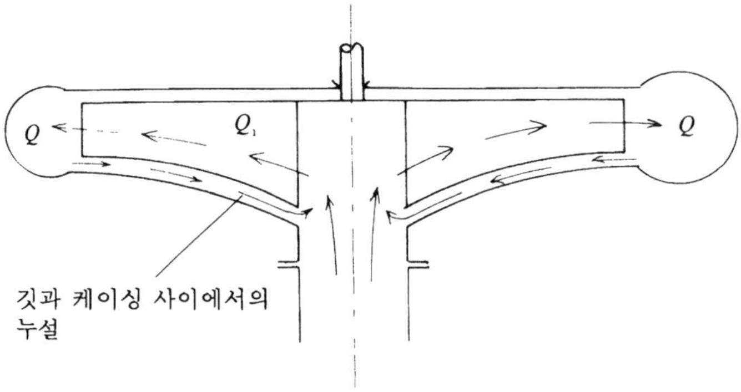

그림 2.7 원심 펌프에서의 누설과 재순환

임펠러 동력 손실은 디스크 마찰, 유동의 박리 및 임펠러 입구에서의 유체 충돌 등으로 인해 임펠러에서 발생하는 에너지 혹은 수두 손실 h_i에 의한 것이다. 이 손실은 임펠러를 통과하는 유량 Q_i와 관계 있으며 관계식은 아래와 같다.

$$P_i = \rho g Q_i h_i \tag{2.11}$$

그러나, 임펠러를 통과하는 유량은 Q_i일지라도 유체기계의 출구 플렌지나 입구 플렌지를 통과하는 유량은 이것과 다르다. 임펠러 깃의 선단과 후단 사이의 압력차로 인하여 q만큼의 누설이 발생하고 이것은 다시 임펠러 입구로 들어와서 재순환된다(그림 2.7). 이에 따라 펌프 출구에서의 유량 Q는 아래와 같이 된다.

$$Q = Q_i - q \tag{2.12}$$

만약 H_i가 임펠러 입출구 사이의 총수두라고 한다면, 누설에 따른 동력 손실은 따라서 아래와 같이 정해진다.

$$P_l = \rho g H_i q \quad (\mathrm{N\,m/s}) \tag{2.13}$$

식 (2.12)를 보면 펌프의 배출 밸브를 완전히 닫으면 누설 유량이 최대가 됨을 알 수 있다.

임펠러 출구에서부터 펌프의 출구 플렌지까지 흐르는 사이에 유체는 디퓨저와 콜렉터(collector)에서 또 다른 수두 손실 h_c를 일으킨다. 이 지역의 유량이 Q이므로 케이싱 동력 손실은

$$P_c = \rho g Q h_c \quad (\mathrm{N\,m/s}) \tag{2.14}$$

와 같이 정할 수 있다. 이러한 손실들을 모두 합하면

$$P_s = P_m + \rho g (h_i Q_i + h_c Q + H_i q + QH) \tag{2.15}$$

이 된다. 여기서, 펌프에 의해 공급된 총양정 H는 그림 2.1과 식 (2.1)에 의해 계산된다.

각각의 손실에 해당하는 효율은 아래와 같이 정의된다. 전효율은

$$\text{전효율} = \frac{\text{펌프에 의해 유체에 공급된 동력}}{\text{축동력 (입력)}}$$

또는

$$\eta_0 = \rho g Q H / P_s \tag{2.16}$$

와 같이 정의되고, 케이싱 효율은

$$\text{케이싱 효율} = \frac{\text{케이싱 출구에서의 유체 동력}}{\text{케이싱 입구에서의 유체 동력}}$$

$$= \frac{\text{케이싱 출구에서의 유체 동력}}{\text{임펠러에 의해 공급된 유체 동력} - \text{누설 손실}}$$

또는

$$\eta_c = \rho g Q H / \rho g Q H_i = H / H_i \tag{2.17}$$

으로 정의된다. 또한, 임펠러 효율은

$$\text{임펠러 효율} = \frac{\text{임펠러 출구에서의 유체 동력}}{\text{임펠러에 공급된 유체 동력}}$$

$$= \frac{\text{임펠러 출구에서의 유체 동력}}{\text{임펠러에 의해 공급된 유체 동력} + \text{임펠러 손실}}$$

또는

$$\eta_i = \rho g Q_i H_i / [\rho g Q_i (H_i + h_i)] = H_i / (H_i + h_i) \tag{2.18}$$

으로 정의된다. 체적 효율은

$$\text{체적 효율} = \frac{\text{펌프를 통과하는 유량}}{\text{임펠러를 통과하는 유량}}$$

또는

$$\eta_v = Q / (Q + q) \tag{2.19}$$

로 정의된다. 기계 효율은

$$\text{기계 효율} = \frac{\text{임펠러에 공급된 유체 동력}}{\text{축 동력}}$$

또는

$$\eta_m = \rho g Q_i (h_i + H_i) / P_s \tag{2.20}$$

으로 정의된다. 따라서 전효율은 아래와 같이 구해진다.

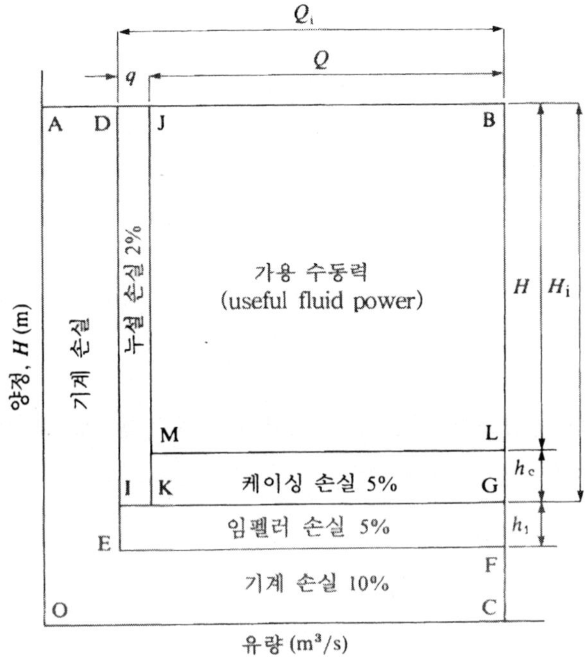

그림 2.8 원심 펌프에서의 손실

$$\eta_o = \eta_c \, \eta_i \, \eta_v \, \eta_m \tag{2.21}$$

수력 효율은

$$\eta_H = \frac{\text{펌프에 의해 유체에 제공되는 실제 수두}}{\text{임펠러에 의해 유체에 제공되는 이론적인 수두}}$$

$$= H/(H_i + h_i) \tag{2.22}$$

이다. 여기서, 이론 수두 $(H_i + h_i)$는 오일러 방정식 (1.25)로부터 얻어지며, $\eta_H = \eta_i \, \eta_c$ 이다.

그림 2.8은 원래의 동력에서부터 동력 손실들이 떨어져 나가는 모양을 보인 것이다. 직사각형 OABC는 축으로 공급되는 입력 동력이며, OADEFC는 기계적 손실에 해당한다. 임펠러 손실 $\rho g Q_i h_i$는 그 다음 과정에서 없어지는데, 그림에서는 직사각형 EFGI로 표시되어 있다. 그 다

음 과정에서 고려되는 손실은 누설 손실로서 $\rho g H_{\mathrm{i}} q$이며 직사각형 DJKI로 나타나 있고, 마지막으로 케이싱 손실 $\rho g h_{\mathrm{c}} Q$가 MLGK로 표시되어 있다. 그러면, 마지막으로 남은 직사각형 JBLM은 순순하게 유체가 받는 동력으로서 ρgQH이다.

2.4.2 특성 곡선

오일러의 펌프 방정식 (1.25)는 펌프가 공급하는 이론적인 수두를 계산하는 공식이다. 만약 입구에서 유체 속도의 원주 방향 성분이 없다면 $C_{x1}=0$이고 이론적인 수두는

$$E = U_2 C_{x2}/g = (H_{\mathrm{i}} + h_{\mathrm{i}}) \tag{2.23}$$

이 된다. 또, 미끄럼율을 고려한다면 식 (2.23)은 아래와 같이 달라진다.

$$E_{\mathrm{N}} = \sigma_{\mathrm{s}} E = \sigma_{\mathrm{s}} (H_{\mathrm{i}} + h_{\mathrm{i}}) \tag{2.24}$$

이제 아래 관계를 적용할 차례이다.

$$\begin{aligned} C_{x2} &= U_2 - W_{x2} \\ &= U_2 - C_{r2} \cot \beta_2 \\ &= U_2 - (Q/A) \cos \beta_2 \end{aligned}$$

여기서, A는 임펠러 둘레의 유동 단면적이고, C_r은 그에 수직인 유속 성분이다. 그러면 단위 중량유량당의 동력에 해당하는 식 (2.23)은

$$E = U_2 [U_2 - (Q/A) \cos \beta_2]/g$$

와 같이 되고, U_2, β_2 및 A가 상수이므로

$$E = K_1 - K_2 Q \tag{2.25}$$

의 형태로 생각할 수 있다. 이것은 그림 2.9에서처럼 직선이 된다.

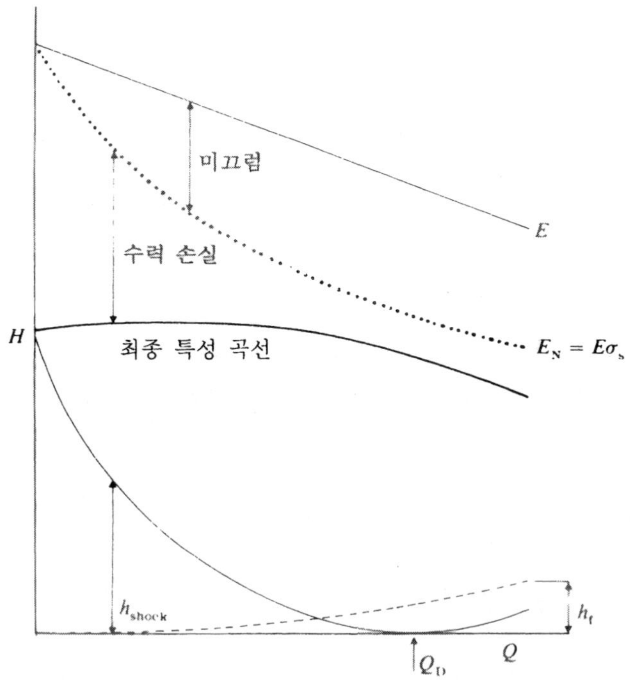

그림 2.9 원심 펌프에서의 특성 곡선

미끄럼을 고려하면 식 (2.25)는 아래와 같이 된다.

$$E_{\mathrm{N}} = (K_1 - K_2 Q)\sigma_{\mathrm{s}} \tag{2.26}$$

식 (2.9)로부터 C_{r2}가 증가함에 따라(즉, Q가 증가함에 따라) σ_{s}가 감소하는 사실을 적용한다면, 식 (2.26)에 의한 E_{N}은 그림 2.9의 점선과 같이 된다는 것을 이해할수 있다.

미끄럼에 의한 손실은 실제 유체와 이상 유체 모두에서 일어난다. 그러나 실제 유체에서는 임펠러 입구에서 유체가 깃 끝과 충돌함에 따른 손실(즉, 충격 손실)을 고려해야 하고, 또한 유체와 펌프의 고체면이 접하는 모든 지점(특히 케이싱과 임펠러 표면)에서 발생하는 마찰 손실도 고려해야 한다. 설계점에서는 충격 손실이 0이 된다. 왜냐 하면, 이 상태에서는 유체가 깃의 방향으로 진입하도록 설계되어 있기 때문이다. 그러나 이와 다른 방향으로 진입하는 탈설계점의 경우에는(즉 유량이 설계점에서의 값보다 많거나 적은 경우) 충격에 따른 수두의 손실은

$$h_{\text{shock}} = K_3(Q - Q_D)^2 \tag{2.27}$$

와 같이 계산된다. 여기서 Q_D는 설계 유량이다. 한편, 마찰 손실은 아래 식으로 계산된다.

$$h_f = K_4 Q^2 \tag{2.28}$$

식 (2.27)과 (2.28)을 스케치한 것이 그림 2.9에 나타나 있다. 이 둘의 합을 식 (2.26)의 곡선으로부터 뺀 나머지가 최종 특성 곡선이 된다. 이 곡선을 양정-유량 특성 곡선이라 부른다.

2.4.3 유량 변화에 의한 영향

보통, 펌프는 설계 수두와 설계 유량에서 작동하도록 되어 있고, 이 설계점에서 효율이 최대가 된다. 그러나, 실제로는 늘 설계점에서 작동될 수는 없다. 이것은 관로 상에서 막힘이 있다든지 밸브를 부분적으로 닫았을 때 그러하다. 한편, 일반적으로 이러한 탈설계 조건에 맞추어 회전 속도를 조정할 수 있는 속도가변형 모터는 드물다. 이 다음 분석에서는 모터의 회전 속도는 일정한 것으로 가정할 것이다.

그림 2.10은 세 가지의 유량 크기에 대한 속도 선도를 보여주고 있다. 이 세 가지는 정규 설계 유량, 이보다 더 큰 유량, 그리고 이보다 더 작은 유량이다. 유량이 변하면 C_{r2}가 변한다. 한편, U_2와 깃의 출구 각 β_2는 일정하므로 ($\beta_2' = \beta_2$로 가정), W_2와 C_2는 α_2와 더불어 변하지 않을 수 없다. 유효 에너지 전달 E가 C_{x2}에 종속적이기 때문에 E도 따라서 변한다. 일단 Q가 감소하면 C_{x2}가 증가하고, Q가 증가하면 C_{x2}가 감소한다는 것을 생각하자. 그러면 만약 펌프가 부담해야 할 수두가 증가한다고

하면, E와 C_{x2}가 증가해야 하며 이에 따라 Q가 감소하여 새로운 작동 상태에 도달한다. 이와 유사하게 펌프가 부담해야 할 수두가 감소하면 Q는 증가한다.

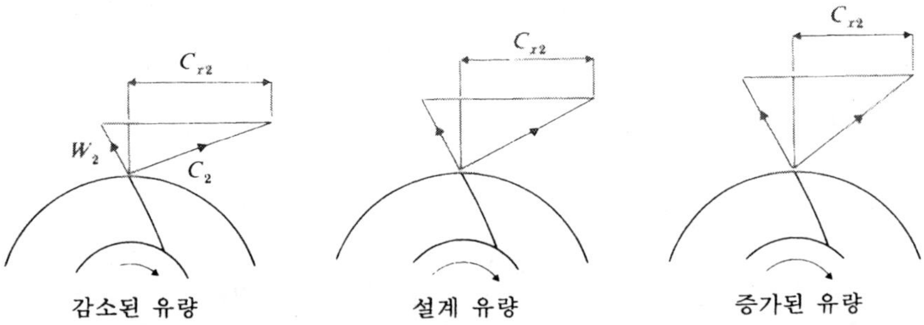

그림 2.10 유량 변화에 따른 출구 속도

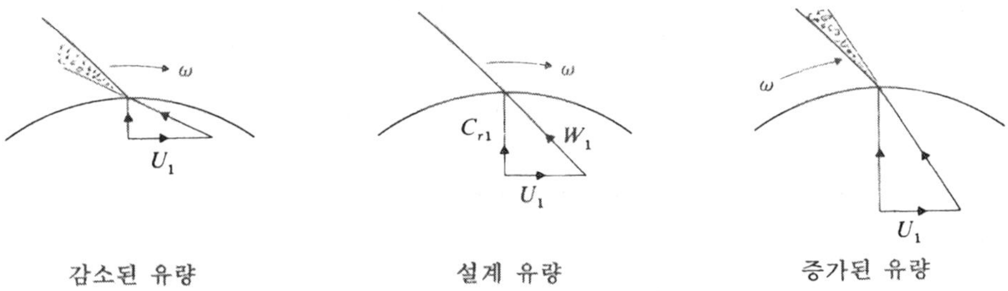

그림 2.11 유량 변화에 따른 입구 속도

임펠러 입구에서는 유량의 변화가 와류를 만든다. 유량이 증가하면 깃의 전면에서 와류가 만들어지고, 유량이 감소하면 깃의 후면에서 와류가 만들어진다. 설계 유량 Q_D(그림 2.9)에서는 충격이 없다. 그림 2.11은 세 가지 유량 조건에 대한 속도 선도와 충돌 모양을 보여주고 있다. 여기서 C_{x1}은 세 가지 경우 모두 0인 것으로 가정하고 있다.

2.4.4 깃 출구각의 영향

펌프의 특성 곡선은 또한 깃의 출구각에 의해서도 영향을 받는다. 그림 2.12는 깃의 세 가지 유형인 후향(backward-facing), 전향(forward-facing), 및 방사형(radial)과 각각의 속도 삼각형을 보여주고 있다. 여기서도 $C_{x1}=0$ 인 것으로 가정한다.

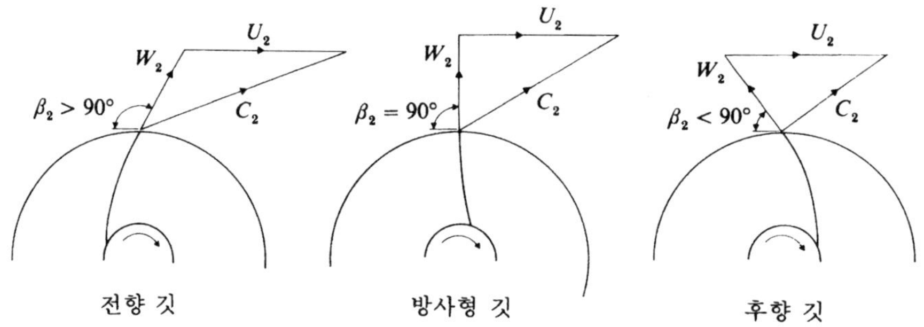

그림 2.12 원심 펌프에서 깃 출구각의 변화에 따른 출구 속도 삼각형의 변화

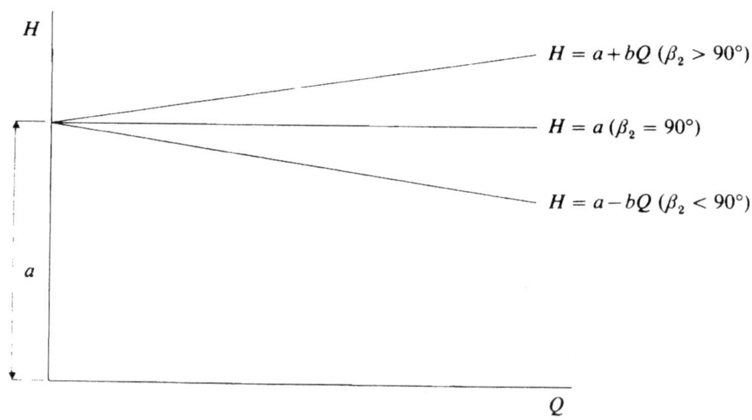

그림 2.13 깃 출구각의 변화에 따른 이론 특성 곡선의 변화

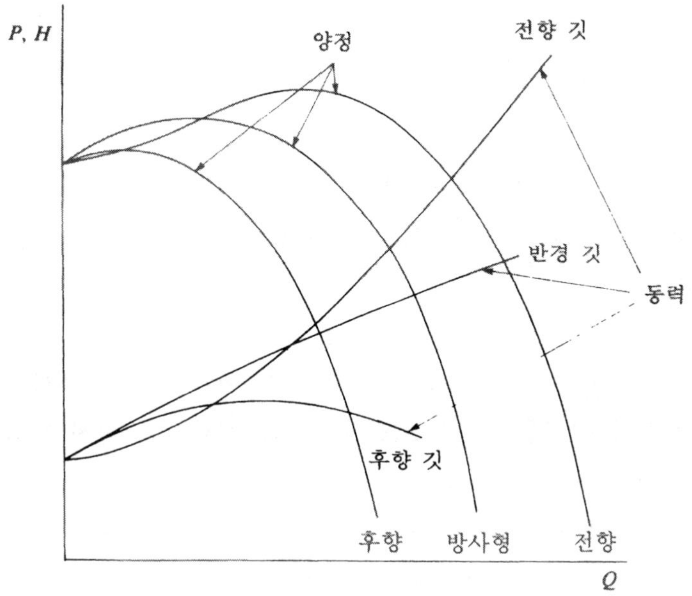

그림 2.14 깃 출구각의 변화에 따른 실제 특성 변화

경우 (i). 후향 깃, $\beta_2 < 90°$:

$$C_{x2} = U_2 - C_{r2} \cot \beta_2$$

이므로

$$E = U_2(U_2 - C_{r2} \cot \beta_2)/g$$

또는

$$E = (U_2^2/g) - (QU_2 \cot \beta_2/gA)$$

이 된다. E를 수두 H로 바꿔 쓰면

$$H = a - bQ \tag{2.29}$$

이 된다. β_2는 보통 15°와 90° 사이이다.

경우 (ii). 방사형 깃, $\beta_2 = 90°$:

이 때는

$$H = a \tag{2.30}$$

이 된다.

경우 (iii). 전향 깃, $\beta_2 > 90°$:

이 때는

$$H = a + bQ \tag{2.31}$$

이다. 한 예로서, 어떤 다중-익형(multi-bladed) 원심형 팬에서 β_2 는 140° 이다.

그림 2.13에 이 식을 특성 곡선으로 그려 놓았다. 이들 곡선은 앞에서 논한 바와 같은 여러가지 손실을 고려함으로써 좀 더 현실적인 곡선 형태가 된다(그림 2.14).

전향 깃과 방사형 깃에서는 유량이 증가하면 동력이 지속적으로 증가한다. 후향 깃에서는 최대 효율이 최대 동력 근처에서 나타나며, 어떠한 이유로 하여 Q가 Q_{D}보다 커지면 요구 동력이 감소하기 때문에 펌프를 가동시키는 모터는 곧바로 최대 동력 하에서 작동하기 쉽다(즉, 모터의 최대 동력이 정격이 된다). 이러한 성질을 자기-한계(self-limiting)특성이라 부른다. 방사형 깃과 전향 깃에서는, 만약 모터의 최대 동력을 정격으로 한다면, 대부분의 작동 시간 동안 모터의 동력이 제대로 활용되지 않는다. 반대로, 설계 유량에 맞추어 작은 크기의 모터를 선정한다면, 유량이 설계점을 넘었을 때 모터에 과부하가 걸려 파손되기 쉽다. 따라서, 방사형 및 전향 깃의 경우에는 모터의 선택이 더욱 어렵다.

2.5 배출 케이싱에서의 흐름

배출 케이싱(discharge casing)은 임펠러 출구 이 후의 부분이다. 그 기능은 두 가지이다. (i) 임펠러로부터 배출된 액체를 받아서 펌프의 출구 포트로 안내하는 것, (ii) 임펠러로부터 나온 액체의 운동 에너지를 줄여서 정수두(static head)를 증가시키는 것이다. 이 두 가지 기능은 각각 '수집 기능(collector)' 및 '확산 기능(diffuser)'이라 부를 수 있다. 수집 기능은 독자적으로 수행될 수 있도록 설계할 수도 있으며, 확산 기능은 수집 기능 이전에 혹은 그 후에 수행되도록 설계할 수도 있다. 덧붙여, 확산은 깃있는 디퓨저에서 이루어질 수도 있고 깃없는 디퓨저에서 이루어질 수도 있다.

2.5.1 벌류트 혹은 스크롤 콜렉터

단순 형태의 벌류트(volute) 혹은 스크롤 콜렉터(scroll collector)를 그림 2.15에 나타내었다. 단면이 서서히 증가하는 원형 통로로 이루어져 있음을 알 수 있다. 단순 형태의 벌류트의 이점은 저가(low cost)라는 점이다. 임펠러의 둘레로 배출 유량이 점점 많이 모임에 따라 벌류트의 단면적이 커지고 있으며, 이로 인해 벌류트 통로를 지나는 유체의 속도가 일정하면 압력분포도 일정하므로 임펠러의 축에 걸리는 부하가 없어진다. 이 설계점에서부터 유량이 달라진다면 반경 방향 추력이 생기고 이것이 지속되면 축이 굽혀지는 현상이 나타난다. 반경 방향 추력의 실험식은 아래와 같다.

$$P = 495\,KHD_2B_2 \tag{2.32}$$

여기서, $P =$ 반경방향 하중 (N), $H =$ 양정 (m), $D_2 =$ 직경 (m), $B_2 =$ 임펠러 폭 (m), 그리고 $K =$ 상수이다. 상수 K는 임의의 유량에 대해 아래 식으로부터 계산한다.

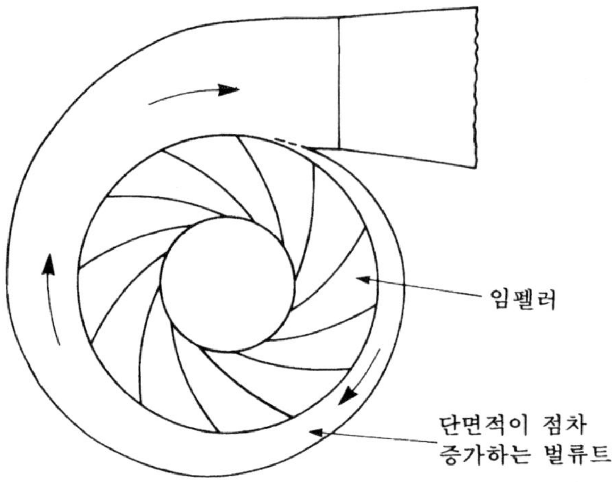

그림 2.15 간단한 벌류트 또는 스크롤 콜렉터

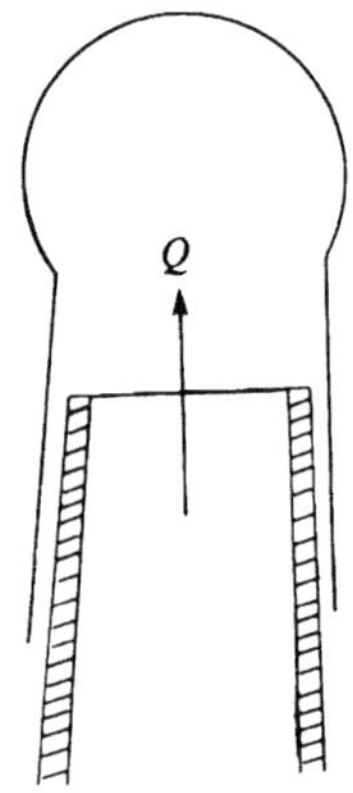

그림 2.16 벌트류 케이싱의 단면

$$K = 0.36\,[1 - (Q/Q_D)^2] \tag{2.33}$$

벌류트 케이싱의 단면을 그림 2.16에 나타내었다. 단면을 원형으로 한 것은, 유체가 임펠러 출구를 나올 때 발생하는 충돌이나 마찰에 의해 생기는 손실을 줄이기 위해서이다. 임펠러 출구에서의 운동 에너지 중에서 약

25~30%는 단순 형태의 벌류트 케이싱에 의해 압력으로 변환된다.

2.5.2 깃 없는 디퓨저

이것은 그림 2.17에 그려져 있다. 확산은 측면이 평행한 통로(그림 2.17의 좌측 그림 참조)를 통해서 이루어지며, 유체의 각운동량 보존의 원리에 의해 정해진다. 임펠러 출구의 원주 방향 속도는 반경 방향으로 멀어짐에 따라 점점 증가하며, 반경 방향 성분은 반경 방향의 단면적(그림에서 폭 b와 관련)의 변화에 의해 결정된다.

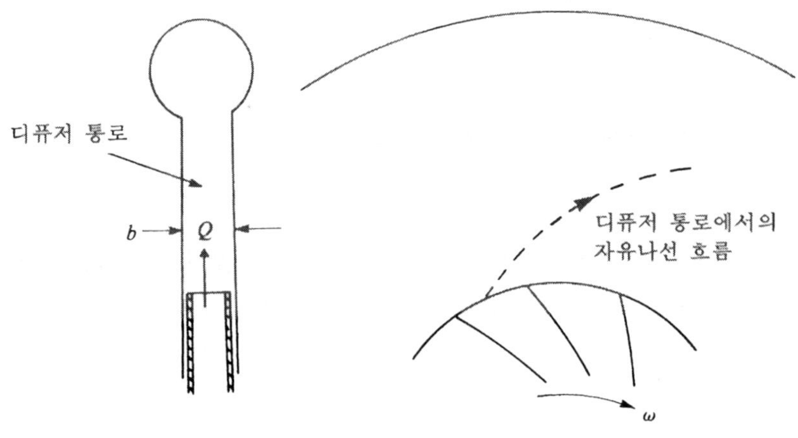

그림 2.17 깃 없는 디퓨저의 통로

그림 2.18을 참조하고, 디퓨저의 크기를 결정해보자. 반경이 r인 임의의 지점에서의 질량유량 m은

$$m = \rho A C_r = 2\pi r b \rho C_r$$

에 의해 구해진다. 여기서 b는 디퓨저의 축방향 폭(그림 2.17)인데, 보통 임펠러의 폭과 같다. 하첨자 있는 변수를 임펠러 출구에서의 변수로, 그리

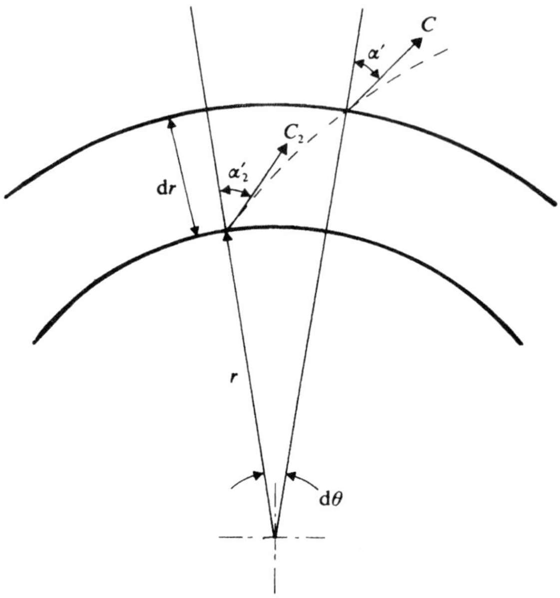

그림 2.18 깃 없는 디퓨저에서의 대수나선 모양 흐름

고 하첨자 없는 변수를 반경 r인 임의의 지점에서의 변수로 나타낸다면, 연속의 법칙으로부터

$$rb\rho C_r = r_2 b_2 \rho_2 C_{r2}$$

혹은

$$C_r = r_2 b_2 \rho_2 C_{r2} / rb\rho \tag{2.34}$$

이 성립된다. 유동에 마찰이 없다고 가정하면, 각운동량의 보존에 의해

$$C_x = C_{x2} r_2 / r$$

이 된다. 그런데, 보통 $C_x \gg C_r$이므로 절대 속도 C는 근사적으로 C_x로 대체할 수 있다. 그러면 위 식은 아래와 같이 쓸 수 있다.

$$C_x = C_{x2} r_2 / r \tag{2.35}$$

우리가 바라는 것은 C가 작아지는 것인데, 그러려면 식 (2.35)로부터 r은 커져야 한다. 따라서, 임펠러 출구의 운동 에너지를 크게 줄이기 위해서는 반경이 큰 디퓨저를 사용해야 한다.

비압축성 유체의 경우, 절대 속도가 반경 방향과 이루는 각도는 모든 θ에서 일정하다(그림 2.18).

$$\tan \alpha_2' = C_{x2}/C_{r2} = \text{상수} = \tan \alpha'$$

그것은, 연속 법칙으로부터 rC_r이 일정하고 또 각운동량 보존으로부터 $C_x r$가 일정하다. 그러므로 디퓨저 내의 흐름은 반경 방향과 일정한 각도 α'를 유지하며, 이에 따라 유체 입자는 대수 나선(logarithmic spiral) 곡선을 그린다. 이 곡선 상에서 반경 방향으로의 미소 변화 $\mathrm{d}r$에 대해 원주 방향의 미소 각도 변화가 $\mathrm{d}\theta$이면, 그림 2.18에 의해

$$r\,\mathrm{d}\theta = (\tan \alpha')\,\mathrm{d}r$$

이 된다. 이것을 적분하면 다음을 얻는다.

$$\theta - \theta_2 = (\tan \alpha') \log_e (r/r_2) \tag{2.36}$$

이 식에 $\alpha' = 78°$, $(r/r_2) = 2$를 넣으면, 디퓨저의 각도변화는 거의 180°가 되며, 이는 디퓨저가 상당히 긴 경우에 해당하고, 이에 따라 마찰 손실이 커져서 효율이 떨어진다. 결국, 디퓨저의 길이는 요구되는 압력 회복의 양에 맞추어 적절히 결정해야 하며, 그것은 경제적인 관점에서 그리고 유체 마찰 손실의 관점에서 결정되어야 한다.

2.5.3 깃 있는 디퓨저

그림 2.19에서 보인 깃 있는 디퓨저는 깃 없는 디퓨저에 비해 임펠러 출구에서의 운동 에너지를 더 짧은 길이에서, 더 빨리, 그리고 더 효율이 높게 압력 에너지로 변환시켜 준다. 따라서 이 장치는 작은 크기의 펌프를 설계

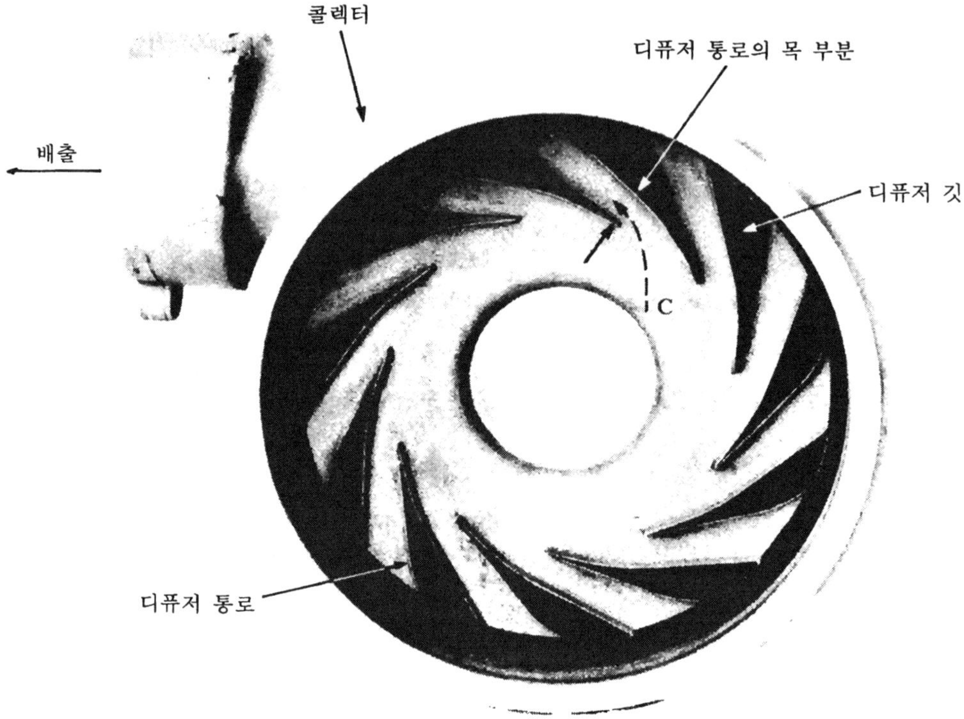

그림 2.19 깃 있는 디퓨저

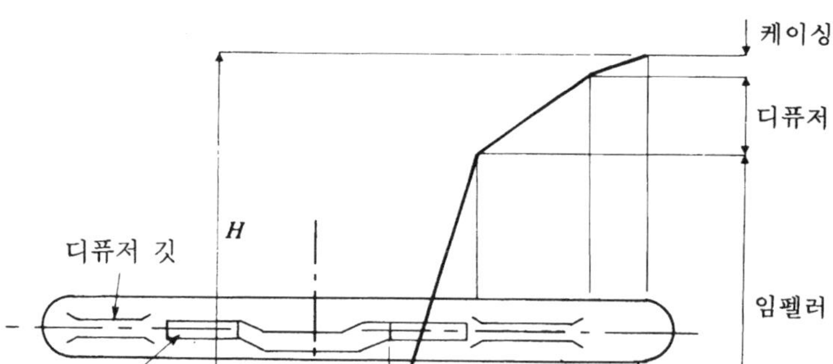

그림 2.20 원심 펌프에서의 수두 상승

해야 하는 경우에 있어서 큰 도움이 된다.

깃이 장착된 링 모양의 몸체가 출구에서 임펠러를 감싸며, 임펠러에서 나온 유체는 짧은 거리에서 나선 모양의 운동을 한 뒤 디퓨저의 깃 사이 통로로 들어간다. 유체 운동은 디퓨저 깃 사이의 통로 내에서 확산이 되는데 그 정도는 통로의 벌어진 각도에 달려 있다. 보통 그 각도는 8~10°로 하여 통로 벽으로부터 유동 박리가 일어나지 않도록 한다. 디퓨저 링 위에 설치할 깃의 수는 다음 사항을 고려하여 결정한다.

1. 깃이 많을수록 확산은 더 잘 되지만 마찰 손실도 커진다.
2. 디퓨저의 통로는 최대 수력 반경(단면적/수로의 접수길이)이 얻어지게끔 정사각형이 되도록 한다.
3. 디퓨저의 깃 수와 임펠러의 깃 수는 공통 인수를 갖지 않도록 한다. 이것은 진동을 방지하기 위한 것이다.

콜렉터와 디퓨저는 설계점에서만 최대 효율로 작동한다. 설계 유량에서 벗어난 유량으로 작동되면 출구의 속도 삼각형이 달리 되고 이에 따라 케이싱 내의 흐름 형태도 달라진다. 그림 2.20은 펌프의 각 부분에서 압력 수두가 어떻게 증가하는지를 보여주고 있다.

2.6 펌프의 공동 현상

공동 현상은 액체의 현재 정압(절대압)이 증기압보다 작아서 기포가 형성되는 현상이다. 액체가 원심 펌프 혹은 축류 펌프 내를 흐를 때 임펠러의 입구(eye) 후면에서 정압은 감소하고 속도는 증가한다. 따라서 임펠러 입구에서 기포가 형성될 위험이 많다. 이 기포는 고압 지역으로 흐르면서 파괴되고 이 과정에서 엄청난 압력이(3500 기압까지) 순간적으로 형성된다. 이에 따라 금속 표면에는 피팅(pitting: 껍질이 점모양으로 떨어져 나가는 현상)이 생기고, 이 현상이 지속되면 심각한 손상을 가져온다(그림 2.21). 공동 현상이 있으면 날카로운 파열음(cracking sound)도 발생한다.

그림 2.21 원심 펌프 임펠러의 공동 현상에 의한 침식

공동 현상은 압력이 낮은 펌프의 흡입부, 즉 그림 2.1에서 아래 저수지면과 펌프 입구사이에서 일어나기 쉽다. 캐비테이션 계수(cavitation parameter) σ는 아래와 같이 정의된다.

$$\sigma = \frac{\text{펌프입구에서의 전수두} - \text{증기압 수두}}{\text{펌프의 총양정}}$$

이것을 식으로 나타내면 다음과 같다.

$$\sigma = (p_i/\rho g + V_i^2/2g - p_{vap}/\rho g)/H \tag{2.37}$$

여기서, 압력은 모두 절대압이며, 하첨자 i는 입구 플렌지의 값을 의미한다. 식 (2.37)의 분자는 주어진 펌프의 유효 흡입양정(*NPSH* : net positive suction head)이라 불리운다. 이것은 펌프의 흡입부에서 에너지가 얼마나 남아 있는가(즉, 공동 현상의 관점에서 얼마나 여유가 있는가)를 나타낸다. 모든 펌프에는 임계 캐비테이션 계수 σ_c라는 것이 있다. 이것은 주어진 펌프에서 공동 현상이 생기기 시작하는 최소 *NPSH*의 값을 말하는데, 오직 실험에 의해서만 결정되는 값이다. 그러나, 이것을 결정하는 시험에는 여러 가지가 있고 구체적인 시험 방법에 따라 σ_c가 다르기 때문에, 공동 현상이 생기지 않는 최소의 *NPSH*를 결정하기 위해서는 구체적인 시험 조건을 알아야 할 것이다. 한 가지 방법은, 펌프의 흡입 관로에 밸브를 달아서 고의로 저항을 주고, 저항의 크기에 따라 임계 *NPSH*를 결정하는 방법이다. 그림 2.22에 나와 있듯이 하나의 밸브 세팅에서 유량을 증가시켜 나가면 어떤 시점에서 수두가 갑자기 떨어진다. 정상 작동 수두로부터 3% 정도 떨어진 시점에서 입구 압력 p_i와 입구 속도 V_i를 측정한 뒤 식 (2.37)에 의해 σ_c를 계산하는 방법이다. 이렇게 하여 여러가지 다른 밸브 조건에서 σ_c를 구하고 유량에 대해 그림을 그리면 그림 2.22의 아래와 같다.

그림 2.1에서 자유 표면 (A)와 펌프의 흡입부 (i) 사이의 에너지 손실은 정상 흐름의 에너지 방정식으로부터

A 에서의 에너지 − i 에서의 에너지 = A와 i 사이의 에너지 손실

와 같이 구할 수 있다. 이것을 식으로 나타내면 다음과 같다.

$$(p_A/\rho g + V_A^2/2g + Z_A) = (p_i/\rho g + V_i^2/2g + Z_i) + (h_{in} + h_{fi}) \quad (2.38)$$

여기서, $(h_{in} + h_{fi})$은 손실을 나타낸다. 그리고, V_A는 0이고, 또 기준 좌표를 아래 저수지의 표면으로 잡으면 Z_A도 0이 되어 식 (2.38)은

$$p_A \rho g = p_i/\rho g + V_i^2/2g + H_{suction}$$

이 된다. 여기서 $H_{suction}$은

$$Z_i + h_{in} + h_{fi} = H_{suction}$$

이다. 위 식과 식 (2.37)으로부터 $p_i/\rho g$를 소거하면,

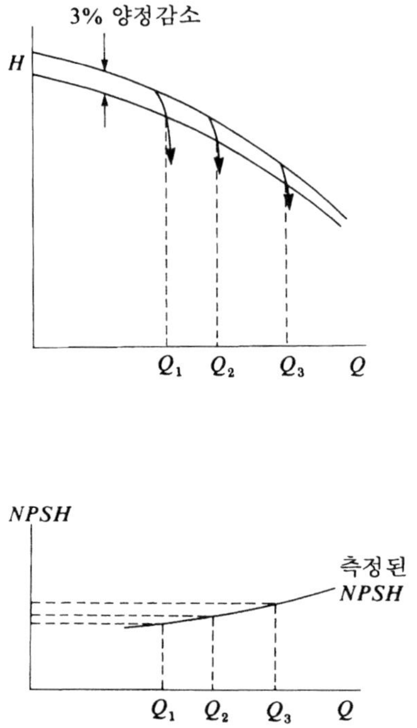

그림 2.22 펌프 특성 곡선 상에서 확인되는 임계 *NPSH*

$$\sigma = (p_A/\rho g - p_{vap}/\rho g - H_{suction})/H \tag{2.39}$$

을 얻는다.

이렇게 계산된 σ가 σ_c보다 크면 공동 현상은 일어나지 않는다. 이를 위해서는 $H_{suction}$을 감소시켜야 하는데, 이것은 다시 Z_i를 작게 해야 하는 것과 같다. 흡입부의 관이 길어서 손실 h_{fi}가 특히 클때는 펌프를 액체 중에 잠기게 하여 Z_i가 음이 되도록 해야 할 때도 있다. 그리하여, 펌프를 떼어서 다른 흡입 관로에 연결하여 사용하고자 할 때는 식 (2.39)로부터 σ를 계산해 보고, 이 값이 σ(여유값) > σ_c(요구값)을 만족하여 공동 현상이 생기지 않는지 확인해야 한다.

2.6.1 흡입 비속도

펌프 효율은 유량에 따라서만 변하는 것이 아니라 공동 현상에 따른 다른 인자에 의해서도 달라진다. 그것은 다름아닌 아래와 같이 정의된 흡입 비속도이다.

$$N_{suc} = NQ^{1/2}/[g(NPSH)]^{3/4} \tag{2.40}$$

이에 따라 효율은

$$\eta = f(\phi, N_{suc}) \tag{2.41}$$

와 같이 변하는 것으로 생각할 수 있다.

실험에 의하면[2] 어떤 일정한 N_{suc}에서 공동 현상이 일어나기 시작한다. N을 rad/s, Q를 m^3/s, 그리고 $g(NPSH)$를 m^2/s^2으로 할 때 $N_{suc} \approx 3$에서 공동 현상이 시작된다. 캐비테이션 계수는 또한 무차원 비속도를 무차원 흡입 비속도로 나누어서 나타낼 수도 있다.

$$\begin{aligned} N_s/N_{suc} &= [NQ^{1/2}/(gH)^{3/4}]/\{NQ^{1/2}/[g(NPSH)]^{3/4}\} \\ &= (NPSH)^{3/4}/H^{3/4} \\ &= \sigma^{3/4} \end{aligned} \tag{2.42}$$

또한 상사칙으로부터 다음을 얻는다.

$$NPSH_1/NPSH_2 \div (N_1/N_2)^2(D_1/D_2)^2 = \sigma_1/\sigma_2$$

2.7 축류형 펌프

축류형 펌프는 케이싱 내의 깃이 프로플러 형태로 되어 있는 것이며 깃 팁(tip)과 케이싱 벽 사이의 틈새가 작다. 2차 유동이 존재하지 않는다면 유체 입자는 펌프를 지나면서 그 반경 방향 위치를 바꾸지 않는다. 그러나, 실제로는 출구에서의 스월(swirl)을 없애기 위한 별도의 방법을 강구하지 않는한 원주 방향으로 상당한 크기의 스월이 존재한다. 보통 출구에 안내 깃을 설치함으로써 이 스월을 줄인다. 임펠러의 입구와 출구는 같은 단면적을 가지며, 이같은 펌프의 최대 양정은 20m 정도이다. 그림 1.7을 보면 축류 펌프의 비속도는 펌프 스펙트럼의 가장 우측에 있기 때문에 이 펌프의 특징은 저양정 대용량임을 알 수 있다. 깃 수는 2~8개이며, 허브 직경/임펠러 직경비는 0.3~0.6이다. 많은 경우 깃의 피치는 고정되어 있다. 그러나, 대형 발전설비용 축류 펌프는 대부분 하중 변화를 고려하여 피치 가변형의 깃을 가지는 것이 보통이다.

그림 2.23은 축류형 펌프의 임펠러를 보여주고 있다. 깃의 단면을 보기 위해 X－X를 잘라서 확대하고 입구와 출구에서 속도 삼각형을 그린 것이 그림 2.24이다. 그림을 보면 깃 단면은 비행 날개(aerofoil)의 모양을 하고 있으며, 입구에서의 상대 속도 W_1이 깃 방향과 일치하지 않고 각도 i만큼 다르게 그려져 있다. 이것은 자유흐름에 놓인 비행 날개의 영각(angle of attack)과 같은 것이다. 그러나, 이후의 이론 전개에서는 입구에서 충돌은 없으며 출구에서는 유체 입자가 깃 방향으로 빠져나가는 것으로 가정한다.

임펠러의 평균 반경 상에서의 변수들로 해석을 하기로 한다. 우선, 입구와 출구에서의 원주 속도는 동일하다.

$$U_1 = U_2 = U = \omega r$$

그리고 입구와 출구 사이의 통로 단면적이 일정한 것으로 가정하면

$$C_{r1} = C_{r2} = C_r = C_a$$

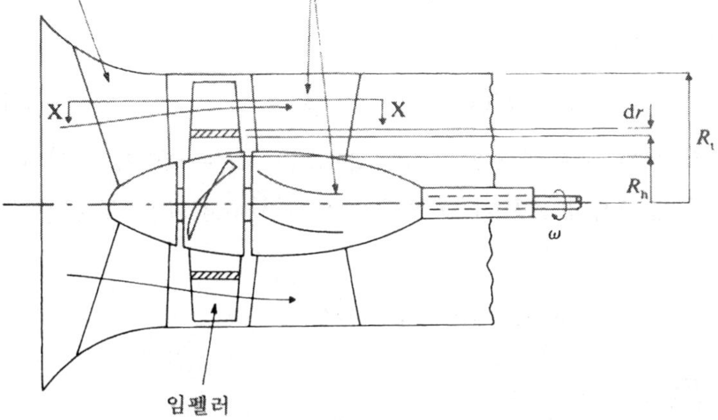

그림 2.23 축류 펌프

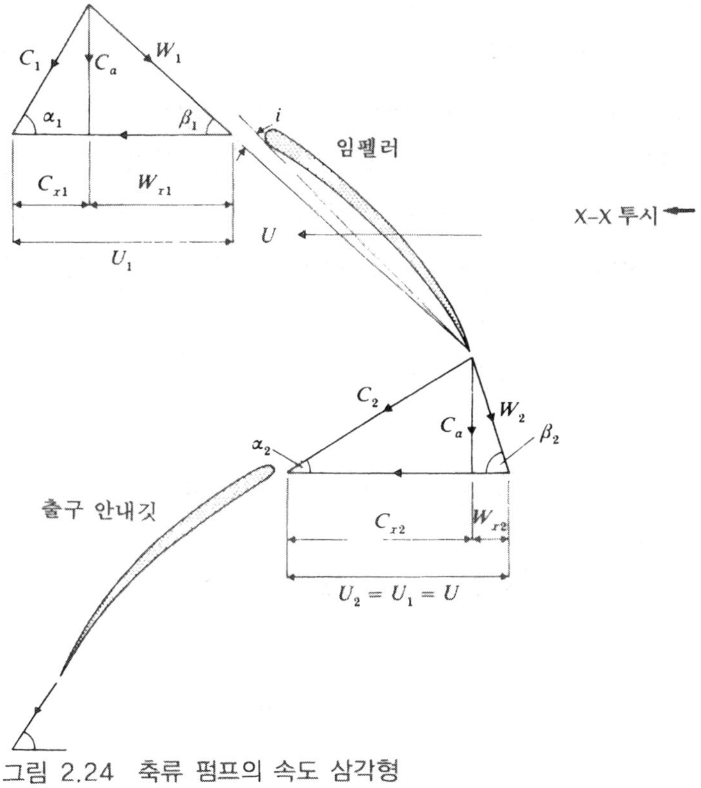

그림 2.24 축류 펌프의 속도 삼각형

이 되고, 유로 단면이 허브와 깃 팁 사이의 원환(aunulus)이므로

$$m = \rho C_a \pi (R_t^2 - R_h^2)$$

을 얻는다. 식 (2.2)로부터

$$E = U(C_{x2} - C_{x1})/g \tag{2.43}$$

이고, 최대 에너지 전달을 위해서는 $C_{x1} = 0$ 또는 $\alpha_1 = 90°$ 이 되어야 함을 알 수 있다. 즉 입구에서 흐름이 축방향이면 에너지 전달은 최대가 되는 것이다. 그런데

$$\cot \beta_2 = (U - C_{x2})/C_a$$

혹은

$$C_{x2} = U - C_a \cot \beta_2$$

이므로, 식 (2.43)은 최대 에너지가 전달될 때 아래와 같이 된다.

$$E = U(U - C_a \cot \beta_2)/g \tag{2.44}$$

에너지 전달 양이 균일하다면 식 (2.44)는 허브에서부터 깃 팁까지의 모든 지점에 대해 적용할 수 있다. 즉, 이 식은 R_t와 R_h 사이의 모든 반경 r에서 적용된다. E가 깃의 전 면에 걸쳐 균일한 값을 가지기 위한 β_2의 조건을 생각해 보자. 반경이 증가하면 U^2가 증가하므로 일정한 E를 위해서는 $UC_a \cot \beta_2$도 증가해야 한다. 그런데 C_a가 일정하므로 $\cot \beta_2$가 증가해야 한다. 이에 따라 깃은 반경방향으로 꼬이도록 해야 하는 것이다.

엄밀한 해석을 위해서는, 반경 방향 두께 dr의 원환을 통과하는 단위 중량유량당의 일을 고려해야 한다. 우선

$$E = W/mg = U(U - C_a \cot \beta_2)/g$$

로부터

$$dW = U(U - C_a \cot \beta_2)\,dm$$

을 얻는다. 미소 질량유량 dm은

$$dm = \rho(2\pi r)(C_a)dr$$

이고, $U = \omega r$이다. 이들을 윗 식에 대입하고 허브에서부터 깃 팁까지 적분하면 다음 식을 얻는다.

$$W = 2\pi\rho C_a\omega\int_{R_h}^{R_t} r^2(\omega r - C_a\cot\beta_2)dr \tag{2.45}$$

식 (2.45)는 β_2와 r의 관계가 주어져야만 적분할 수 있다.

설계 목적상, 식 (2.44)는 평균 반경 $(R_h + R_t)/2$ 상에서 산정하는 것이 보통이다. 축류 펌프에서는 깃의 출구에서 발생하는 선회성분(whirl component)이 비교적 작고, 이에 따라 운동 에너지 손실도 작다. 축류 펌프는 따라서 원심 펌프보다 수력 효율이 일반적으로 더 높다.

2.7.1 깃 요소 이론 (Blade Element Theory)

축류 펌프의 임펠러에는 많은 깃이 촘촘이 들어서 있을 수도 있고 적은 개수가 듬성하게 설치되어 있을 수도 있다. 그러나 기계적 강도를 고려하여 깃의 길이, 즉 익현은 허브에서부터 깃 팁까지 사이에서 변한다. 이웃하는 두 깃의 상동점 사이의 원주 방향 거리를 피치(pitch)라 부르고, 익현(c)/피치(s)를 고형비(solidity ratio) σ라 부른다.

$$\sigma = c/s \tag{2.46}$$

이에 따라 임펠러 상에 깃의 수가 작을수록 고형비도 작아진다. 고형비가 작을 때는 깃과 깃 사이의 간섭이 작아서 자유 흐름 상에 놓인 단일 깃의 문제로 하여 해석해도 좋다. 그러나 고형비가 클 때는 이웃하는 깃의 영향을 많이 받기 때문에 깃에 가해지는 힘을 해석하기 위해서는 익렬에 대한 데이터를 사용해야 한다. 보통 축류 펌프의 깃 수는 6 이하이므로 깃 이론을 적용할 때 고립된 깃으로 가정하여도 좋다. 여기서는 고립된 깃으로 하여 해석을 하고, 익렬에 대한 경우는 나중에 축류 압축기를 다룰 때 고려하

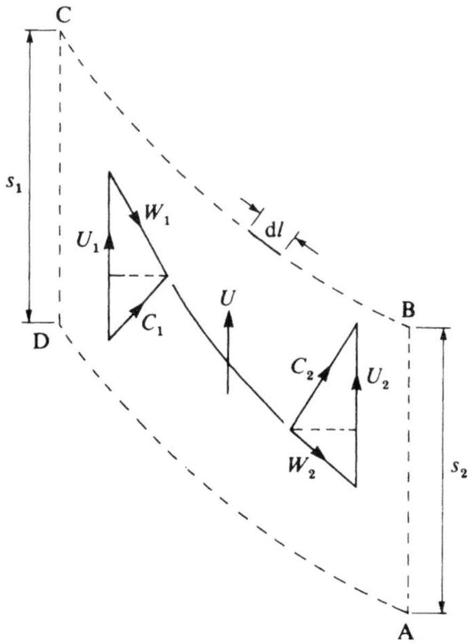

그림 2.25　고립 깃 주위의 순환

도록 한다.

그림 2.25에서와 같이 고립된 깃의 검사체적 주위로 순환(circulation) Γ를 고려하자. 그림에서 길이 AB 및 CD는 입구 및 출구에서의 깃 피치이고, AD 및 BC는 이웃하는 깃 사이의 통로를 반으로 자른 곡선이다.

순환은 ABCD 주위로 선적분하여 얻는데, 네 변에 대한 각각의 적분을 합하면 된다.

$$\Gamma_{\mathrm{ABCD}} = \oint V\mathrm{d}s = \int_{\mathrm{A}}^{\mathrm{B}} V\mathrm{d}s_2 + \int_{\mathrm{B}}^{\mathrm{C}} V\mathrm{d}l + \int_{\mathrm{C}}^{\mathrm{D}} V\mathrm{d}s_1 + \int_{\mathrm{D}}^{\mathrm{A}} V\mathrm{d}l \qquad (2.47)$$

여기서 반시계 방향의 순환을 양으로 정의한다. 그러나

$$\int_{\mathrm{B}}^{\mathrm{C}} V\mathrm{d}l = -\int_{\mathrm{D}}^{\mathrm{A}} V\mathrm{d}l$$

와

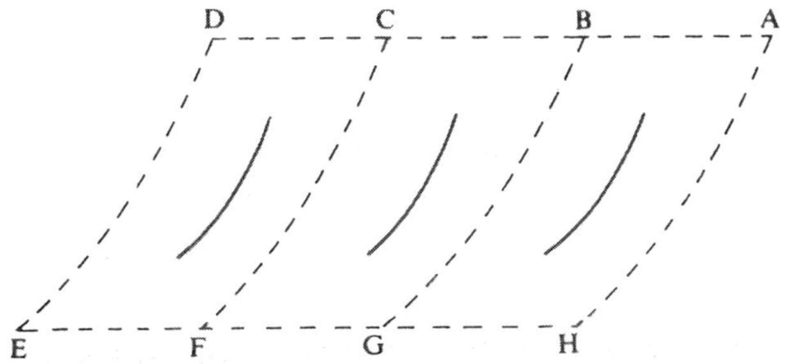

그림 2.26 여러 개의 고립된 깃 주위의 순환

$$\int_A^B V ds_2 = C_{x2} s_2 \quad 및 \quad \int_C^D V ds_1 = -C_{x1} s_1$$

이 성립하므로 아래 결과를 얻을 수 있다.

$$\Gamma_{ABCD} = s_2 C_{x2} - s_1 C_{x1} \tag{2.48}$$

그림 2.26과 같이 깃이 나열된 경우의 순환은 각각의 깃 주위의 순환을 합하여 구하면 된다. 단, 예를 들어 BG 상의 순환 값은 이웃하는 한 쪽 깃에 대해서는 +이며, 다른 쪽 이웃 깃에 대해서는 −가 된다. 따라서 깃의 수가 Z인 경우에는, 총 순환이

$$\Gamma_{ADEH} = Z\Gamma_b \tag{2.49}$$

이 된다. 여기서, Γ_b는 단일 깃 주위의 순환 값이다.

식 (2.48)의 결과를 이 식에 대입한다면, 전체 임펠러에 대한 순환을 아래와 같이 계산할 수 있다.

$$\Gamma = Z(s_2 C_{x2} - s_1 C_{x1})$$

그런데,

$$Zs_1 = 2\pi r_1 \quad 및 \quad Zs_2 = 2\pi r_2$$

이므로 이 식은

$$\Gamma = 2\pi(r_2 C_{x2} - r_1 C_{x1})$$

이 된다. 한편 식 (2.43)은

$$E = \omega(r_2 C_{x2} - r_1 C_{x1})/g$$

이다. 이것을 순환에 관한 식과 결합하면 아래와 같이 간단한 식을 얻을 수 있다.

$$E = \omega Z \Gamma_b / 2\pi g \tag{2.50}$$

이제, 익형의 단위 폭당 양력에 관한 쿠타 주코스키(Kutta Joukowski)의 법칙($L = \rho U_0 \Gamma_b$)을 적용할 차례이다. 여기서 U_0는 자유흐름의 속도이다. 이 식의 양변을 $0.5\rho U_0^2 c$로 나누면

$$C_L = \Gamma_b / 0.5 U_0 c$$

을 얻는다. 여기서 c는 임펠러 깃의 익현(chord)이다.

깃을 통과하는 유체의 자유 흐름 속도로서 적절한 양은 상대 속도 W이다. 그런데 이것은 임펠러의 입구와 출구에서 서로 다르기 때문에 아래와 같은 식으로 자유 흐름 속도를 구한다.

$$\begin{aligned} W_\infty^2 &= C_a^2 + [(W_{x1} + W_{x2})/2]^2 \\ &= C_a^2 + [1 + \{(\cot\beta_1 + \cot\beta_2)/2\}^2] \end{aligned}$$

$\Gamma_b = 0.5 C_L W_\infty c$의 관계를 식 (2.50)에 대입하면 아래 결과를 얻는다.

$$E = 0.5\omega Z C_L W_\infty c / 2\pi g \tag{2.51}$$

여러 가지 다른 형태의 깃에 대한 항력 계수의 값은 표나 차트[5]로부터 얻을 수 있으며, 이를 사용한다면 위 식에 의해 E를 구할 수 있다.

2.7.2 축류 펌프의 특성

축류 펌프의 설계는 주로 실험(경험)에 의존하여 왔으나 최근에 와서야 익형 이론(aerofoil theory)을 적용하고 있다. 그러나, 90%가 넘는 효율의 축류

펌프는 실험 데이터의 도움으로 가능하였으며, 공기역학적(이론적) 설계가 펌프의 효율을 크게 증가시키지는 못한 것 같다.

전형적인 양정-유량 곡선, 동력 곡선 및 효율 곡선이 그림 2.27에 주어져 있다. 저유량의 범위에서 양정 곡선과 동력 곡선이 상당히 큰 음의 기울기를 갖고 있음을 알 수 있다. 이것은 식 (2.44)로부터 이해할 수 있다. 입구에서 유체가 축방향으로 유입하고 회전 속도가 일정한 경우 식 (2.44)가 성립한다.

$$E = U(U - C_a \cot \beta_2)/g$$

그런데, Q는 C_a에 비례하므로

$$\mathrm{d}E/\mathrm{d}C_a \propto \mathrm{d}E/\mathrm{d}Q \propto -U\cot\beta_2$$

이다.

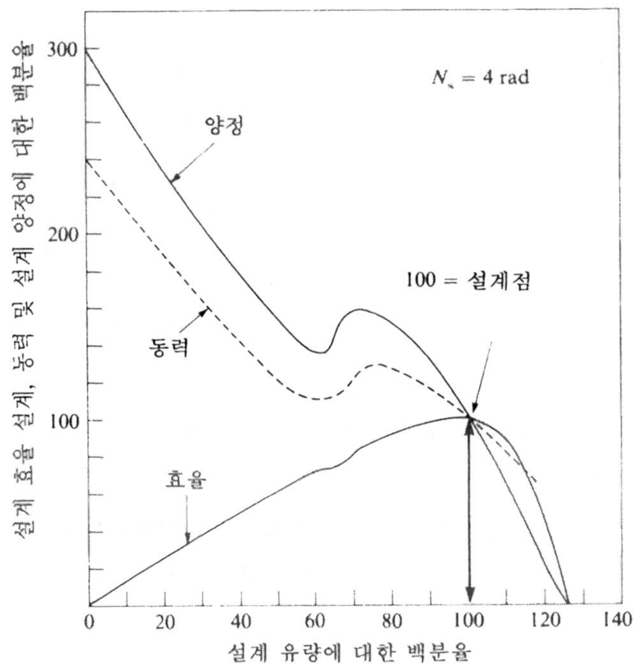

그림 2.27 축류 펌프의 특성 곡선

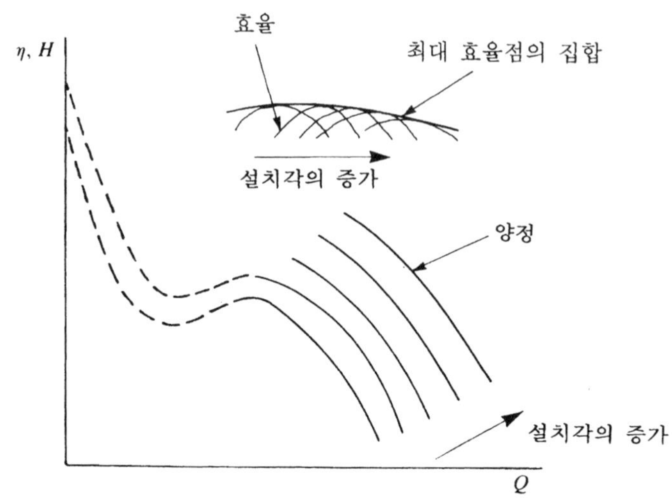

그림 2.28　깃 설치각에 따른 축류 펌프의 특성 곡선 변화

입구에서 흐름이 축방향이면, β_2는 비교적 작고, 따라서 주어진 펌프에 주어진 회전 속도에서 양정-유량 곡선은 큰 음의 구배를 가지게 된다. 동력 곡선도 이와 유사하게 강한 구배를 가지는데, 체절(shut-off) 운전시에 필요한 동력은 설계점에서 필요한 동력의 2～2.5배 가량이나 된다. 따라서, 저유량에서의 운전까지 고려하다 보면 전동기가 커지고 이에 소요되는 비용도 증가하기 마련이다. 이러한 이유로 고정익형(fixed-blade) 축류 펌프는 항시 설계점에 고정된 상태로 운전되는 경우에만 사용된다. 가변유량형(variable-flow) 축류 펌프는 깃의 설치각(stagger or setting angle)이 작동중 조정될 수 있는 형태이다. 이 경우 깃의 각은, 모든 부하 조건에 대해 펌프가 최대 효율점에서 작동하도록 조정되며, 또한 체절동력을 줄여주기도 한다. 그림 2.28은 깃의 설치각을 변화시켰을 때의 효과를 보여주고 있다.

그림 2.27을 보면 설계 유량의 약 50% 되는 유량 조건에서부터 동력 곡선과 양정 곡선은 불안정 영역을 보이고 있다. 이것은 C_a가 갑자기 작아지고 이에 따라 유동의 입사각이 증가하여 깃 선단에서 유동 박리

(separation)와 실속(stall)이 발생하기 때문이다. 이보다 더 작은 유량에서 양정과 동력이 증가하는 것은 깃 주위로 순환이 일어나기 때문이다. 여기서 순환은 유체가 깃의 전면에서 후면으로 돌고 계속해서 다음 깃의 전면으로 나아가는 과정을 말한다. 여기서도 깃의 설치각을 증가시키면 이러한 순환은 줄어들고 동력도 감소한다.

2.8 펌프와 시스템의 결합

수력 펌프는 설계점 즉 효율이 최대가 되는 작동점을 가진다고 하였다. 그러나, 경우에 따라서 펌프에 연결하여 사용할 파이프가 주어진 펌프와 맞지 않는다면 특성이 더 적합한 다른 펌프를 사용해야 할 필요가 있다. 2.8 절에서는 펌프와 파이프를 적절하게 맞추는 방법을 설명하고, 더불어 펌프의 속도와 직경을 달리 하였을 때의 효과에 대해서, 그리고 마지막으로 펌프를 직렬로 연결하였을 때와 병렬로 연결하였을 때의 효과에 대해 설명하기로 한다.

그림 2.1의 파이프 시스템을 생각해 보자. 흡입관로의 손실을 표준 손실 계수를 사용하여 나타낸다면, 아래와 같은 국소 손실

$$h_{\mathrm{in}} = \sum k V_{\mathrm{i}}^2/2g$$

그리고, 관마찰 손실

$$h_{\mathrm{fi}} = 4 f l_{\mathrm{i}} V_{\mathrm{i}}^2/2g d_{\mathrm{i}}$$

을 더하면 될 것이다. 여기서, f는 Darcy의 마찰계수, l_{i}는 흡입관의 길이, 그리고 d_{i}는 그 직경이다. 그러면 총 손실 수두는

$$h_{\mathrm{i}} = 4 f l_{\mathrm{i}} V_{\mathrm{i}}^2/2g d_{\mathrm{i}} + \sum k V_{\mathrm{i}}^2/2g$$

이다. 배출관로 상에서 발생하는 손실은 곡관 손실, 관마찰 손실, 그리고 출

구 손실을 합한 것과 같다.

$$h_0 = 4fl_0 V_0^2/2gd_0 + \sum kV_0^2/2g$$

마지막으로, 액체는 낮은 저수지에서 높은 저수지로 정수두 H_s 만큼 이송되어야 하기 때문에, 펌프가 부담해야 할 전체 수두는 아래와 같이 구해진다.

$$H = H_s + h_o + h_i \tag{2.52}$$

한편, 연속 방정식 (1.21)을 보면 파이프 내의 유량은 유속에 비례한다. 따라서 관마찰 손실을 포함한 모든 수두 손실은 유량의 제곱에 비례하고, 아래와 같이 쓸 수 있다.

$$\text{시스템 저항} = KQ^2 \tag{2.53}$$

이것은 임의의 유량에서의 관내의 수두 손실을 나타낸다. 예를 들어, 밸브의 개도(opening)를 조정한다든지 새로운 곡관을 추가로 설치한다든지 하여 시스템의 파라미터가 달라지면 K의 값은 변한다. 총수두의 식 (2.52)는 이제

$$H = H_s + KQ^2 \tag{2.54}$$

와 같은 형태로 쓸 수 있다. 이것을 수두-유량 곡선으로 그리면 그 곡선이 펌프 특성 곡선과 만나는 점이 존재하게 되는데, 이 점이 펌프의 현재 작동점이다. 이 점은 사용점(duty point: 일반적으로 효율이 최대가 되는 설계점으로 지정)과 일치할 수도 있고 그렇지 않을 수도 있다. 두 점이 가깝도록 하기 위해서는 시스템의 손실을 잘 예측해야 한다. 그림 2.29는 시스템 곡선과 펌프의 특성 곡선을 중첩하여 그린 것이다.

만약 액체의 정수두가 없다면(예로서, 같은 수직 위치에 있는 두 저수지 사이를 수평 관로를 사용하여 액체를 이송하는 경우), H_s는 0이 되고 시스템 곡선은 원점을 지나게 된다. 터보기계는 일반적으로 평탄한 특성 곡선을 보이기 때문에, 시스템의 손실을 잘 못 예측하면 작동 유량과 수두는 크게 달라질 수 있다. (이에 비해, 용적형 펌프에서는 $H-Q$곡선이 거의 수직이기 때문에 수두가 많이 변하더라도 유량은 거의 변하지 않는다.)

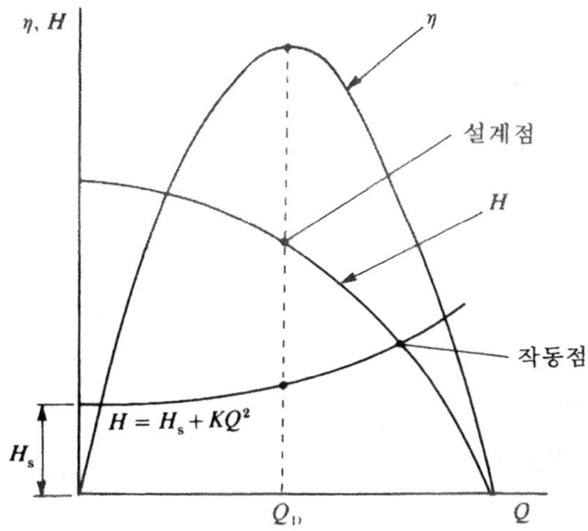

그림 2.29 시스템 저항과 펌프 특성 곡선

2.8.1 회전 속도 변화의 영향

어떤 펌프가 0의 정수두로 작동한다고 가정해보자. 만약 어떠한 회전 속도 N_1에서 특성 곡선이 알려져 있다면, 이로부터 같은 펌프에 대한 다른 회전 속도 N_2에서의 특성 곡선도 예측할 수 있으며, 이에 따라 새로운 작동점도 예측할 수 있다. 그림 2.30에 속도 N_1에서의 특성 곡선을 보여주고 있다.

점 A, B, C는 기존의 속도에 대한 작동점이고 A′, B′, C′는 새로운 속도에 대한 작동점이다. 우선 상사칙으로부터

$$\phi_1 = \phi_2$$

혹은

$$Q_1/N_1 = Q_2/N_2 \quad (\text{왜냐하면 } D\text{가 상수이므로}) \tag{2.55}$$

이 성립된다. 마찬가지로,

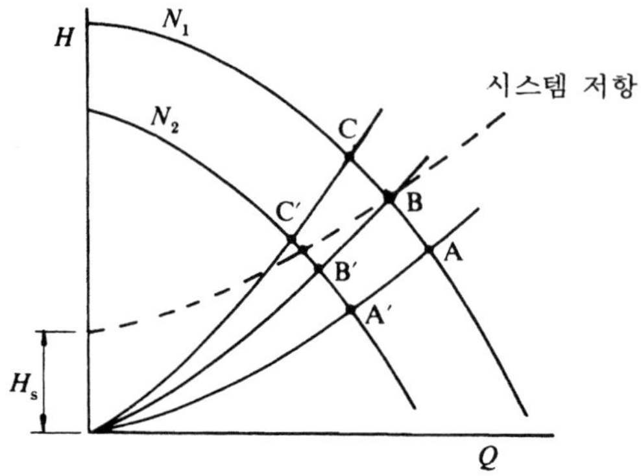

그림 2.30 속도의 변화가 작동점에 미치는 영향

$$\psi_1 = \psi_2$$

혹은

$$N_1/N_1^2 = H_2/N_2^2 \tag{2.56}$$

으로 쓸 수 있다. 식 (2.55)와 (2.56)을 정리하면 아래와 같이 된다.

$$Q_2 = Q_1 N_2/N_1 \quad \text{및} \quad H_2 = H_1 (N_2)^2/(N_1)^2$$

[예를 들어 A점에서의 유량과 수두가 각각 Q_1, H_1 이라면, 위 식으로부터 Q_2, H_2 을 계산하고 이로부터 상응점 A'를 구할 수 있다. 이러한 방법을 B점, C점 등 N_1—곡선 상의 모든 점에 대해 적용하고 이에 상응하는 B', C',… 점을 구한다면 새로운 회전속도 N_2 에 대한 곡선을 구할 수 있는 것이다. 위 두 식으로부터 N_2/N_1 을 소거하기 위해 첫 식을 제곱하고 결과를 두 번째 식으로 나눈다면

$$\frac{H_1}{Q_1^2} = \frac{H_2}{Q_2^2} = \text{상수}$$

의 관계식을 얻을 수 있다. 이것은 새로운 점이

$$H = KQ^2$$

의 포물선 상에 있음을 의미한다. 여기서 상수 K는 H_2/Q_2^2이다.] 위 식을 달리 나타내면

$$H_2 \propto Q_2^2 \tag{2.57}$$

과 같다. 한편, 만약 회전 속도가 N_1일 때 펌프가 A점에서 작동한다면 시스템 곡선[더욱 확실히 말한다면 시스템의 부하 곡선]은 A점과 원점을 지나는 포물선이다. 원점을 지나는 이유는 정수두 ($H_s \neq 0$)로 가정했기 때문이다. 그런데 이 곡선은 상동점 A′을 구할 때 사용한 곡선과 같다. 따라서 펌프가 새로운 회전 속도 N_2에서 회전할 때의 작동점은 상동점 A′와 같은 것이다. 그러나, 만약 정수두 H_s가 0이 아니라면 시스템 곡선은 원점을 지나지 않기 때문에 이같은 방법은 적용할 수 없다. 이 때는 새로운 특성 곡선을 먼저 구한 뒤 이것과 시스템 곡선과의 교점으로부터 작동점을 구하는 원래의 방법을 써야 한다. 한편, 두 상동점에서의 효율은 같기 때문에 만약 N_1—곡선의 A점에서 효율이 최대이라면 N_2—곡선의 최대 효율점은 A가 되는 것이다. 그림 2.31에서 두 곡선의 최대 효율점은 각각 DP_1, DP_2로 나타내었다. 물론 새로운 곡선의 최대 효율점에서의 유량 및 수두는 그 전 곡선의 상동점에서의 유량 및 수두와 다르다.

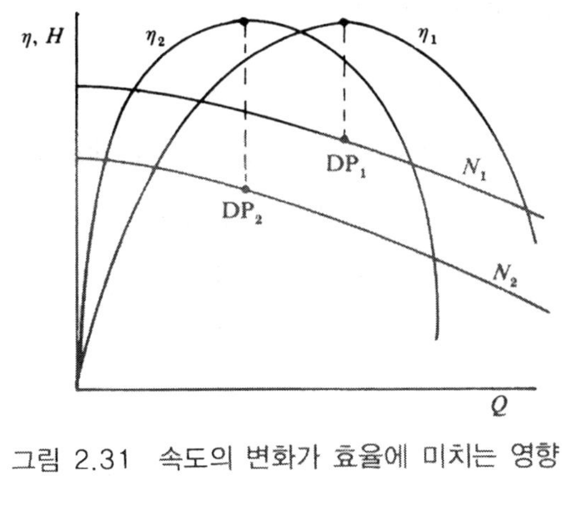

그림 2.31 속도의 변화가 효율에 미치는 영향

2.8.2 펌프 직경의 변화

펌프 직경의 변화에 의한 영향도 위와 유사하게 상사칙을 사용하여 검토할 수 있다. 회전 속도가 일정하다고 한다면, 상사칙으로부터

$$Q_1/D_1^3 = Q_2/D_2^3$$

및

$$H_1/D_1^2 = H_2/D_2^2$$

이 성립한다. 위 두 식에서 직경비를 소거한다면

$$H \propto Q^{2/3} \tag{2.58}$$

의 관계를 얻을 수 있다. [즉, 직경이 달라짐으로 하여 예상되는 새로운 특성 곡선은 곡선 $H = KQ^{2/3}$을 사용하여 구할 수 있다.] 그런데 이 곡선의 모양은 시스템 곡선의 모양(포물선 모양)과 다르다. 따라서 이 경우도, 펌프의 직경 변화에 따른 새로운 작동점은 특성 곡선을 먼저 구한 뒤 이것과 시스템 곡선과의 교점을 찾는 방법으로 구해야 한다. 또한 여기서도 효율 곡선은 상동점에서의 효율이 같다는 원리에 입각해서 결정된다.

2.8.3 펌프의 직렬 연결과 병렬 연결

만약 어떠한 시스템 부하에 대해 하나의 펌프로 작동하기에 부족할 때는 여러 대의 펌프를 직렬 또는 병렬로 연결하여 사용할 수 있다. 대체적으로, 직렬일 때는 수두가 증가하고 병렬일 때는 유량이 증가한다고 보면 된다. 결합되는 펌프들은 반드시 동일한 설계의 펌프일 필요는 없다.

그림 2.32와 2.33은 동일한 두 대의 펌프를 직렬 및 병렬 연결하였을 때의 $H-Q$곡선을 보여준다. 두 가지 경우 모두 작동점이 변한다는 것을 알 수 있다. 그림 2.34는 서로 다른 두 대의 펌프를 연결했을 때의 특성 곡선이다.

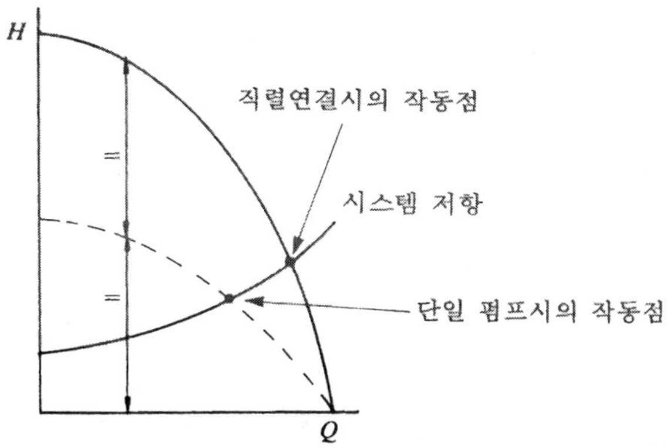

그림 2.32 두 대의 동일한 펌프를 직렬 연결하였을 경우

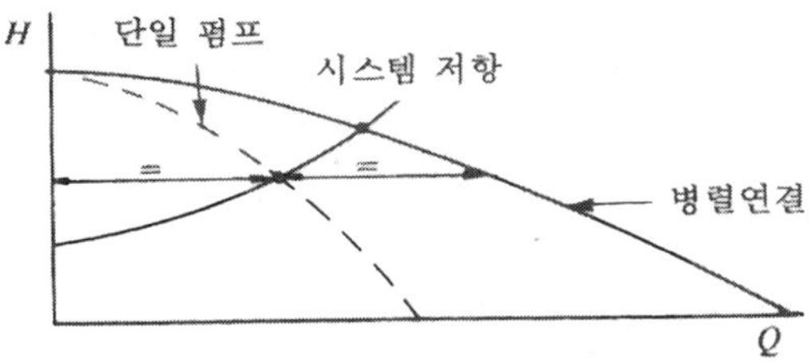

그림 2.33 두 대의 동일한 펌프를 병렬 연결하였을 경우

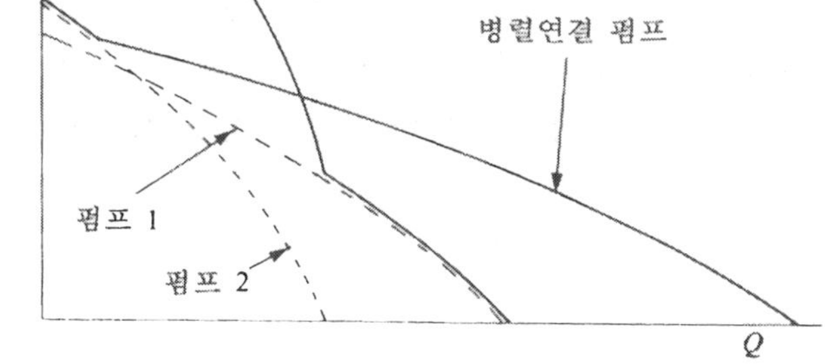

그림 2.34 두 대의 서로 다른 펌프를 직렬 및 병렬 연결하였을 경우

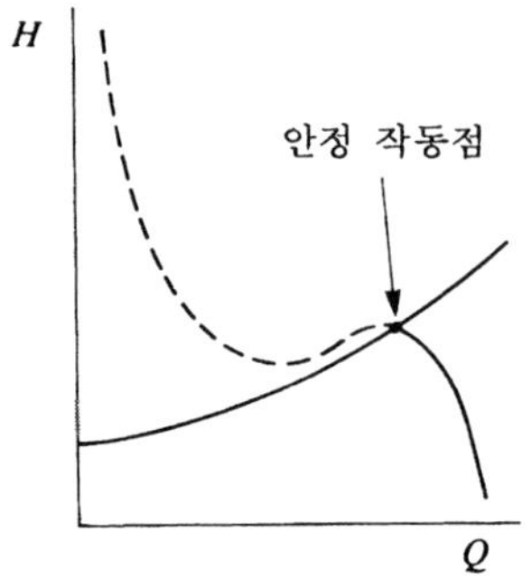

그림 2.35 단일 축류 펌프의 경우

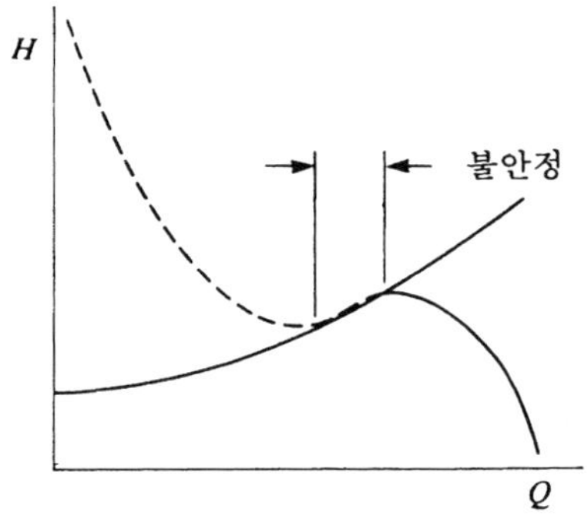

그림 2.36 축류 펌프를 병렬로 연결한 경우

축류 펌프를 병렬로 연결할 때는 주위를 기울여야 한다. 이 때는 병렬 연결로 인하여 시스템 곡선이 특성 곡선과 2개 이상의 점에서 만나면 펌프의 특성이 불안정해지기 때문이다. 이 현상은 펌프의 병렬 연결에 따라 특성 곡선이 옆으로 퍼지기 때문에 나타날 수 있는 것이다(그림 2.35, 2.36 참조).

연습문제

2.1 직경 1.3 m의 원심 펌프가 깃 끝 속도 10 m/s에서 3.5 m^3/min의 유량을 내고 있다. 유속은 1.6 m/s이다. 임펠러 출구의 깃 각도는 원주 방향에 대해 30°이다. 입구에서 선회양이 0 이라 가정하고 미끄럼은 없는 것으로 가정한다. 임펠러에서 발생하는 토크를 계산하라.

2.2 원심 펌프의 임펠러가 후향 깃을 갖고 있는데, 깃의 각도는 출구에서 원주방향에 대해 30°이다. 깃의 깊이는 출구에서 20 mm이며, 임펠러의 직경은 250 mm이며, 1450 rpm으로 회전한다. 유량이 0.028 m^3/s이고 미끄럼 계수는 0.77이다. 임펠러에 의해 제공되는 이론 양정과 임펠러 깃의 수를 결정하라.

2.3 임펠러의 입구 반경이 51 mm이고 외경이 406 mm인 펌프가 900 rpm으로 회전하고 있다. 반경 방향에 대해 측정한 깃의 각도는 입구와 출구에서 각각 75°와 83°이고, 깃의 깊이는 64 mm이다. 입구에서의 선회는 0이고, 미끄럼은 없으며, 수력 효율을 89%로 할 때, 다음을 계산하라.

(a) 유량

(b) 임펠러 입구와 출구에서의 정체압과 정압의 차이

(c) 유체에 전달되는 동력

(d) 임펠러의 입력 동력

2.4 어떤 원심 펌프의 무차원 비속도가 0.075 rev로 설계되었다. 깃은 전향이며 깃 각도는 출구에서 원주 방향에 대해 120°이다. 출구에서의 깃 사이의 통로 폭은 직경의 1/10 이다. 이 펌프를 사용하여 수직 높이 35 m로 물을 0.04 m^3/s의 유량으로 보내고자 한다. 흡입

부와 송출부의 관 내경은 150 mm이고 합해서 40 m만큼 길며, 관마찰 계수는 0.005이다. 그 외에, 관 입구, 출구, 곡관 등에서의 손실은 합해서 속도 수두의 3배이다. 만약 깃의 몸체가 원주 단면 상에서 6% 의 면적을 차지한다고 하고 수력 효율이 76% 이라면(미끄럼은 무시), 펌프의 임펠러 직경은 얼마가 되어야 하는가?

2.5 어떤 펌프에 대해 실험을 수행하였더니, 펌프의 총 양정 36 m, 유량 0.05 m^3/s에서, 입구에서의 정압 수두와 속도 수두가 합해서 3.5m 일때 공동 현상이 발생하였다. 대기압은 750 mmHg이고 사용된 물의 증기압은 1.8kPa이다. 만약 이 펌프를 대기압이 620mmHg, 증기압이 830 Pa인 조건에서 위와 동일한 총 양정과 유량으로 작동시킨다면 케비테이션 계수는 얼마가 되는가? 이 경우, 흡입 수면 기준의 펌프 설치 높이를 낮출 필요가 있는가? 만약 그렇다면 얼마나 낮추어야 하는가?

2.6 축류 펌프의 입구와 출구 직경이 각각 0.75 m, 1.8 m이다. 고정자(stator)의 정익이 회전자(rotor) 하류에서 깃의 회전 방향에 대해 (평균 직경의 지점에서) 입구각 40°로 설치되어 있다. 회전자 깃의 출구각은 깃의 회전 방향에 대해 (평균 직경의 지점에서) 30°이다. 회전자의 회전 속도가 250 rpm이고, 회전자 상류에서의 선회가 없다고 할 때 다음을 구하여라.

(a) 고정자로 유입되는 유동의 입사각이 0일 때 축방향 유속

(b) 축방향 속도가 축직각 단면 상의 모든 지점에서 균일할 때 회전자의 토크

(c) 입사각이 0이고 입구 선회가 없을 때, 회전자의 뿌리와 팁에서의 깃 각도

2.7 12개의 깃으로 이루어진 축류 팬의 평균 직경이 0.93 m, 수력 효율이 0.92 m이며, 450 rpm으로 회전한다. 입구에서 공기는 40 m/s의 속도로 축방향으로 유입되고, 깃 입출구 사이의 수두는 공기로 하여 35 m이다. 평균 직경 상에서의 익현이 0.33 m일 때 입구와 출구에서의 깃의 각도를 구하여라. 단, 깃은 고립된 형태로 가정한다. 깃이 익형으로서 다음과 같은 특성을 가진다면, 유동의 입사각과 깃 설치각은 얼마인가? 모든 계산은 평균 직경에서 수행한다.

입사각(도)	−4	−2	0	4	8	12
양력계수	−0.18	−0.02	0.13	0.46	0.77	1.025

2.8 원심 펌프를 사용하여 아래 저수지에서 위 저수지로 물을 보내려고 한다. 두 저수지의 수직 거리는 32 m이다. 관 내경은 200 mm, 관의 총 길이는 1000 m이고, 관마찰 계수는 0.005이다. 관마찰 이외의 모든 손실은 무시하고 유량과 필요 동력을 계산하라. 펌프의 특성은 아래와 같다.

$Q(m^3/h)$	0	46	92	138	184	230
$H(m)$	68	64	54	42	26.4	8
$\eta(\%)$	0	49.5	61	63.5	53	10

2.9 직경이 0.7 m이고 750 rpm으로 회전하는 어떤 원심 펌프의 특성이 아래와 같다고 한다.

$Q(m^3/min)$	0	7	14	21	28	35	42	49	56
$H(m)$	40	40.6	40.4	39.3	38.0	33.6	25.6	14.5	0
$\eta(\%)$	0	41	60	74	83	83	74	51	0

(a) 우선, 같은 수평 위치에 있는 두 저수지 사이로 송수한다고 하고, 유량 25 m³/min에서의 모든 손실 수두의 합이 35 m이라고

할 때, 펌프의 운전점을 구하여라.

(b) 다음, 직경이 0.45 m인 관을 사용하여 수직 높이 차이가 15 m인 두 저수지 사이에서 이 펌프를 사용하려고 한다. 관의 길이가 93 m이고, 관마찰 계수가 0.004이며, 관 입구와 출구의 손실계수가 각각 0.5, 1.0일 때 유량과 동력을 계산하라.

(c) 이제, 펌프를 직경이 0.51 m인 것으로 교체하고 모터도 975 rpm의 것으로 교체한다고 할 때, 새로운 유량과 동력은 얼마가 되는가?

2.10 단일 축류 펌프의 특성이 아래와 같다.

$Q\,(\mathrm{m^3/s})$	0	0.136	0.233	0.311	0.388	0.466	0.608
$H\,(\mathrm{m})$	12.6	9.45	9.79	9.07	7.61	5.45	0

정수두(H_s)가 0인 시스템의 어떤 부하 상태 하에서 두 대의 펌프를 직렬로 연결하여 운전하였을 때와 병렬로 연결하였을 때의 유량(즉 운전점)이 같았다. 같은 시스템 부하에서 하나의 펌프를 연결하여 사용한다면 유량과 수두는 얼마가 되는가?

문제풀이

2.1

그림 2.5를 보자. 미끄럼이 없으므로 $\beta_2 = \beta_2'$ 이다. 식 (2.2)로부터 오일러 수두는 다음과 같다.

$$E = \frac{W}{mg} = \frac{U_2 C_{x2} - U_1 C_{x1}}{g}$$

입구 선회가 없기 때문에 $C_{x1}=0$ 이고 다음과 같이 구할 수 있다.

$$\begin{aligned} E &= \frac{U_2 C_{x2}}{g} \\ &= \frac{U_2}{g}(U_2 - W_{x2}) \\ &= \frac{10}{9.81}\left(10 - \frac{1.6}{\tan 30°}\right) \\ &= 7.36\,\text{m} \quad \text{또는} \quad \text{W/(N/s)} \end{aligned}$$

$$\begin{aligned} \text{제공된 동력} &= E \times (mg) \\ &= \frac{7.36\times 10^3 \times 3.5 \times 9.81}{60} \\ &= 4211.8\,\text{W} \end{aligned}$$

$$\begin{aligned} \text{제공된 토크} &= \frac{\text{동력}}{\text{각속도}} \\ &= \frac{4211.8 \times 0.65}{10} \\ &= 273.7\,\text{Nm} \end{aligned}$$

2.2

우선, 그림 2.5에서 미끄럼이 없음을 상기하자. 깃은 무한히 얇다고 가정하면, 유동 면적은 아래와 같이 계산된다.

$$\begin{aligned} \text{유동 면적} &= \text{임펠러 원주} \times \text{깃의 깊이} \\ &= \pi \times 0.02 \times 0.25 \\ &= 15.7 \times 10^{-3}\,\text{m}^2 \end{aligned}$$

$$\begin{aligned} \text{유동 속도}C_{r2} &= Q/A \\ &= \frac{0.028}{15.7\times 10^{-3}} \\ &= 1.78\,\text{m/s} \end{aligned}$$

그리고 출구에서의 속도 삼각형으로부터 다음과 같이 쓸 수 있다.

$$W_{x2} = \frac{C_{r2}}{\tan 30°} = \frac{1.78}{\tan 30°} = 3.08\,\text{m/s}$$

그리고 원주 속도는

$$U_2 = \pi DN/60 = \frac{\pi \times 0.25 \times 1450}{60} = 19\,\text{m/s}$$

으로 계산된다. 절대 선회 성분은

$$C_{x2} = U_2 - W_{x2} = 19 - 3.08 = 15.92\,\text{m/s}$$

이다. 식 (2.2)로부터 오일러 수두는

$$E = \frac{U_2 C_{x2} - U_1 C_{x1}}{g}$$

인데, $C_{x1} = 0$(입구에서 선회가 없음)이므로

$$E = \frac{19 \times 15.92}{9.81} = 30.83\,\text{m}$$

와 같이 구할 수 있다. 식 (2.5)로부터

$$C_{x2}' = \sigma_s \times C_{x2}$$

이다. 따라서 미끄럼이 있을 경우, 이론 수두는 아래와 같이 계산된다.

$$E_N = 0.77 \times 30.83 = \underline{23.74\,\text{m}}$$

스토돌라(Stodola) 미끄럼 계수는 식 (2.6)으로 주어진다.

$$\sigma_s = 1 - \frac{\pi \sin \beta_2}{Z[1-(C_{r2}/U_2)\cos \beta_2]}$$

그러면

$$0.77 = 1 - \frac{\pi \sin 30^\circ}{Z[1-(1.78/19)\cot 30^\circ]}$$

이고, 따라서

$$Z = 8.15$$

$$\underline{\text{필요한 깃의 수} = 8}$$

이 된다.

2.3

(a) 역시 그림 2.5를 참조하자. $\beta_2{}' = \beta_2$ 인데, 여기서

$$\begin{aligned}\beta_2 &= 90^\circ - 83^\circ \\ &= 7^\circ\end{aligned}$$

이다. 그리고 $\beta_1{}' = \beta_1$ 이고, β_1 은

$$\begin{aligned}\beta_2 &= 90^\circ - 75^\circ \\ &= 15^\circ\end{aligned}$$

이다. 입구에서 임펠러의 원주 속도는 아래와 같이 계산된다.

$$\begin{aligned}U_1 &= \omega r_1 \\ &= \left(\frac{900 \times 2\pi}{60}\right)(0.051) \\ &= 4.81\,\text{m/s}\end{aligned}$$

식 (2.4)로부터

$$\tan \beta_1 = \frac{C_{r1}}{U_1} = \frac{C_1}{U_1} \quad \text{(선회가 없으므로)}$$

$$C_1 = 4.81\tan 15°$$
$$= 1.29 \text{ m/s}$$

으로 구할 수 있다. 유량은 다음과 같이 계산된다.

$$Q = A_1 V_1$$
$$= 2\pi r_1 b C_{r1}$$
$$= 2\pi \times 0.051 \times 0.064 \times 1.29$$
$$\underline{= 0.0265 \text{ m}^3/\text{s}}$$

(b) 연속 방정식 (1.21)을 쓰면

$$r_1 C_{r1} = r_2 C_{r2}$$
$$C_{r2} = \frac{0.051 \times 1.29}{0.203}$$
$$= 0.324 \text{ m/s}$$

이다. 출구에서, 임펠러의 원주 속도는 아래와 같이 계산된다.

$$U_2 = \omega r_2$$
$$= \left(\frac{900 \times 2\pi}{60}\right)(0.203)$$
$$= 19.13 \text{ m/s}$$

수력효율은

$$\text{수력효율} = \frac{\text{펌프에 의해 제공되는 실제 전 수두}}{\text{이론 수두}}$$

$$\eta_H = \frac{H}{E} \quad (\text{식 (2.22)로부터})$$

이다. 펌프 입출구 사이의 위치 수두 차이를 무시한다면 펌프에 의해 제공되는 총 양정은

$$H = \left(\frac{p_2 - p_1}{\rho g}\right) + \left(\frac{C_2^2 - C_1^2}{2g}\right)$$

와 같이 구해진다. 비압축성 유체이면 전압력 수두의 차이는

$$\frac{p_{02}-p_{01}}{\rho g}=\left(\frac{p_2}{\rho g}+\frac{C_2^2}{2g}\right)-\left(\frac{p_1}{\rho g}+\frac{C_1^2}{2g}\right)=H$$

이다. 한편

$$\begin{aligned} E &= \frac{U_2 C_{x2}}{g}=\frac{U_2}{g}(U_2-W_{x2}) \\ &=\frac{19.13}{9.81}\left(19.13-\frac{C_{r2}}{\tan 7°}\right) \\ &=\frac{19.13}{9.81}\left(19.13-\frac{0.324}{\tan 7°}\right) \\ &=32.15\,\mathrm{m} \end{aligned}$$

이므로

$$\begin{aligned} H &= 0.89\times 32.15 \\ &= 28.6\,\mathrm{m} \end{aligned}$$

을 구할 수 있고, 따라서 다음과 같이 전압력의 차이를 구할 수 있다.

$$\begin{aligned} p_{02}-p_{01} &= 28.6\times 10^3\times 9.81 \\ &= \underline{278.5\,\mathrm{kPa}} \end{aligned}$$

임펠러 출구에서,

$$\begin{aligned} C_{x2} &= U_2-\frac{C_{r2}}{\tan\beta_2} \\ &= 19.13-\frac{0.324}{\tan 7°} \\ &= 16.49\,\mathrm{m/s} \\ C_2 &= (C_{r2}^2+C_{x2}^2)^{1/2} \\ &= (0.324^2+16.49^2)^{1/2} \\ &= 16.49\,\mathrm{m/s} \end{aligned}$$

이다. 정압 수두에 대한 식에 대입하면 아래와 같이 계산할 수 있다.

$$\frac{p_2-p_1}{\rho g}=H-\left(\frac{C_2^2-C_1^2}{2g}\right)$$

$$= 28.6 - \left(\frac{16.49^2 - 1.29^2}{2g} \right)$$

$$p_2 - p_1 = 143.5\,\text{kPa}$$

(c) 유체에 공급되는 동력 $= \rho g Q H$

$$= 10^3 \times 9.81 \times 0.0265 \times 28.6$$

$$\underline{= 7.43\,\text{kW}}$$

(d) 임펠러에 공급되는 동력 $= 7.43/0.89$

$$\underline{= 8.35\,\text{kW}}$$

2.4

그림 2.4의 속도 삼각형을 보자. 연속 방정식으로부터 관 내의 속도는

$$v = Q/A$$

$$= \frac{0.04 \times 4}{\pi \times 0.15^2}$$

$$= 2.26\,\text{m/s}$$

이다. 다음, 손실은

총 손실 = 관마찰 손실 + 기타 손실

$$= \frac{4flv^2}{2gd} + \frac{3v^2}{2g}$$

$$= \left(\frac{4 \times 0.005 \times 40}{0.15} + 3 \right) \frac{v^2}{2g}$$

$$= \frac{8.333 \times 2.26^2}{2 \times 9.81}$$

$$= 2.16\,\text{m}$$

요구되는 총 양정 $= 35 + 2.16$

$$= 37.16\,\text{m}$$

이다. 식 (1.16)으로부터 펌프의 회전 속도를 구한다.

$$N_s = \frac{NQ^{1/2}}{(gH)^{3/4}}$$

$$N = \frac{0.075(9.81 \times 37.16)^{3/4}}{(0.04)^{1/2}}$$

$$= 31.28 \text{ rev/s}$$

임펠러 출구에서 원주 단면에 대해 수직인 면적은

$$= \pi D \times \frac{D}{10} \times 0.94$$

$$= 0.295 D^2$$

이다. 그러면

$$C_{r2} = \frac{Q}{\text{유로 면적}}$$

$$= \frac{0.04}{0.295 D^2}$$

$$= \frac{0.136}{D^2} \text{ m/s}$$

이 된다. 또한

$$U_2 = N\pi D$$

$$= 31.28 \times \pi D$$

$$= 98.3 D \text{ m/s}$$

을 알 수 있다. 식 (2.22)로부터 수력 효율은

$$\eta_H = \frac{\text{펌프에 의해 공급된 유체 동력}}{\text{임펠러에 공급된 유체 동력}}$$

$$= \frac{H}{E}$$

이다. E에 대한 식 (2.23)을 쓰면,

$$C_{x2} = \frac{gH}{U_2 \eta}$$

$$= \frac{9.81 \times 37.16}{98.3 D \times 0.76}$$

$$= 4.87/D \text{ m/s}$$

을 얻는다. 출구에서의 속도 삼각형으로부터

$$\tan 60° = \frac{C_{r2}}{C_{x2} - U_2} = \frac{0.136}{D^2(4.87/D - 98.3D)}$$

을 얻고, 따라서

$$D^3 = 0.0495D - 0.0008$$

$$\underline{\text{임펠러 직경 } D = 0.214\text{m}}$$

이 된다.

2.5

공동 현상은

$$\frac{p_1}{\rho g} + \frac{V_1^2}{2g} = 3.5$$

에서 발생하기 시작한다고 하였다. 여기서, $p_1 = p_{\text{vap}}$ 이다. 따라서

$$\frac{V_1^2}{2g} = 3.5 - \frac{1.8 \times 10^3}{9.81 \times 10^3} = 3.317 \text{ m} = NPSH$$

을 얻는다. 그러면, 다음과 같이 σ_{TH} 를 구할 수 있다.

$$\sigma_{\text{TH}} = \frac{V_1^2}{2gH} = \frac{3.317}{36}$$

$$\underline{\sigma_{\text{TH}} = 0.0921}$$

정상 상태의 에너지 방정식 (2.38)에서 기준선($Z_0 = 0$)을 저수지로 취하면 경우 (1)에 대해서

$$\frac{p_1}{\rho g}+\frac{V_1^2}{2g}+Z_1=\frac{p_0}{\rho g}-(\text{수두 손실의 합})$$

$$\begin{aligned}(Z_1+h_{f1}) &= \frac{p_0}{\rho g}-\sigma_{TH}H-\frac{p_1}{\rho g}\\ &= (0.75\times 13.6)-3.317-0.1835\\ &= 6.7\,\text{m}\end{aligned}$$

이고, 경우 (2)에 대해서는

$$\frac{p_2}{\rho g}+\frac{V_2^2}{2g}+Z_2=\frac{p_0}{\rho g}-h_{f2}$$

$$\begin{aligned}(Z_2+h_{f2}) &= (0.62\times 13.6)-3.317-0.0846\\ &= 5.03\,\text{m}\end{aligned}$$

와 같이 구할 수 있다. 유량은 같기 때문에 $h_{f1}=h_{f2}$ 이고, 또 펌프는 $(Z_1-Z_2)=1.67$ m 만큼 낮추어 설치해야 한다.

2.6

그림 2.24의 속도 삼각형을 참조하여, 평균 직경 상에서 $i=0$, $\alpha_2=40°$ 및 $\beta_2=30°$ 이다. 그리고, 평균 직경은 다음과 같다.

$$\begin{aligned}D_m &= \frac{1.8+0.75}{2}\\ &= 1.275\,\text{m}\end{aligned}$$

(a) 식 (2.43)으로부터 다음과 같이 구할 수 있다.

$$E=\frac{U}{g}(C_{x2}-C_{x1})$$

$$\begin{aligned}U &= \frac{\pi ND}{60}\\ &= \frac{250\times\pi\times 1.275}{60}\\ &= 16.69\,\text{m/s}\end{aligned}$$

$$W_{x2}=\frac{C_a}{\tan 30°} \quad \text{및} \quad C_{x2}=\frac{C_a}{\tan 40°} \quad \text{(평균 직경 상에서)}$$

$$W_{x2}+C_{x2}=U=C_a\left(\frac{1}{\tan 30°}+\frac{1}{\tan 40°}\right)$$

$$16.69=2.92C_a$$

$$\underline{C_a=5.71\ \text{m/s}} \text{ (평균 직경 상에서)}$$

(b) 원환을 통과하는 유량 Q는 다음과 같이 계산된다.

$$\begin{aligned} Q &= C_aA \\ &= \frac{5.71}{4}\pi(1.8^2-0.75^2) \\ &= 12\ \text{m}^3/\text{s} \end{aligned}$$

평균 반경에서

$$\begin{aligned} C_{x2} &= \frac{5.71}{\tan 40°} \\ &= 6.8\ \text{m/s} \end{aligned}$$

$$E=\frac{16.69}{9.81}\times 6.8\ \text{W/(N/s)}$$

$$\begin{aligned} \text{전달된 동력} &= \rho gQE \\ &= \frac{10^3\times 9.81\times 12\times 16.69\times 6.8}{9.81} \\ &= 1.362\ \text{MW} \end{aligned}$$

$$\begin{aligned} \text{토크} &= \frac{\text{동력}}{\text{각속도}} \\ &= \frac{1.362\times 10^6\times 60}{250\times 2\pi} \\ &= \underline{52025\ \text{Nm}} \end{aligned}$$

(c) 뿌리에서

$$U_r=\frac{\pi\times 250\times 0.75}{60}$$

$$= 9.8\,\text{m/s}$$

이다. $C_{x1} = 0$ 이므로

$$\tan\beta_{1r} = C_a / U_r$$

$$= 5.71/9.8$$

$$\underline{\text{뿌리에서 } \beta_{1/r} = 30.2°}$$

이다. 깃 팁에서는 아래와 같이 계산된다.

$$U_t = \frac{\pi \times 250 \times 1.8}{60}$$

$$= 23.56\,\text{m/s}$$

$$\tan\beta_{1t} = 5.71/23.56$$

$$\underline{\text{팁에서 } \beta_{1t} = 13.6°}$$

2.7

축류 펌프를 통한 유동이 느리기 때문에 비압축성 유체로 생각하여 문제를 풀어도 좋다. 수력 효율은 아래와 같다.

$$\text{수력 효율} = H/E$$

식 (2.51)로부터 $E = 0.5\,\omega Z C_L W_\infty c / 2\pi g$ 이고, $\omega = 2U/D$ 와 $Z = \pi D/s$ 를 쓰면

$$E = \frac{C_L \sigma W_\infty U}{2g}$$

이 된다. 한편,

$$U = \frac{\pi N D}{60} \quad (\text{평균 직경 상에서})$$

$$= \frac{\pi \times 450 \times 1.86}{60}$$

$$= 43.83\,\text{m/s}$$

를 구할 수 있다. 그리고

$$E = UC_{x2}/g$$

에다 수력 효율의 식으로부터 E를 대입하면

$$\frac{H}{\eta_H} = \frac{UC_{x2}}{g}$$

$$C_{x2} = \frac{35 \times 9.81}{0.92 \times 43.83}$$

$$= 8.51 \text{ m/s}$$

을 얻게 된다. 따라서 그림 2.24로부터

$$W_{x2} = U - C_{x1}$$

$$= 43.83 - 8.51$$

$$= 35.32 \text{ m/s}$$

이다. 또

$$\sigma = c/s = cZ/\pi D$$

$$= \frac{0.33 \times 12}{\pi \times 1.86}$$

$$= 0.678$$

을 구한다. 계속해서 $C_{x1} = 0$ 이므로 $W_{x1} = U$이고, 이로부터

$$W_\infty^2 = C_a^2 + [(W_{x2} + W_{x1})/2]^2$$

$$= 40^2 + [(35.32 + 43.83)/2]^2$$

$$= 3165.78 \text{ m/s}$$

$$W_\infty = 56.26 \text{ m/s}$$

을 구할 수 있다. 그러면

$$C_L W_\infty = \frac{H}{\eta_H} \times \frac{2g}{U} \times \frac{1}{\sigma}$$

$$= \frac{35 \times 2 \times 9.81}{0.92 \times 43.83 \times 0.678}$$

$$= 25.1\,\text{m/s}$$

로부터 C_L 은 다음과 같이 된다.

$$C_L = 25.1/56.26$$

$$= 0.446$$

주어진 익형의 데이터(그림 2.37)로부터 입사각을 구하면

$$\underline{i = 3.8°}$$

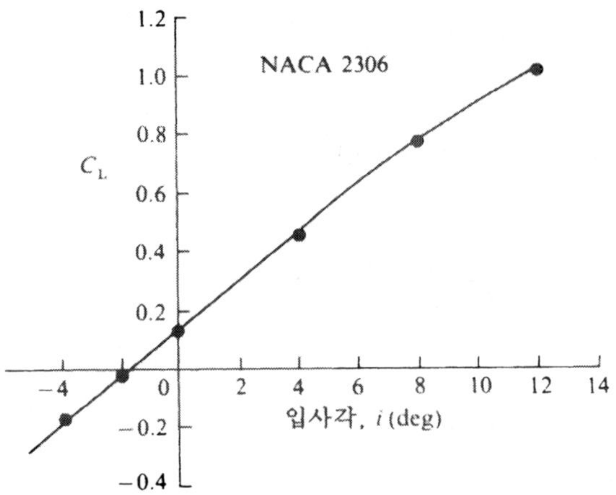

그림 2.37 입사각에 따른 양정 계수의 변화

이다. 이후의 계산 과정은 아래와 같다.

$$\sin\beta_\infty = C_a / W_\infty$$

$$\beta_\infty = \sin^{-1}(40/56.26)$$

$$= 45.3°$$

$$\tan\beta_1 = C_a / U$$

$$\beta_1 = \tan^{-1}(40/43.83)$$

$$\underline{=42.38°}$$

$$\tan\beta_2 = (C_a/W_{x2})$$

$$\beta_2 = \tan^{-1}(40/35.32)$$

$$\underline{=48.55°}$$

$$\text{깃 설치각} = i+\beta_\infty$$

$$=3.8+45.3°$$

$$\underline{=49.1°}$$

2.8

식 (2.54)로부터

$$\text{시스템 저항} = H_s + KQ^2$$

이다. 관마찰로 인한 수두 손실은

$$h_f = \frac{4flv^2}{2gd}$$

인데

$$v = Q/A$$

을 대입하면 다음과 같이 계산할 수 있다.

$$h_f = \left(\frac{4fl}{2gd}\right)\left(\frac{4}{\pi d^2}\right)^2 Q^2$$

$$= \left(\frac{4\times0.005\times1000\times16}{2\times9.81\times\pi^2\times0.2^5}\right)Q^2$$

$$= 5164\,Q^2\,\text{m} \quad (Q\text{는 } \text{m}^3/\text{s})$$

즉, 시스템 저항은 아래와 같다.

$$H = 32 + 5164Q^2\,\text{m}$$

Q (m^3/h)	0	46	92	138	184	230
시스템 저항, H(m)	32.0	32.8	35.4	39.6	45.5	53.1

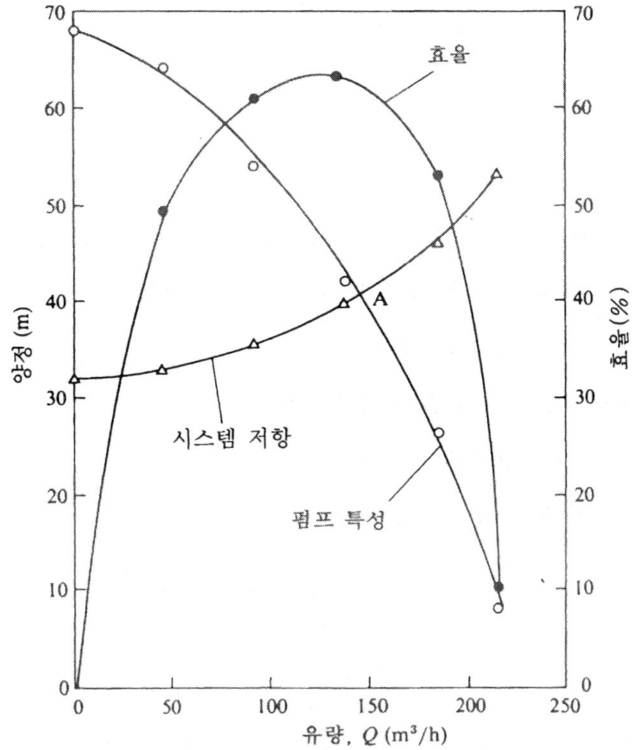

그림 2.38 펌프와 시스템의 특성 곡선

운전점은 펌프의 특성 곡선과 시스템 저항 곡선의 교점이다(그림 2.38의 A). 운전점 A에서의 값은

$$\underline{Q = 145\,\mathrm{m^3/h}}$$

$$\underline{H = 40.2\,\mathrm{m}}$$

이다. 유량 $145\,\mathrm{m^3/h}$에 해당하는 효율은 아래와 같다.

$$\eta = 62.5\,\%$$

그리고 동력은 다음과 같다.

$$\text{펌프 구동을 위한 동력} = \frac{\rho g Q H}{\eta}$$

$$= \frac{10^3 \times 9.81 \times 145 \times 40.2}{60 \times 60 \times 0.625}$$

$$\underline{= 25.4\ \text{kW}}$$

2.9

(a) 그림 2.39는 750 rpm에서의 유량-양정 및 유량-효율곡선을 보여주고 있다. 동일한 수위에 있는 저수지로 물을 보내기 때문에 식 (2.53)은

$$\text{시스템 저항} = KQ^2$$

이다. 주어진 조건으로부터 K를 구하면 아래와 같다.

$$K = 35/25^2 = 0.056$$

이 결과를 써서 다른 유량에 대해서도 손실을 계산하면 아래와 같다.

Q (m^3/min)	0	7	14	21	28	35	42	49	56
시스템 손실 (m)	0	2.74	11	24.7	43.9	68.6	–	–	–

이제 시스템 곡선을 그릴 수 있다(곡선은 원점을 지난다). 그러면 두 곡선은 점 A에서 만나게 된다. 해당 효율은 점 B에서 읽으면 된다.

운전점에서 다음과 같이 구할 수 있다.

$$\underline{Q = 26\ \text{m}^3/\text{min}}$$

$$\underline{H = 38.3\ \text{m}}$$

$$\underline{\eta = 81\ \%}$$

(b) 식 (2.54)는 손실 수두와 정수두(static lift)의 합을 나타낸다.

$$H = H_s + KQ^2$$

손실 수두에 대해서는 아래와 같이 쓸 수 있다.

$$\text{손실 수두} = \frac{4flv^2}{2gd} + k_{\text{exit}}\frac{v^2}{2g} + k_{\text{entry}}\frac{v^2}{2g}$$

$$= \left(\frac{4 \times 93 \times 0.004}{0.45} + 1 + 0.5\right)\frac{v^2}{2g}$$

$$= (3.31 + 1 + 0.5)\frac{v^2}{2g}$$

$$= 4.81\frac{v^2}{2g}$$

유량의 식

$$v = Q/A$$

을 대입하면 다음과 같다.

$$\text{손실 수두} = \left[\frac{4.81 \times 4^2}{2 \times 9.81(\pi \times 0.45^2)^2}\right]Q^2$$

$$= 9.69\, Q^2 \text{m}$$

정수두의 값을 대입하면 시스템 저항은 아래와 같다.

시스템 저항 $= 15 + 9.69\, Q^2$ m (Q는 m^3/s의 단위)

여러 가지 유량에 대해 수두 손실을 계산하면 다음과 같다.

Q (m^3/min)	0	7	14	21	28	35	42	49
H(m)	15	15.13	15.52	16.18	17.11	18.3	19.75	21.47

새로운 시스템 저항의 곡선을 $H = 15$m부터 시작하여 그린다. 운전점은 C이고, 그에 해당하는 효율은 점 D의 값으로부터 결정된다.

운전점에서 각종 변수들을 아래와 같이 결정할 수 있다.

$$\underline{Q = 45\,\text{m}^3/\text{min}}$$

$$\underline{H = 20.4\,\text{m}}$$

$$\underline{\eta = 68.4\,\%}$$

$$\text{축동력} = \frac{\rho g Q H}{\eta}$$

$$= \frac{10^3 \times 9.81 \times 45 \times 20.4}{0.684 \times 60}$$

$$\underline{= 219.4\,\text{kW}}$$

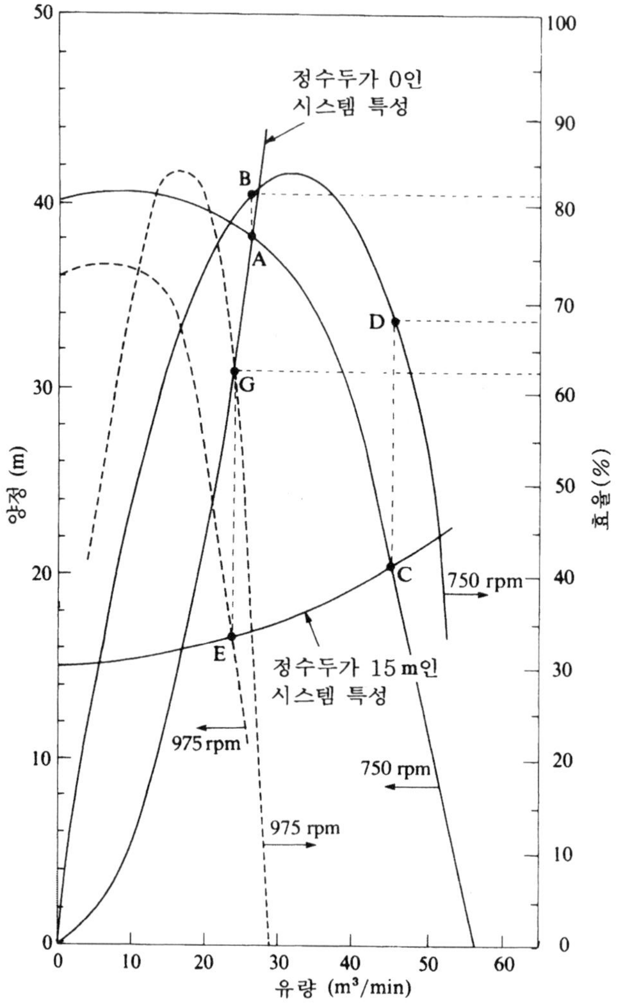

그림 2.39 750 rpm과 900rpm에서의 펌프 특성

(c) 정수두가 있기 때문에 새로운 회전 속도 900 rpm에서의 특성 곡선을 구할 필요가 있다. 새로운 임펠러의 새로운 속도에 대한 상동점은 식 (1.6)으로부터 구할 수 있다.

$$\frac{Q_1}{N_1 D_1^3} = \frac{Q_2}{N_2 D_2^3} \quad 및 \quad \frac{H_1}{(N_1 D_1)^2} = \frac{H_2}{(N_2 D_2)^2}$$

따라서 아래와 같이 계산된다.

$$Q_2 = Q_1\left(\frac{975}{750}\right)\left(\frac{0.51}{07}\right)^3$$
$$= 0.503Q_1$$

$$H_2 = H_1\left(\frac{975 \times 0.51}{750 \times 0.7}\right)^2$$
$$= 0.9H_1$$

Q_1	0	7	14	21	28	35	42	49	56
Q_2	0	3.5	7.1	10.6	14.2	17.7	21.3	24.8	28.3
H_1	40	40.6	40.4	39.3	38	33.6	25.6	14.5	0
H_2	36	36.5	36.4	35.4	34.2	30.24	23.0	13.1	0

이제 새로운 특성 곡선을 그릴 수 있으며 효율 곡선도 수평 이동시켜 그릴 수 있다. 운전점은 E이며 효율은 G에서 결정된다.

운전점에서 아래와 같이 결정한다.

$$\underline{Q = 23.75\,\text{m}^3/\text{min}}$$

$$\underline{H = 16.5\,\text{m}}$$

$$\underline{\eta = 62.4\,\%}$$

$$축동력 = \frac{23.75 \times 16.5 \times 10^3 \times 9.81}{0.624 \times 60}$$
$$\underline{= 102.7\,\text{kW}}$$

2.10

단일 펌프의 특성 곡선이 그림 2.40에 그려져 있다. 이 그림에는 펌프를 병렬로 연결했을 때와 직렬로 연결했을 때의 특성 곡선도 그려져 있다. 같은 펌프를 사용했기 때문에, 직렬연결의 경우에는 같은 유량에서 양정이 두 배가 되고 병렬연결의 경우에는 같은 양정에서 유량이 두 배가 된다.

직렬연결의 경우

$Q(\mathrm{m^3/s})$	0	0.136	0.233	0.311	0.388	0.466	0.608
$H(\mathrm{m})$	25.2	18.9	19.58	18.14	15.22	10.9	0

병렬연결의 경우

$Q(\mathrm{m^3/s})$	0	0.272	0.466	0.622	0.776	0.932	1.216
$H(\mathrm{m})$	12.6	9.45	9.79	9.07	7.61	5.45	0

점 A에서 두 경우는 동일한 양정과 유량을 가진다. 병렬연결 했을 때나 직렬연결 했을 때 시스템의 부하가 동일하다고 하였으므로 시스템 부하 곡선은 이 점을 지나야 한다. 그리고 정수두가 0이므로 시스템 부하 곡선은 원점을 지나야 한다.

운전점 A에서 유량과 양정은 다음과 같다.

$$Q = 0.48\,\mathrm{m^3/s}$$

$$H = 9.75\,\mathrm{m}$$

식 (2.54)로부터 시스템 곡선은

$$H = H_s + KQ^2$$

이고, $H_s = 0$이므로

$$H = 0.48^2 K$$

으로 쓸 수 있다. 앞에서 구한 운전점 A에서의 조건을 대입하면 K를 구할 수 있다.

$$K = 42.32$$

시스템 부하 곡선은 포물선 모양이다. 아래 표는 각 유량별 시스템 부하를 계산한 결과이다.

시스템 유량 $(\mathrm{m^3/s})$	0	0.1	0.2	0.3	0.4	0.5	0.6
시스템 부하 (m)	0	0.42	1.69	3.81	6.77	10.58	15.23

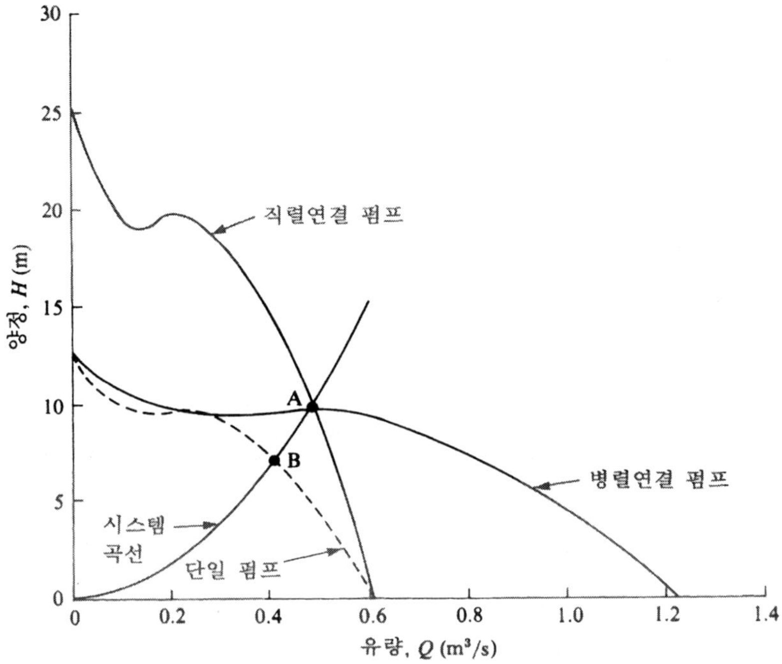

그림 2.40 축류 펌프를 직렬 및 병렬 연결하였을 때의 특성

이것을 사용하여 부하 곡선을 그리고 단일 펌프의 특성 곡선과의 교점 B를 찾는다. 그 결과는 아래와 같다.

$$\underline{Q = 0.41\,\mathrm{m^3/s}}$$

$$\underline{H = 7\,\mathrm{m}}$$

제 **3** 장

수 차

3.1 서 론

수차(hydraulic turbine)는 수력 에너지를 전기 에너지로 변환하는 장치이다. 수력 발전소의 설비(즉, 저수지, 관로, 수차 등을 포함하는 시스템)는 화력 발전소에 비해 고가이지만 많은 장점을 갖고 있다. 몇 가지를 예로 든다면 다음과 같다.

1. 고 효율
2. 작동면에서의 유연성
3. 유지가 용이
4. 저 소모성
5. 에너지원의 고갈이 없다
6. 공해가 없다

수차로서 오늘날 가장 많이 사용되는 형태는 충동 수차(impulse turbine)와 반동 수차(reaction turbine)이다. 충동 수차 중에서도 가장 흔히 사용되는 형태는 펠톤 수차(Pelton turbine)로서, 150～2000 m의 낙차 범위에 걸쳐 사용되고 있다. 현재 단일 규모로서 가장 큰 수차는 캘리포니아의 뉴 콜게이트(New Colgate) 발전소에 있는 수차로서 170 MW의 출력을 자랑한다. 반동 수차에는 두 가지 종류가 있다.

1. 반경류형 혹은 혼류형
2. 축류형

반경류형 중에서는 프란시스 수차(Fransis turbine)가 가장 많이 사용되고 있다. 처칠(Churchill)폭포에 있는 수차는 이 형태로서 낙차 312m 에 출력이 480 MW나 된다. 축류 수차에는 프로펠러 수차와 카플란 수차(Kaplan turbine)가 있다. 전자는 고정익을 사용하고, 후자는 가동익을 사용한다. 표 3.1에 각 수차 형식의 가장 대표적인 낙차, 출력, 및 효율 값을 제시하고 있다.

표 3.1 수차의 작동 범위

	펠톤 수차	프란시스 수차	카플란 수차
무차원 비속도(rad)	0.05～0.4	0.4～2.2	1.8～4.6
낙차 (m)	100～1700	80～500	400 까지
최대 출력(kW)	55	40	30
최대 효율(%)	93	94	94
제어 기구	스피어(spear) 노즐, 편향판(deflector plate)	안내 깃	깃 설치각 조정기구

펌프-수차는 가역으로서 펌프로도 작동할 수 있고 수차로도 작동할 수 있다. 이 장치는 양수 발전소(pump-storage hydroelectric scheme)에서 사용된다. 전력 소비가 적을 때(즉, 야간에) 펌프로 작동시켜 싼 전기요금으로 낮은 저수지에서 높은 저수지로 물을 올려 보내고, 전력 소비가 많은 낮 시간에 수차로 작동시켜 가두어둔 물을 사용하여 전력을 만들어 내는 것이다.

콜로라도의 캐빈 크리크(Cabin Creek)에 있는 양수 발전소는 전 세계에서 가장 큰 것 중의 하나인데, 단일 수차로서 360 m의 낙차에 166 MW의 출력을 낸다.

이제 수차의 종류별로 속도 삼각형, 효율, 반동, 및 운전 방법 등을 중심으로 살펴보고자 한다.

3.2 펠톤 수차

펠톤 수차(Pelton Wheel)는 순수한 충동 수차이다. 노즐로부터 방출된 유체 제트가 회전차(wheel)의 둘레에 설치된 일련의 굽혀진 깃에 충돌하는 방식인데, 그림 3.1은 4개의 제트를 사용한 경우를 보여주고 있다. 충돌된 제트는 버킷에 의해 같은 평면 상에서 160～165° 만큼 방향이 바뀌고, 이 방향 전환에 의해 유체의 운동량 변화가 생기고 버킷은 반동력을 받는다. 이 힘에 의해 버킷은 회전하고 계속해서 그 다음에 있는 버킷이 다가와서 같은 방법으로 힘을 받는다. 사용된 유체는 방출구(tailrace) 수면으로 수직 낙하한다. 따라서 전체적으로 보면 노즐 출구에서부터 방출구 수면까지의 에너지 변환은 등압 하에서 이루어진다. 그림 3.2는 대형 펠톤 수차와 그 버킷을 보여주고 있다.

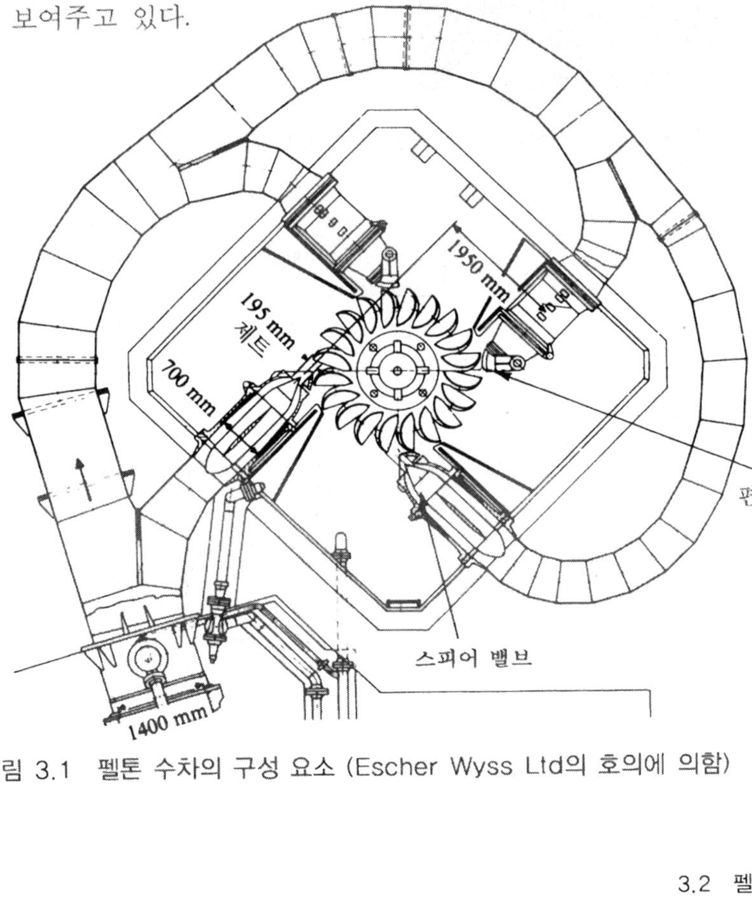

그림 3.1 펠톤 수차의 구성 요소 (Escher Wyss Ltd의 호의에 의함)

그림 3.2 펠톤 수차 (Escher Wyss Ltd의 호의에 의함)

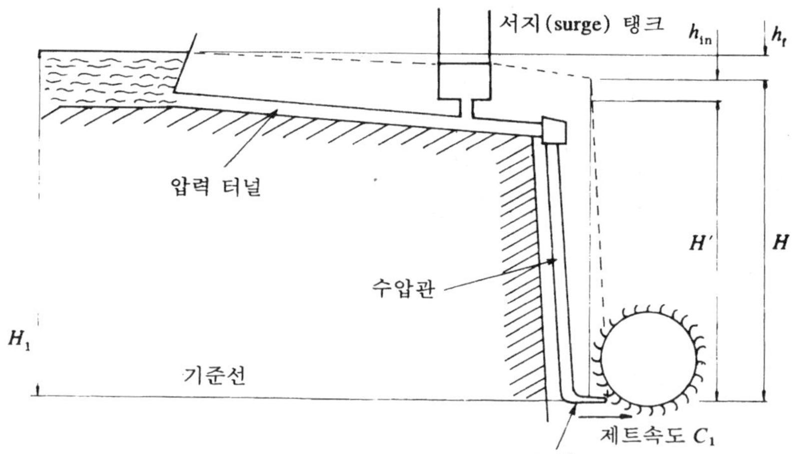

그림 3.3 펠톤 수차를 이용한 수력 발전 장치

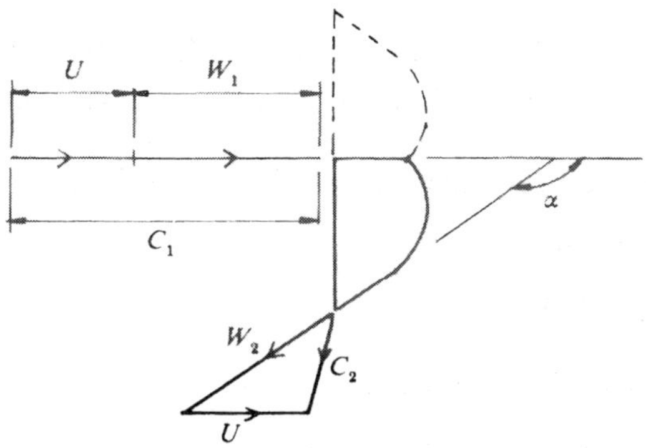

그림 3.4 펠톤 수차에서의 속도 삼각형

그림 3.3은 펠톤 수차를 사용한 발전소의 스케치이다. 제트의 중심선에서부터 높이 H_1[자연낙차라 부르기도 함]에 있는 상수원으로부터 물이 공급되고 있다. 압력 터널은 경사가 완만하며, 상수원에서부터 수차의 바로 머리 위 지점까지 연결되어 있다. 거의 수직으로 설치된 관은 수압관(penstock)이라 부르는 것으로서, 압력 터널의 끝에서부터 노즐까지 연결되어 있다. 수압관의 윗 쪽 끝에는 서지 탱크(surge tank)가 설치되어 있는데, 유량 변화에 따른 압력 및 속도의 변화를 줄여주는 역할을 한다. 수압관에 비해 압력 터널은 상당히 길고 경사는 매우 완만하여, 입구의 유량 조절 밸브의 조작에 따른 압력의 변동을 크게 받지 않는다. 수압관은, 노즐과 서지 탱크 사이에서 생길 수 있는 큰 압력 변동에 견딜 수 있도록, 강선을 넣은 콩크리트 구조로 만들거나 굴착한 터널에 강선을 넣어 만든다. 수압관의 수차 쪽 끝에는 노즐이 있는데, 노즐 안쪽의 느린 유체는 노즐 출구에서 속도 C_1의 빠른 물제트로 바뀌어진다. 즉, 노즐 내의 총수두가 대기압 하의 노즐 출구에서 운동 에너지로 변환되는 것이다.

이 물제트가 수차의 버킷에 부딪힐 때의 속도 삼각형과 버킷을 벗어날 때의 속도 삼각형을 그린 것이 그림 3.4이다. 상대적으로 버킷이 정지하였다고 생각하고 유체 제트의 절대 속도 C_1으로부터 버킷의 속도 U_1을 뺀 것이 제트의 상대 속도 W_1이다. 제트가 버킷에 의해 바뀌어진 방향 각도는 α로 표시되어 있고, 또 출구에서의 상대속도는 W_2로 정의되어 있다. 만약 버킷의 속도 U_2를 W_2에 벡터적으로 더하면 출구에서의 절대 속도 C_2가 된다. 여기서, C_2의 성분 C_{x2}는 U의 값에 따라서 양의 x-방향일 수도 있고 음의 x-방향일 수도 있다.

오일러의 터빈 방정식 (1.24)로부터

$$W/m = U_1C_{x1} - U_2C_{x2}$$

이고, 이 경우는 C_{x2}가 음의 x-방향을 향하기 때문에 아래와 같이 정리할 수 있다.

$$W/m = U\{(U + W_1) + [W_2\cos(180° - \alpha) - U]\}$$

버킷 표면에서 마찰 손실이 없다고 가정하면, ($W_1 = W_2$)이므로

$$W/m = U(W_1 - W_1\cos\alpha)$$

이 되고, 따라서

$$E = U(C_1 - U)(1 - \cos\alpha)/g \tag{3.1}$$

의 결과를 얻게 된다. E의 단위는 와트(뉴턴/초)이다. 분모의 (뉴턴/초)는 중량유량에 해당한다.

식 (3.1)을 U에 대해 미분함으로써 E의 최적 값을 얻을 수 있다. 미분한 뒤 0으로 놓으면

$$\mathrm{d}E/\mathrm{d}U = (1 - \cos\alpha)(C_1 - 2U)/g = 0$$

이고, 따라서

$$C_1 = 2U$$

혹은

$$U = C_1/2 \tag{3.2}$$

일 때 E는 최대가 된다. 이것을 식 (3.1)에 대입하면 최대값은 다음과 같

이 구해진다.

$$E_{max} = C_1^2(1 - \cos\alpha)/4g \tag{3.3}$$

실제로는 버킷 표면에 마찰작용이 있기 때문에 $W_2 \neq W_1$ 이다. 그러면 식 (3.1)은

$$E = U(C_1 - U)(1 - k\cos\alpha)/g$$

으로 된다. 여기서 k는 상대속도의 비 W_2/W_1 이다.

만약 수력 효율을

$$\eta_H = \frac{\text{전달된 에너지}}{\text{이용가능한 제트 에너지}}$$

$$= E/(C_1^2/2g) \tag{3.4}$$

와 같이 정의한다면, $\alpha = 180°$ 에서 최대 효율은 100%가 될 수 있다. 그러나 실제로는 접근하는 제트와의 간섭을 피하기 위해서 버킷의 굽힘 각을 160~165°의 범위로 설정하기 때문에 효율 η_H는 그만큼 떨어진다. 그림 3.5에 이론 효율을 속도비의 함수로 그렸다. 실제의 전 효율은 이론 효율보다 낮으며 또 최대 효율점에서의 속도비도 작아진다. 이것은 관내부와 노즐에서의 손실에 기인하며 이에 대해서는 다음 절에서 다룬다.

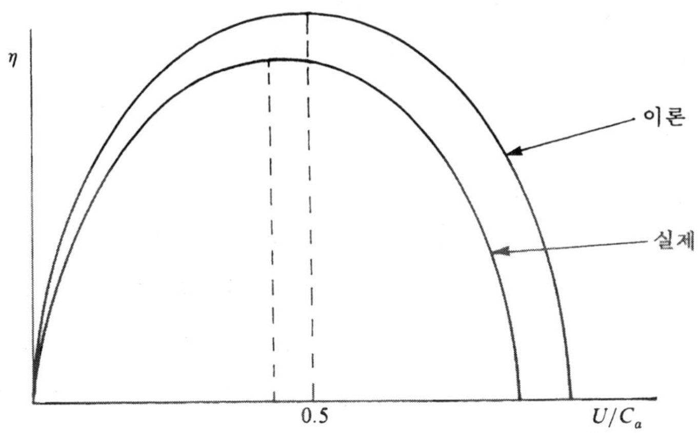

그림 3.5 펠톤 수차의 효율과 제트 속도비

3.2.1 펠톤 수차의 부하 변화

일반적으로 수차는 발전기와 직결되어 있다. 발전기는 항상 일정한 속도로 회전하는 것이 요망되기 때문에 수차의 원주 속도 U는 부하에 관계없이 일정하게 유지될 필요가 있다. 또 가능한 최대 효율로 작동되어야 하기 때문에 U/C_1도 일정하게 하는 것이 필요하고, 이에 따라 제트의 속도가 일정하게 유지되어야 한다는 결론을 얻는다. 수차의 부하가 변하더라도 이러한 값들이 일정하게 유지되도록 하는 유일한 방법은 입력 수동력(input water power)을 조정하는 방법이다.

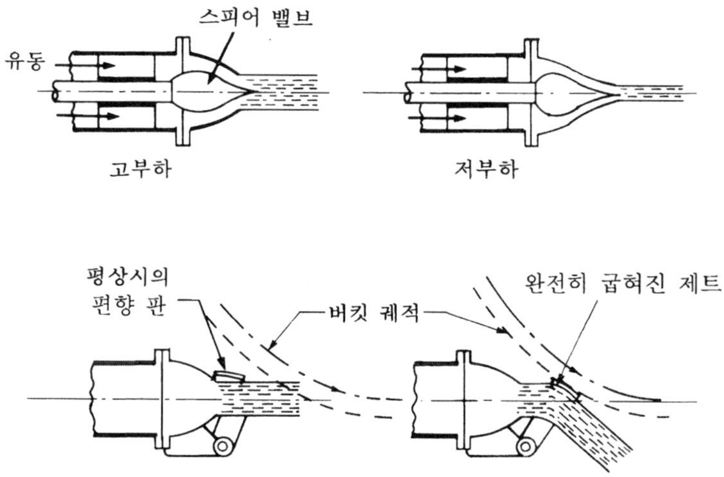

그림 3.6 스피어 밸브와 편향판 의한 부하 제어

입력 수동력은 $\rho gQH'$으로 주어진다. 그러나 H'이 일정하기 때문에 (이것은 C_1이 일정한 것과 같다), 조정할 수 있는 변수는 Q밖에 없다. 유량의 공식은 $Q = C_1 A$인데, C_1이 일정하므로 Q를 변화시키기 위해서는 노즐 단면적 A를 변화시켜야 한다. 이를 위해서는 그림 3.6에서 보는 바와 같이 스피어 밸브를 사용한다. 스피어 밸브의 위치는 부하의 변화를 감지하는 서보 기구(servo-mechanism)에 의해 제어된다. 부하가 갑자기 떨어지면 편향판이 움직여서 제트가 버킷에 전혀 충돌하지 않도록 하여 스피어 밸브가 새로운 위치로 이동할 때까지 여유시간을 준다. 이렇게 함으로써 수차의 과속을 방지할 수가 있는 것이다.

3.2.2 펠톤 수차의 손실과 효율

물을 노즐까지 운반하는 관 내부에서는 수두의 손실이 발생하는데, 관마찰에 의한 것과 곡관에 의한 것이 이에 포함된다. 손실은 또한 노즐에서도 발생하는데, 이것은 속도 계수 C_v를 사용해서 나타낼 수 있다. 마지막으로, 회전차 자체에서 발생하는 손실이 있는데, 회전차와 물 사이의 마찰 손실, 회전차와 공기 사이의 마찰 손실이 포함된다. 그림 3.3의 곡선은 전체 수두선을 그린 것이다. 상수원의 수두는 노즐을 기준으로 하여 H_1 이다. 유체가 압력 터널과 수압관 내를 통과하여 노즐 입구까지 가는 사이에 마찰 손실 수두 h_f가 발생하고, 노즐에서도 h_{in}의 손실 수두가 발생한다. 그러면 노즐 끝에서 이용가능한 수두 H'은 아래와 같이 구해진다.

$$H' = H_1 - (h_f + h_{in})$$
$$= C_1^2/2g$$

여기서 두 번째 식은 이 수두를 단위 중량 당의 운동 에너지로 표시한 것이다. 이제 관로 전달 효율을

$$\text{관로 전달 효율} = \frac{\text{관로 끝(즉, 노즐 입구)에서의 에너지}}{\text{상수원에서의 이용가능한 에너지}}$$

로 정의하면 이것은

$$\eta_{trans} = (H_1 - h_f)/H_1 = H/H_1 \tag{3.5}$$

이고, 또 노즐 효율을

$$\text{노즐 효율} = \frac{\text{노즐 출구에서의 에너지}}{\text{노즐 입구에서의 에너지}}$$

로 정의하면 이것은

$$\eta_N = H'/(H_1 - h_f) = C_1^2/2gH \tag{3.6}$$

이다. 따라서

$$\text{노즐 및 관로 전달 효율} = (H/H_1)(H'/H) = C_1^2/2gH_1$$

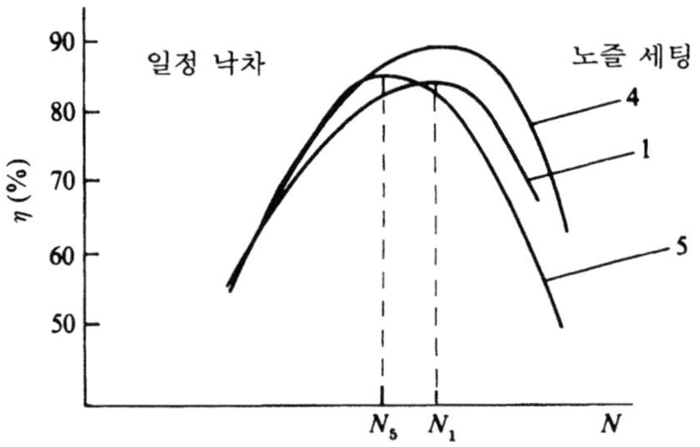

그림 3.7 여러 가지 노즐 세팅에 따른 효율 대 속도곡선

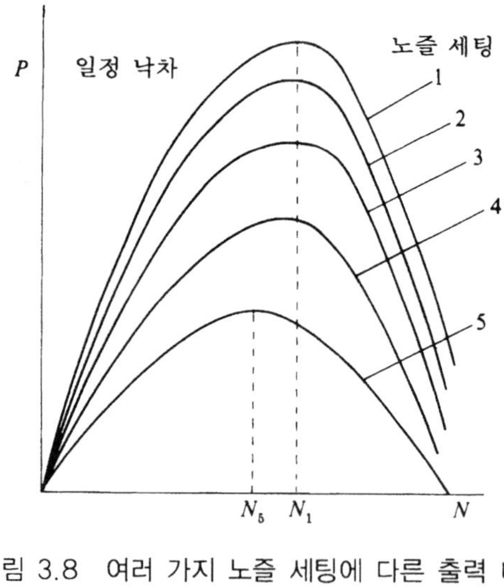

그림 3.8 여러 가지 노즐 세팅에 다른 출력 대 속도곡선

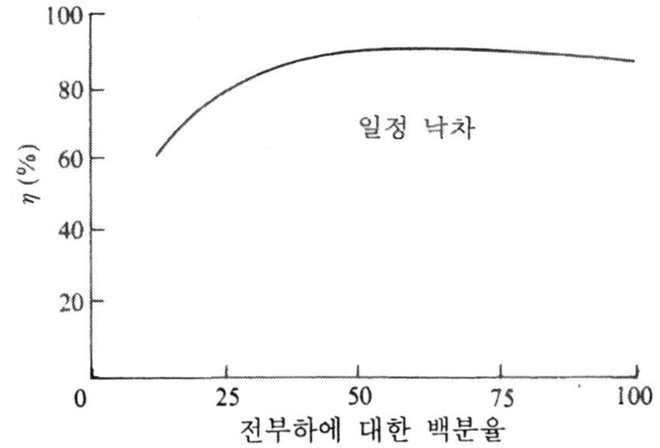

그림 3.9 부하에 따른 펠톤 수차의 효율 변화

이 된다. 또한,

$$\text{노즐 속도 계수} = \frac{\text{실제 속도}}{\text{제트의 이론 속도}}$$

는

$$C_v = C_1/(2gH)^{1/2} \tag{3.7}$$

이 된다. 따라서 노즐 효율의 식은 아래와 같이 단순화된다.

$$\eta_N = C_1^2/2gH = C_v^2 \tag{3.8}$$

어떤 충동 수차의 특성 곡선을 그림 3.7과 3.8에 그렸다. 이 곡선은 일정 낙차 하에서 구한 것인데, 노즐의 개도(opening)와 무관하게 최대 동력과 최대 효율은 서로 같은 속도비에서 나타나고, 또 최대 효율도 크게 변하지 않는다는 사실을 알 수 있다. 이것은, 유량이 변하더라도 노즐의 속도가 일정하게 유지되어 고정된 회전차 속도에서 U/C_1의 값이 최적이 되기 때문이다. 공기 저항과 기계적 손실에 의해서도 이 특성은 조금 달라지고, 또 손실 계수가 변함에 의해서도 약간 달라질 수 있다. 실제로 발전기는 일정한 속도로 회전하기 때문에 일정 속도 조건이 실질적으로 의미가 있다. 그림 3.9는 부하가 변하더라도 효율은 크게 변하지 않음을 보여주고 있다. 저부하 범위에서 효율이 감소하는 이유는 노즐 효율 때문이며, 고부하에서 효율이 약간 감소하는 이유는 제트 직경이 커짐에 따라 버킷 손실이 증가하기 때문이다.

3.3 반경류 수차

반경류 수차, 즉 프란시스 수차는 반동형 기계로서 회전자(rotor) 주위를 케이싱으로 감싼 형태이다. 반동형의 회전자와 충동형 회전차(wheel)는 높은 정 수두를 가진 물의 압력 에너지를 운동 에너지로 변환시키고 있다. 그렇지만 후자에서는 그 과정이 외부에 노출된 노즐에서 행하여지고, 전자에서는 폐쇄된 회전자 내에서 이루어진다는 것이 근본적으로 다르다. 이와 같이 수차의 회전자 내에서는 정압의 감소에 따른 반동형태의 일과 운동 에너지의 변화에 의한 충동형의 일이 동시에 진행된다. 그림 3.10은 프란시스 수차의 단면을 보여주고 있다. 전형적인 회전자도 나타내었다.

반경류 수차의 총 낙차는 30 내지 500 m 정도이고, 무차원 비속도는 0.3 내지 2.5 rad 정도이다. 물은 처음에 벌류트 혹은 나선형 케이싱에 유입된다. 그런 뒤 일련의 고정 안내깃과 가동 안내깃으로 들어간다. 부하의 변화에 따른 유량 조절을 할 때 가동 안내깃 사이의 통로 단면적은 변화된다. 가동 안내깃을 지난 물은 바로 회전자로 들어가서 깃 사이의 통로를 따라 반경 방향으로 흘러가고 마지막으로 90° 꺾인 뒤 흡출관으로 유입된다. 흡출관의 기능은 러너(runner) 출구의 압력을 방수로에서의 압력으로 변환시키며, 또한 러너 출구에서의 여분의 운동 에너지를 제거시키는 일이다. 회전자에 따라서는 물이 반경 방향으로 흐르는 동안 뿐만 아니라 축방향으로 흐르는 동안에도 일을 할 수 있도록 하고 있다. 회전자의 설계시 어떠한 형태로 할 것인지 잘 선택해야 할 것이다.

반경류 수차의 러너 내 유동을 검토하고 속도 삼각형을 써서 이론해석을 함에 있어서도 원심 펌프와 같은 가정을 할 것이다. 그림 3.11은 상수원에서부터 방수로에 이르는 전체 시스템의 총 에너지 선을 보여주고 있다. 상수원의 자유 표면을 "상류수(head water)"라 부르기도 한다. 유체가 수차의 입구 플렌지, 즉 점 0까지 가는 사이에 관 내부에서 마찰 손실 수두 h_{fp}가 발생한다. 여기서 벌류트를 거쳐 고정 안내깃과 가동 안내깃을 지나면서 마찰 손실 수두 h_g가 추가로 발생한다. 입구 안내깃을 통과한 유체는 러너로 유입되는데 여기서 유체의 에너지는 러너와 회전 축에 전달되며, 또한 동시에 마찰 손실 수두 h_r도 발생한다. 유체의 총 에너지 선은 계속해서 흡출관의 출구지점 3까지 하강하는데, 이 사이의 마찰 손실 수두는 h_d이다. 그리고 이 지점에서부터 방수로까지의 손실은 여분의 운동 에너지 $V_3^2/2g$이다. 수차의 전 효율을 구할 때는 입구의 벌류트와 출구의 흡출관을 수차의 일부로 생각하여 계산한다.

러너의 입구 및 출구에서의 속도 삼각형을 그림 3.12에 나타내었다. 입구 안내깃을 지난 물은 반경 r_1의 지점에서 러너로 들어오는데 그 절대 속도의 크기는 C_1이고, 러너의 회전 방향에 대해 α_1만큼의 각도를 이루는 것으로 표시되어 있다. 이 절대 속도에서 원주 속도 U_1을 빼면(벡터 계산) 상대 속도 W_1이 된다. 상대 속도는 회전 방향에 대해 β_1의 각도를 이루는 것으로 한다. 만약 입구에서 유체와 안내깃 사이에 충돌이 없다면 상대 속도 W_1의 각도 β_1과 러너 깃의 설치각은 일치한다. 러너의 출구 지점 r_2에서는, 유체의 절대 속도가 회전 방향에 대해 이루는 각도가 β_2로 표시되어 있으며, 여기서도 상대 속도 W_2와 회전 속도 U_2가 합해져서 절대 속도 C_2가 된다. 속도 성분 C_{r1}과 C_{r2}는 회전축을 향하고 있으며 각각 $Q/2\pi r_1 b_1$, $Q/2\pi r_2 b_2$로 둘 수 있다. 여기서 b는 러너의 높이(그림 3.12에서 지면에 수직인 방향의 길이)에 해당한다.

오일러의 터빈 방정식 (1.24)는 아래와 같다.

$$E = W/mg = (U_1 C_{x1} - u_2 C_{x2})/g \quad (\mathrm{J/N}) \tag{3.9}$$

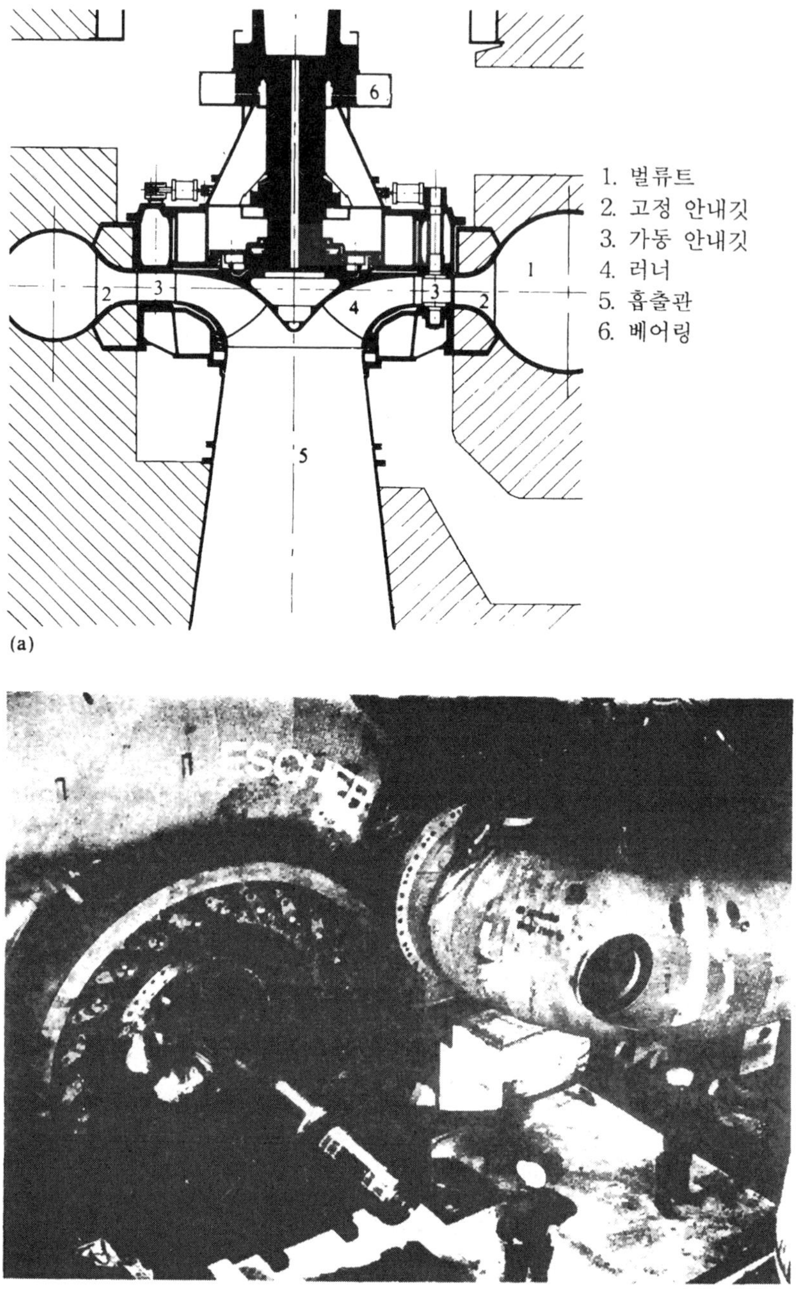

그림 3.10 프란시스 수차 (Escher Wyss Ltd의 호의에 의함)
(a) 수력발전장치 (b) 수차의 러너

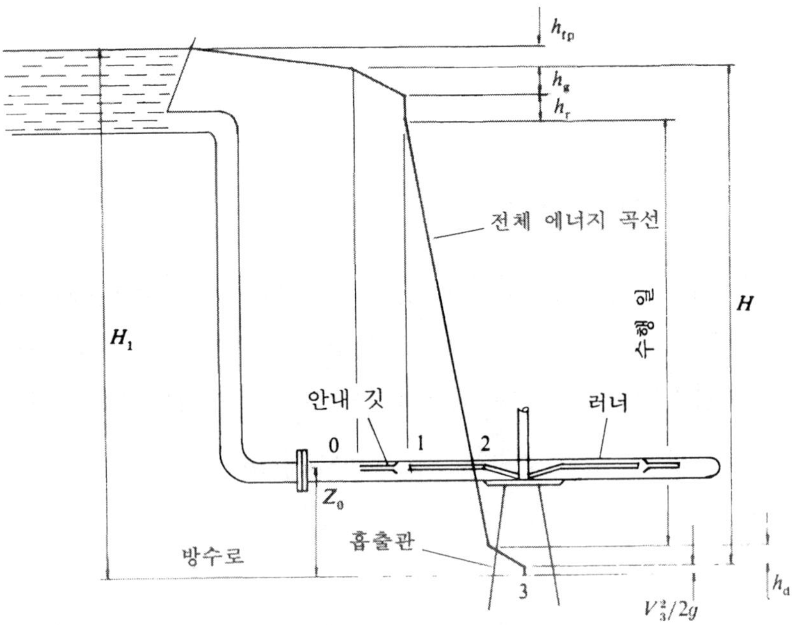

그림 3.11 반동 수차를 설치한 경우의 에너지 분포

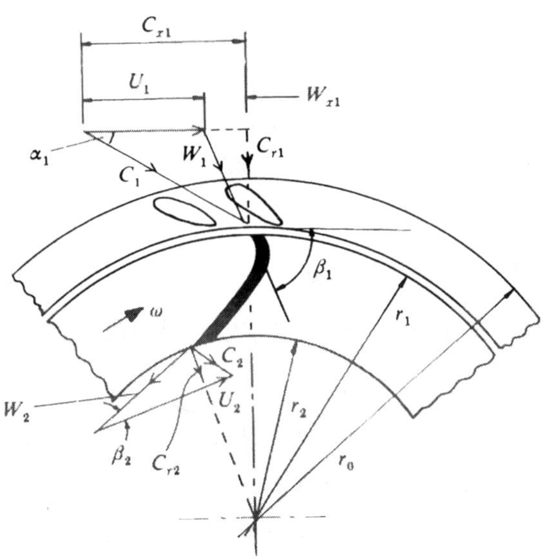

그림 3.12 프란시스 수차의 속도 삼각형

C_{x2}가 0일 때 즉 출구에서 유체의 절대 속도가 반경 방향일 때 E는 최대가 된다. [흡출관에서의 흐름이 나선형이 되지 않을 조건.]

3.3.1 반동 수차의 유효낙차

수차의 유효낙차(net head) H는 수차 입구 플렌지에서의 총수두(total head)와 방수로 수면에서의 총수두의 차이에 해당한다. 그러나 이것을 총낙차(gross head) H_1[또는 자연낙차]과 혼동해서는 안된다. 수차의 입구에서,

$$\text{입구에서의 총수두} = p_0/\rho g + V_0^2/2g + Z_0$$

그리고 출구에서

$$\text{출구에서의 총수두} = p_3/\rho g + V_3^2/2g + Z_3$$

와 같이 쓸 수 있다. 여기서 압력은 계기압이다. 이 두 식을 서로 빼면

$$\begin{aligned}\text{수차의 유효낙차} &= (p_0 - p_3)\rho g + (V_0^2 - V_3^2)/2g + (Z_0 - Z_3)\\ &= H\end{aligned}$$

방수로에서 p_3는 대기압과 같고 Z_3는 0이다. 따라서

$$H = (p_0/\rho g + V_0^2/2g + Z_0) - V_3^2/2g \tag{3.10}$$

이 된다. 한편, 유효낙차와 총낙차와의 관계는

$$H = H_1 - h_{fp} - V_3^2/2g \tag{3.11}$$

와 같다. 물이 러너에게 부여한 단위중량 유량당 에너지는 아래와 같다.

$$W/mg = H - h_d - h_g - h_r \tag{3.12}$$

만약 물이 러너 출구에서 바로 방수로로 방출된다면 운동 에너지의 손실은 크다. 이 때 러너 출구와 방수로 사이에 흡출관을 설치함으로써 둘 사이의 흐름이 매끄럽게 연결되도록 하고 있다. 흡출관 단면적이 서서히 증가하기 때문에 방수로에서 유체의 속도는 줄어든다. 그런데 방수로의 압력은

대기압이므로, 러너의 출구 압력은 대기압보다 낮게 되어 있다. 러너 출구와 방수로 사이에 에너지 방정식을 적용하면

$$p_2/\rho g + V_2^2/2g + Z_2 = p_3/\rho g + V_3^2/2g + Z_3 + h_d$$

와 같다. p_3와 Z_3를 0으로 두면 이것은 아래와 같이 된다.

$$p_2/\rho g = (V_3^2 - V_2^2)/2g - Z_2 + h_d \tag{3.13}$$

흡출관의 길이 때문에 V_3의 값을 줄이는 데는 한계가 있다. 우선 흡출관이 길어지면 h_d가 증가한다. 또한 흡출관 내의 유동 박리를 방지하기 위해 일반적으로 관의 확대 각도를 8° 이내로 하기 때문에, 흡출관을 길게 하면 직경이 커지게 되는 것이다. 덧붙여, 공동현상으로 인해 Z_2도 무작정 크게 할 수가 없다. 이에 대해서는 나중에 다시 자세히 논하게 될 것이다.

3.3.2 수차의 손실

수차의 손실은 에너지 균형의 식에서 나타난다.

$$P = P_m + P_r + P_c + P_l + P_s \tag{3.14}$$

여기서 P_s= 축 동력, P_m= 기계적 손실 동력, P_r=러너에서의 손실 동력, P_c = 케이싱과 흡출관에서의 손실 동력, P_l=누설 손실 동력, P=이용 가능한 수동력이다. 합 $P_r + P_c + P_l$은 수력 손실이다.

러너에서의 동력 손실 P_r은 마찰, 임펠러 입구에서의 충돌, 그리고 유동 박리에 기인하며, 러너 내의 유량 Q_r을 기준으로 하였을 때 수두 손실 h_r을 가져온다.

$$P_r = \rho g Q_r h_r \ \ (\mathrm{N\ m/s}) \tag{3.15}$$

누설 손실 P_l은 러너 내의 누설 유량 q에 의한 것이다. 누설 유량 q는 Q와

$$Q = Q_r + q \tag{3.16}$$

의 관계를 가진다. 러너의 입출구에서의 총수두의 차이를 H_r이라 할 때 누설 동력은 아래와 같다.

$$P_l = \rho g H_r q \quad (\text{N m/s}) \tag{3.17}$$

케이싱 동력 손실 P_c는 케이싱과 흡출관에서의 마찰, 와류, 및 유동 박리 때문에 생기는 것으로서, 그 손실 수두를 h_c라 하면 손실 동력은 아래와 같다.

$$P_c = \rho g Q h_c \quad (\text{N m/s}) \tag{3.18}$$

그러면 에너지 균형의 식 (3.14)는 다음과 같이 정리된다.

$$\rho g Q H = P_m + \rho g (h_r Q_r + h_c Q + H_r q) + P_s \tag{3.19}$$

그러면

$$\text{전 효율} = \frac{\text{축 동력}}{\text{입구 플렌지에서의 이용가능한 유체동력}}$$

은

$$\eta_0 = P_s / \rho g Q H \tag{3.20}$$

이고

$$\text{수력효율} = \frac{\text{러너가 받은 동력}}{\text{입구 플렌지에서의 이용가능한 유체동력}}$$

은

$$\eta_H = (P_s + P_m) \rho g Q H \tag{3.21}$$

으로 쓸 수 있다. 식 (3.21)에서 $(P_s + P_m)/\rho g Q H$은 유체의 단위중량 유량당 러너에 전달된 이론적인 에너지라 생각할 수 있다. 따라서 최대 효율은 다음과 같다.

$$\eta_H = U_1 C_{x1} / g H$$

3.3.3 특성 곡선

그림 3.13은 게이트 밸브(gate value)를 전개(full opening)한 상태에서, 입력 수동력, 회전차에 가해지는 토크, 유량, 효율, 브레이크 출력 동력(즉, 발전기의 부하)의 곡선을 그린 것이다.

충동 수차와 달리, 유량은 회전차의 속도와 무관하지 않다. 그것은 유체가 러너 내에 갇혀 있어 러너의 회전 속도가 달라지면 그것은 바로 유량에 영향을 미치기 때문이다. 그러나 수차에 연결된 발전기는 항상 일정한 속도로 운전되기 때문에 일정 회전 속도 조건에서의 거동이 더 중요하다. 한편, 발전기에서의 전기적 부하가 변하면 게이트의 개도 변화에 의해 유량이 달라진다. 러너의 회전 속도는 일정하게 하고 게이트의 개도를 달리 함으로써 어떤 특성 곡선을 얻을 수가 있는데, 이것이 그림 3.14이다. 부하가 감소함에 따라 수두는 약간 증가하는데, 이것은 부하가 작을 때는 Q^2에

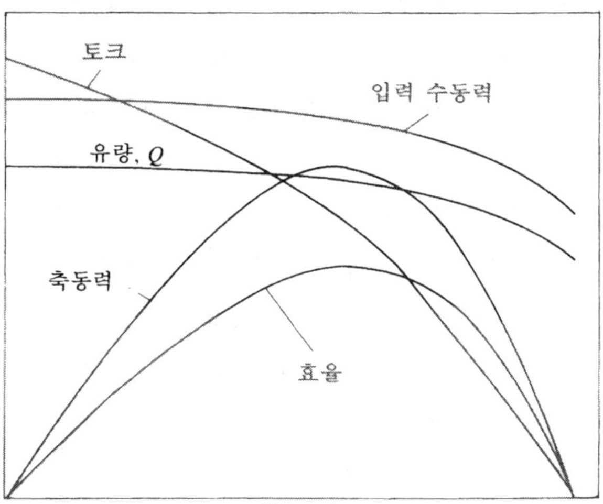

그림 3.13 게이트 밸브를 전개한 경우의 반동 수차의 특성

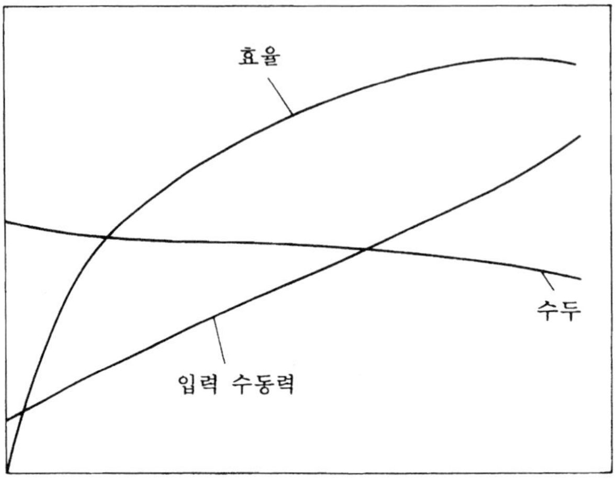

그림 3.14 일정 속도에서 밸브의 개도를 변화시켰을 경우의 특성

비례하는 마찰 손실이 작아지기 때문이다. 또한 특이한 것은, 일정 회전속도 하에서의 효율 곡선은 충동 수차만큼 평탄하지는 않다는 것이다.

일정 회전속도에서 작동하는 반동 수차에 부하가 감소하면 안내깃 내의 유로 면적이 변하고 각 α_1은 작아진다. 그런데 러너 입구에서의 단면적은 일정하므로, 연속 방정식을 만족시키기 위해서는 상대 속도 W_1이 감소해야만 한다. 이 결과로 러너에 유입되는 흐름은 러너의 깃과 충돌하는 모양으로 된다. 또 이 결과로 출구에서 C_2는 증가할 수 있다. 이로 인해 러너의 출구에서는 운동 에너지의 손실이 증가하고 또 흡출관 내의 선회 성분 C_{x2}가 증가한다. 그러면 흡출관 내의 흐름은 나선 모양이 되어 효율을 떨어뜨린다. 따라서, 설계 효율에 있어서는 반동 수차가 펠톤 수차보다 더 크지만 낮은 부하에서는 효율이 더 떨어지는 경향이 있다.

3.4 축류 수차

축류 수차의 에너지 분포는 그림 3.11과 전혀 동일하다. 그러나, 속도 삼각형의 모양은 반동 수차의 그것과 상당히 다르다. 그것은 축류 수차에서는 유체가 입구에서부터 출구까지 가는 사이에 일정한 반경을 따라 흐르기 때문이다. 카플란 수차(Kaplan turbine)의 모양이 그림 3.15에 그려져 있다. 입구 안내깃은 고정되어 있고, 동시에 러너의 날개보다 중심축에서부터 더 멀리 위치해 있으며, 축 방향인 러너의 깃으로 유체가 유입되도록 하기 위해 안내깃은 $90°$ 만큼 방향이 바뀐다. 부하의 변화에 대해서는 러너의 깃 각도를 조정함으로써 적응한다. 안내깃의 역할은 유체에 선회 성분을 부여함으로써 유속의 반경방향 분포가 자유 와류(free vortex)의 그것과 같도록 하는 것이다. 이 형태의 수차는 저 낙차와 대 유량에 사용되기 때문에, 큰 토크에 견딜 수 있도록 깃은 충분히 길게 하여야 한다. 이에 따라, 피치/익현의 비는 보통 1～1.5 정도로 하고 있는데, 이 결과로 깃의 수는 4～6개 정도이다.

축류 수차의 러너 내의 흐름은 허브(hub)와 팁(tip)사이의 위치에 따라 달라진다. 그래서 속도 삼각형은 보통 평균 반경에서 그린다. 그림 3.16은 이것을 스케치한 것이다. 입구와 출구에서 유량이 같기 때문에 절대속도의 축 방향 성분이 같아야 한다. $C_{r1}=C_{r2}=C_a$. 절대 속도 C_1에서 깃의 속도 U_1을 빼면 상대 속도 W_1이 된다. 러너로 유입되는 흐름에서 충돌이 없도록 하려면 W_1의 방향각은 깃의 각도 β_1과 같아야 한다. 최대 효율을 위해서는 또 선회 성분 C_{x2}가 0이 되어야 한다. 그러면 출구에서 절대 속도는 축방향이고, $C_2=C_{r2}$가 된다. 오일러의 터빈 방정식 (1.24)는

$$E=U(C_{x1}-C_{x2})/g \ (\mathrm{J/N})$$

이다. 출구에서 선회 성분이 없다면 이것은

$$E=UC_{x1}/g \tag{3.22}$$

이 된다. 그런데

$$C_{x1} = U - C_a \cot(180° - \beta_1) = U + C_a \cot\beta_1$$

이므로, 다음과 같이 쓸 수 있다.

$$E = (U_2 + UC_a \cot\beta_1)/g \qquad (3.23)$$

만약 E가 깃의 반경 위치에 상관없이 일정하고, 또 C_a도 전 단면에 걸쳐 균일하다면, 허브에서 팁까지 가는 사이에 U^2이 증가할 때 $U\cot\beta_1$은 감소해야 한다. (식 (3.23)의 우변이 일정하게 유지되기 위한 조건.) 즉, β_1은 허브에서 팁까지 가는 동안 증가해야 하고, 이에 따라 깃은 뒤틀리도록 해야 한다.

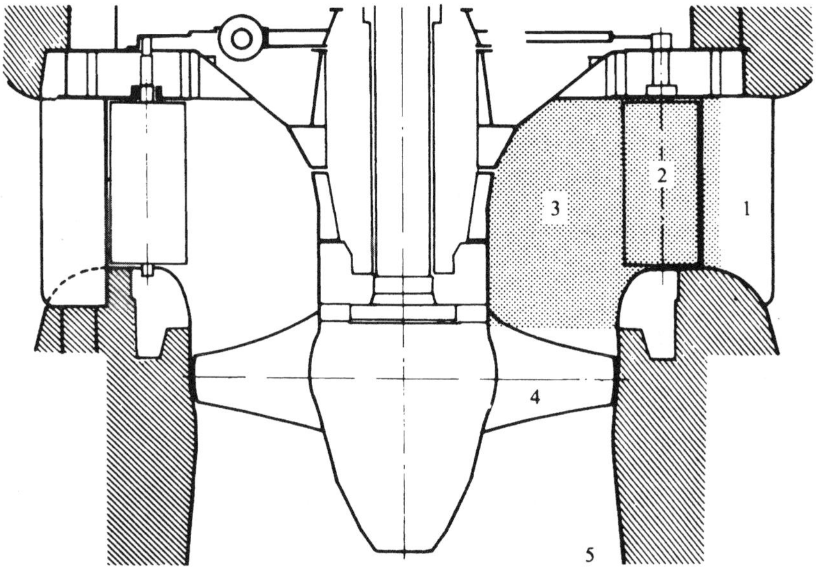

1. 고정 안내깃을 가진 나선형 케이싱
2. 입구의 가동 안내 깃
3. 천이 통로
4. 러너
5. 흡출관

그림 3.15 카플란 수차 (Escher Wyss Ltd의 호의에 의함)

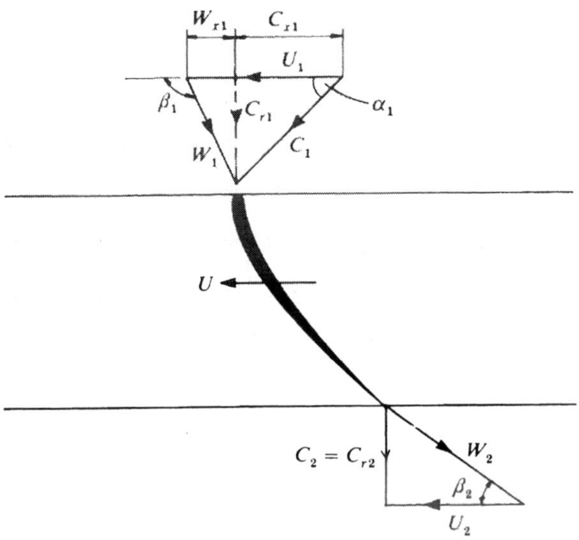

그림 3.16 축류 수차의 속도 삼각형

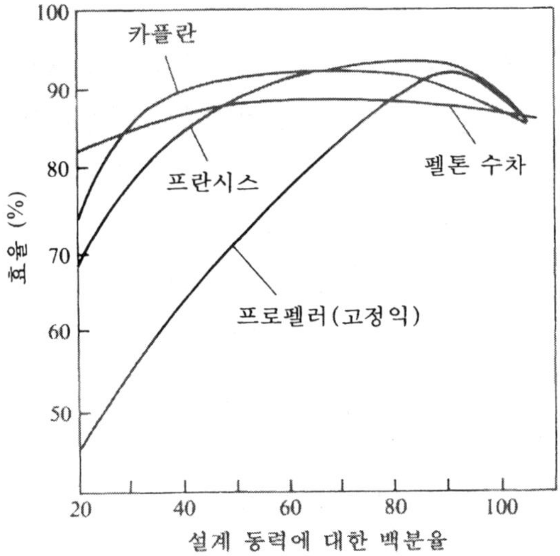

그림 3.17 수차 종류에 따른 효율의 비교

축류형인 카플란 수차의 특성 곡선은 반경류형 수차와 유사하다. 그림 3.17은 충동 수차와 두 개의 반동 수차에 대한 부분 부하 상태 하에서의 효율곡선을 보인 것이다. 세 곡선 중에서 충동 수차의 경우는 비록 최대 효율은 낮지만 다른 곡선보다 더 평탄한 모양이다. 프란시스 수차에서는 최대 효율점에서부터 부하가 감소하면서 효율이 급격히 저하하는 반면, 카플란 수차에서는 프란시스 수차보다 더 평탄하면서도 최대 효율은 별로 차이가 없는 효율 곡선을 보인다. 가동익의 이점은 가동익을 가진 카플란 수차의 특성 곡선을 고정익을 가진 프로펠러 수차의 그것과 비교하면 알 수 있다 (그림 3.17 참조).

3.5 수차에서의 공동 현상

수차에서의 공동 현상은 정압이 가장 낮으면서 절대 속도가 큰 러너 출구의 깃 후면(suction surface)에서 일어난다. 비록 이것이 러너의 하류 끝에서 발생하기 때문에 수차의 성능에 미치는 영향은 적다 하더라도 가능한한 피하도록 해야 한다. 식 (3.13)을 볼 때, 출구 속도 V_2가 증가하면 p_2가 감소하는데, 만약 이것이 증기압까지 내려가면 공동 현상이 일어나기 시작한다. 이 때, 식 (3.13)에서 p_3를 p_{atm}으로, p_2를 p_{vap}로 두면 이 식은

$$[(V_2^2 - V_3^2)/2g] - h_{\mathrm{d}} = (p_{\mathrm{atm}} - p_{\mathrm{vap}})/\rho g - Z_2 \tag{3.24}$$

으로 된다. 이것을 수차의 유효낙차로 나누면 토마의 캐비테이션 계수(Thoma cavitation parameter)가 된다.

$$\sigma = [(p_{\mathrm{atm}} - p_{\mathrm{vap}})/\rho g - Z_2]/H = (NPSH)/H \tag{3.25}$$

공동현상이 시작되는 $NPSH$의 임계값은 수차의 모형이나 원형을 대상으로 한 실험을 통해 결정한다. 즉, p_2를 계속 감소시켜 갈 때 공동 현

상이 발견되는 시점 혹은 효율이 갑자기 떨어지는 시점에서 Z_2와 H값을 식 (3.2)에 대입하여 계산한 것이 임계값 σ_c이다. 일단 σ_c가 정해지면 이 값은 주어진 수차 및 이와 상사인 다른 수차의 공동 현상 발생 여부를 예측하는 데 직접 사용된다.

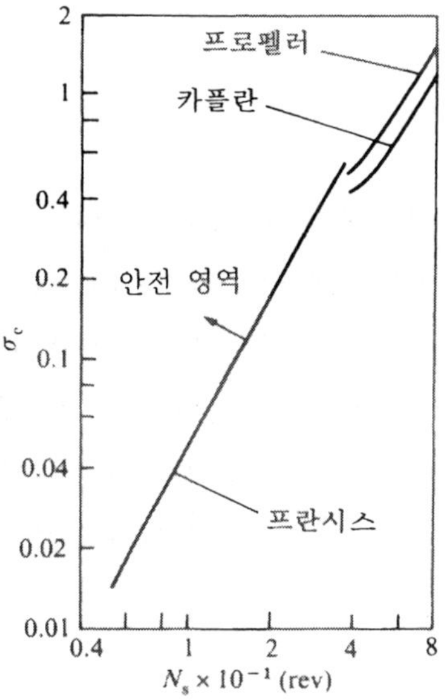

그림 3.18 반동 수차의 공동 현상 한계

식 (3.25)를 보면 수차의 최대 설치 높이는 방수로를 기준으로 하여

$$Z_2 = (p_{atm} - p_{vap})/\rho g - \sigma_c H \tag{3.26}$$

임을 알 수 있다. 이 식에 의하면, 유효낙차가 증가할 때 수차의 최대 설치 높이는 작아져야 한다. 만약 유효낙차가 과도하게 큰 값을 가진다면 Z_2는 음이 될 수 있고 이 때는 수차를 방수로의 수면 아래로 잠기도록 하는 장치(excavation)가 필요하다.

그림 3.18은 무차원 비속도, 즉 수차의 설계 형식에 따른 σ_c의 영향을 나타낸 것이다. 이 그림에서, N_s가 큰 수차가 높은 값의 σ_c를 가지므로

N_s가 작은 수차에 비해 설치 높이가 더욱 낮아져야만 한다. 펌프에서 공동 현상과 관련한 상사법칙을 적용한 것처럼 수차에서도 상사법칙을 적용할 수 있다.

연습문제

3.1 어떤 소규모 펠톤 수차를 사용하여 발전기를 돌리려고 한다. 노즐 내의 수두는 91.5 m이고, 유량은 0.04 m^3/s이다. 회전차의 속도는 720 rpm이며, 노즐의 속도 계수는 0.98이다. 만약 회전차의 효율(노즐 내의 이용가능한 에너지 기준)이 80%이고 제트 속도에 대한 버킷 속도의 비가 0.46이라면 버킷의 중심선에서 회전차 대 제트 직경의 비는 얼마인가? 그리고 회전차의 속도를 계산하라. 또, 회전차의 무차원 동력 비속도는 얼마인가?

3.2 높이가 280 m인 상수원이 각각의 길이가 2.5 km인 3개의 관을 통해 발전장치에 연결되어 있다. 관내의 마찰 계수는 0.006이고, 손실 수두는 34 m를 넘지 않도록 해야 한다. 요구되는 축동력은 18MW이고, 이를 위해 단사형(single-jet) 펠톤 수차를 여러 개 설치하려고 한다. 각 수차의 무차원 비속도는 0.23 rad이 넘지 않도록 할 예정이다. 제트 속도에 대한 버킷 속도의 비는 0.46이며, 회전차의 속도는 650 rpm이다. 노즐의 유량 계수가 0.94이고, 속도 계수가 0.96이며, 각 회전차의 전 효율이 87%인 것으로 가정하고, 다음을 구하여라.

(a) 필요한 펠톤 수차의 개수

(b) 회전차의 직경

(c) 노즐 직경

(d) 상류 관의 직경

3.3 어떤 펠톤 수차에서 제트가 버킷에 부딪혀 170° 만큼 방향이 바뀐다. 그리고 버킷으로부터의 마찰에 의해 상대 속도는 12% 만큼 줄어든다. 버킷 속도/제트 속도의 비가 0.47일 때, 속도 삼각형으로부터 이론 수력 효율을 계산하라. 총낙차(gross head)가 600 m이고 상수원과 노즐 사이에서 관마찰로 인한 손실 수두가 48 m일 때 회전차는 1250 kW의 출력을 낸다. 버킷의 회전 직경은 900 mm이고 제트는 두 개 있다. 노즐의 속도 계수를 0.98로 하고, 또 실제의 수력 효율이 위에서 계산한 것의 0.9배라고 했을 때, 회전차의 속도와 노즐의 직경을 계산하라.

3.4 어떤 수력발전소에서 1260 rpm으로 회전하는 프란시스 수차를 사용하고 있다. 유효낙차(net head)가 124 m이고 유량이 0.5 m^3/s이다. 러너의 반경은 0.6 m이며 러너의 입구에서 깃의 높이는 0.03 m이고 입구 안내깃의 각도는 반경 방향에 대해 72° 이다. 출구에서의 절대 속도가 반경 방향이라 가정하고 물에 의해 생산되는 토크와 동력을 계산하라. 또, 수력 효율도 계산하라.

3.5 반경류 수차의 전 효율이 74% 이다. 유효낙차 H는 5.5 m이며 요구되는 동력은 125 kW이다. 러너의 원주 방향 속도는 $0.97(2gH)^{1/2}$, 절대 속도의 반경 방향 성분은 $0.4(2gH)^{1/2}$ 이다. 러너의 회전속도가 230 rpm이고, 사용 가능한 에너지의 18% 가 수력손실이라고 한다. 입구 안내깃의 출구각, 러너 깃의 입구각, 입구에서의 러너의 직경, 그리고 러너 입구에서의 깃의 높이를 각각 구하여라. 출구에서 흐름은 반경 방향인 것으로 가정한다.

3.6 어떤 프란시스 수차의 직경이 1.4 m, 회전속도가 430 rpm이라고 한다. 입구에서 물이 깃과의 충돌 없이 반경방향 성분 (C_{r1}) 9.5 m/s로 유입되고, 출구에서 선회 없이 7 m/s의 절대 속도로 유출된다. 러너 입구에서의 정수두와 위치 수두의 합은 러너 출구에서의 그것보다 62 m만큼 크다. 이 수차가 유효낙차 115 m에서 12250 kW의 출력과 12 m^3/s의 유량을 낸다고 할 때, 다음을 구하라.

(a) 러너 입구에서의 절대 속도와 입구 안내깃의 각도
(b) 러너 깃의 입구각
(c) 러너에서의 수두 손실

3.7 수직축을 가진 어떤 반동 수차가 375 rpm으로 회전한다. 유효낙차는 62 m이고, 수차의 러너 외경은 1.5 m이다. 그리고, 러너에 전달된 동력을 기준으로 할 때 무차원 비속도가 0.14 rev이다. 물은 러너에 충돌함이 없이 유입되고, 입구에서의 반경 방향 속도 성분은 9 m/s, 출구에서는 선회 성분이 없으면서 절대 속도가 7 m/s이다. 방수로로 배출되는 유속은 2 m/s이다. 러너의 유입부 평면은 방수로 수면에서부터 수직으로 2 m 위에 있고 흡출관 유입부는 1.7 m 위에 있다. 러너 입구에서의 정압 수두는 계기압으로 하여 35 m 수주이고 러너 출구에서의 정압은 2.2 m 수주이다. 수력효율을 90% 로 할 때, 다음을 계산하라.

(a) 러너 깃의 입구각
(b) 벌류트 케이싱과 안내깃에서의 손실 수두, 러너 내에서의 손실 수두, 그리고 흡출관 내에서의 손실 수두
(c) 흡출관 입구 직경

3.8 어떤 축류 수차의 유효낙차가 23 m이고, 150 rpm으로 회전할 때 출력이 23 MW이다. 깃의 팁과 허브의 직경은 각각 4.75 m, 2.0 m이

다. 수력 효율이 93%, 전 효율이 85% 일 때, 평균 반경에서의 깃의 입구각과 출구각을 계산하라. 출구에서는 흐름이 축 방향인 것으로 가정한다.

3.9 유효낙차 20 m에서 작동하는 카플란 수차의 출력이 16000 kW이고 전 효율이 80%이다. 러너의 직경이 4.2 m, 허브의 직경이 2 m, 무차원 비속도가 3 rad이다. 수력 효율이 90% 일 때 러너의 팁과 허브에서의 깃의 입구각과 출구각을 계산하라. 단, 러너의 출구에서 흐름은 축 방향이라 가정한다.

3.10 축류 수차의 허브와 팁의 직경이 각각 2.0 m, 0.8 m이고, 회전속도는 250 rpm이다. 회전자의 상류에는 고정자(stator)가 있고 고정자 깃의 설치각은 평균 직경 상에서 회전 방향에 대해 42° 이다. 그리고 회전자(rotor)에 설치된 깃의 입구각은 평균 직경 상에서 회전 방향에 대해 148° 이다.

(a) 유속의 축 방향 성분이 모든 축 단면 상에서 동일하고, 회전자의 깃에 유입되는 유동의 입사각이 0 일 때 유량은 얼마가 되는가?

(b) 출구에서 선회가 없도록 하려면 회전자 깃의 출구각은 얼마로 해야 하는가?

(c) 회전자의 입구 및 출구에서의 선회 성분이 모든 반경 위치에서 동일하다면, 이론 동력은 얼마가 되는가?

3.11 유효낙차 50 m, 회전 속도 300 rpm에서 작동하는 수차가 2 MW의 출력을 내고 있다. 러너의 출구 유속은 10.4 m/s인 것으로 예측되고 있으며 러너의 출구를 방수로 위 6 m 지점에 설치할 것을 고려하고 있다. 대기압은 10.3 m의 수주에 해당하고 포화 증기압은 4

kPa이다. 다음을 결정하라.

(a) 공동 현상의 발생 여부

(b) 공동 현상을 피할 수 있는 러너 출구의 한계 높이

(c) 공동 현상이 시작되는 조건에서 러너 출구와 방수로 사이의 수두 손실

임계 캐비테이션 계수는 아래와 같다.

N_s (rev)	0	0.049	0.096	0.144	0.192	0.24
σ_c	0	0.04	0.1	0.18	0.28	0.41

문제풀이

3.1

전효율의 정의에 의해 동력을 구할 수 있다.

$$\eta_0 = \frac{\text{축동력}}{\text{가용동력}}$$

$$P = \rho g Q H \eta_0$$

$$= 10^3 \times 9.81 \times 0.04 \times 91.5 \times 0.8$$

$$\text{축동력} = 28.72\,\text{kW}$$

속도 계수의 정의에 의해 제트의 속도는 다음과 같이 구한다.

$$C_v = \frac{C_1}{(2gH)^{1/2}}$$

$$C_1 = 0.98(2 \times 9.81 \times 91.5)^{1/2}$$

$$= 41.52\,\text{m/s}$$

이제 버킷의 속도를 구할 수 있다.

$$U = 0.46C_1$$
$$= 0.46 \times 41.52$$
$$= \underline{19.1\,\text{m/s}}$$

또한 회전차의 직경은 아래와 같이 구한다.

$$U = \frac{\omega D}{2} \quad (\text{단, } D\text{는 회전차 직경})$$
$$D = \frac{2 \times 19.1 \times 60}{720 \times 2\pi}$$
$$= 0.507\,\text{m}$$

제트의 면적을 계산하면

$$A = Q/C_1$$
$$= \frac{0.04}{41.52}$$
$$= 0.963 \times 10^{-3}\,\text{m}^2$$

이고, 이로부터 제트 직경을 구하면

$$d = \left(\frac{4A}{\pi}\right)^{1/2}$$
$$= \left(\frac{4 \times 0.963 \times 10^{-3}}{\pi}\right)^{1/2}$$
$$= 0.035\,\text{m}$$

이 된다. 따라서 직경비는

$$\frac{D}{d} = \frac{0.507}{0.035}$$
$$= \underline{14.5}$$

이다. 무차원 동력 비속도는 식 (1.20)을 사용하여 구한다.

$$N_{sp} = \frac{NP^{1/2}}{\rho^{1/2}(gH)^{5/4}}$$
$$= \frac{720}{60} \times \left(\frac{28.72 \times 10^3}{10^3}\right)^{1/2} \times \left(\frac{1}{9.81 \times 91.5}\right)^{5/4}$$

$$= 0.0131 \text{ rev}$$

$$= 0.0131 \times 2\pi \text{ rad}$$

<u>동력 비속도 = 0.082 rad</u>

그림 1.10을 보면 이 값은 펠톤 수차의 범위에 있는 것을 알 수 있다.

3.2

(a) 각 회전차에 대한 동력 비속도를 식 (1.20)으로부터 구할 수 있다.

$$N_{sp} = \frac{NP^{1/2}}{\rho^{1/2}(gH)^{5/4}} \quad (\text{단, } N\text{은 rpm 단위})$$

유효낙차는

$$H = \text{총낙차} - \text{손실수두}$$

$$= 280 - 34$$

$$= 246 \text{ m}$$

이고, 각 회전차의 동력은

$$P = \left(\frac{0.23 \times 60}{2\pi \times 650}\right)^2 (9.81 \times 246)^{5/2} \times 1000$$

$$= 3266 \text{ kW}$$

이므로 아래와 같이 구할 수 있다.

$$\text{회전차 수} = \frac{\text{총 출력}}{\text{회전차 한 개당 동력}}$$

$$= \frac{18 \times 10^6}{3.266 \times 10^6}$$

$$\underline{= 5.51 \ (\text{즉, } 6 \text{ 대})}$$

(b) 노즐의 속도 계수가

$$C_v = \frac{C_1}{(2gH)^{1/2}}$$

이므로 제트의 속도는

$$C_1 = 0.96(2\times 9.81\times 246)^{1/2}$$
$$= 66.7\,\mathrm{m/s}$$

으로 구할 수 있고, 이로부터 버킷의 속도는

$$U = 0.46\times 66.7$$
$$= 30.7\,\mathrm{m/s}$$

와 같이 구할 수 있다. 회전차의 직경은 다음과 같이 계산된다.

$$D = \frac{60\times U}{\pi N}$$
$$= \frac{60\times 30.7}{\pi\times 650}$$
$$\underline{= 0.901\,\mathrm{m}}$$

(c) 전 효율의 식

$$\eta_0 = \frac{\text{각 회전차의 축동력}}{\text{각 회전차에서 가용동력}}$$

에 의해 회전차 한 개당 동력을 구할 수 있다.

$$\text{회전차 한 개당 가용동력} = \frac{18\times 10^6}{0.87\times 6}$$
$$= 3.448\,\mathrm{MW}$$

또한 공식

$$\text{회전차 한 개당 가용동력} = 0.5mC_1^2$$
$$= 0.5\rho Q(2gH)C_\mathrm{v}^2$$

에 의해 유량은

$$3.448\times 10^6 = 10^3\times Q\times 9.81\times 246\times 0.96^2$$
$$Q = 1.55\,\mathrm{m^3/s}$$

이 된다. 유량 계수의 공식

$$C_d = \frac{\text{실제 노즐 유량}}{\text{이론 노즐 유량}}$$

을 써서 노즐의 직경 d를 구할 수 있다.

$$\frac{\pi d^2 (2gH)^{1/2}}{4} = \frac{Q}{C_d}$$

$$d = \left(\frac{1.55\times 4}{0.94\times \pi}\right)^{1/2} \times \left[\frac{1}{(2\times 9.81\times 246)^{0.25}}\right]$$

노즐직경 $d = 0.174\,\text{m}$

(d) 회전차 6개에서의 총 유량 $= 1.55\times 6$

$= 9.3\ \text{m}^3/\text{s}$

관 한 개당 유량 $= 9.3/3$

$= 3.1\ \text{m}^3/\text{s}$

이다. 관 내 마찰 손실 수두의 식은

$$h_f = \frac{4flv^2}{2gd}$$

이다. 여기서 v는 유속, d는 관의 직경이다. 이로부터

$$d = \frac{4\times 0.006\times 2500v^2}{2\times 9.81\times 34}$$

$$= 0.09\,v^2\,\text{m}$$

와 같이 쓸 수 있다. 그런데

$$Q = vA = v\frac{\pi d^2}{4}$$

이므로, 이 식에 의해 v를 소거하면 아래와 같이 d를 구할 수 있다.

$$d = 0.09\left(\frac{3.1\times 4}{\pi d^2}\right)^2$$

$$d^5 = 1.4$$

$d = 1.07\ \text{m}$

3.3

그림 3.19는 버킷 전후의 속도 삼각형을 보여주고 있다. 식 (3.4)는

$$\text{수력 효율} = \frac{\text{축동력}}{\text{제트 동력}} = \frac{W}{0.5mC_1^2}$$

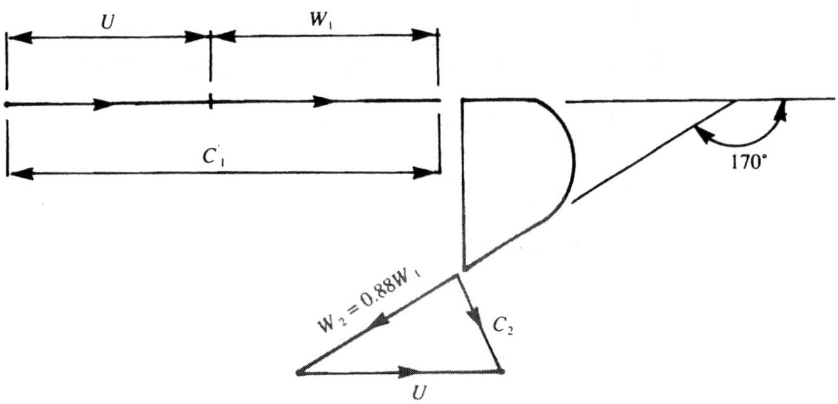

그림 3.19 입구의 속도 삼각형

으로 쓸 수 있다. 노즐 내의 수두는

$$H = 600 - 48 = 552\,\text{m}$$

이다. 노즐의 속도 계수

$$C_v = \frac{C_1}{\text{이론속도}} = \frac{C_1}{(2gH)^{1/2}}$$

에 의해 제트 속도는

$$C_1 = 0.98(2 \times 9.81 \times 552)^{1/2} = 102\,\text{m/s}$$

이다. 오일러의 터빈 방정식은

$$
\begin{aligned}
W/m &= U_1 C_{x1} - U_2 C_{x2} \\
&= U\{(U + W_1) - [U - W_2 \cos(180° - \alpha)]\} \\
&= U[(C_1 - U)(1 - k\cos\alpha)]
\end{aligned}
$$

이 된다. 여기서, $W_2 = kW_1$으로 두었다. 주어진 수치들을 대입하면 아래와 같이 계산할 수 있다.

$$W/m = 0.47C_1(C_1 - 0.47C_1)(1 - 0.88\cos 170°)$$

$$W = 0.465\ mC_1^2$$

$$\text{이론 수력효율} = 0.465/0.5$$

$$\underline{= 0.93}$$

$$\text{실제 수력효율} = 0.9 \times 0.93$$

$$= 0.837$$

버킷의 속도가

$$U = 0.47 \times 102\,\text{m/s}$$

이므로 회전차의 회전 속도는

$$N = \frac{0.47 \times 102 \times 60}{0.45 \times 2\pi}$$

$$\underline{= 1017\,\text{rpm}}$$

이다. 수력 효율의 식은

$$\text{수력 효율} = \frac{\text{축동력}}{\text{제트 동력}}$$

$$0.837 = \frac{1250 \times 10^3}{0.5mC_1^2}$$

이다. C_1의 수치를 대입하고 질량유량을 구하면

$$m = \frac{1250 \times 10^3}{0.837 \times 0.5 \times 102^2}$$
$$= 287\,\mathrm{kg/s}$$

이 된다. 따라서 노즐 한 개에서는

$$m = 143.5\,\mathrm{kg/s}$$

이 된다. 연속 방정식에 의해

$$m = \rho C_1 A \quad (\text{단, } A\text{는 노즐 단면적})$$

$$= \frac{\rho C_1 \pi d^2}{4} \quad (\text{단, } d\text{는 노즐 직경})$$

이므로 노즐 직경을 아래와 같이 구할 수 있다.

$$d^2 = \frac{143.5 \times 4}{\pi \times 102 \times 10^3}$$
$$= 1.792 \times 10^{-3}\,\mathrm{m}^2$$

$$\underline{d = 42.3\,\mathrm{mm}}$$

3.4

이 문제에서는 각운동량 방정식을 쓰도록 한다. 토크의 식은

$$T = m(r_2 C_{x2} - r_1 C_{x1})$$

이다. 그런데 출구에서 흐름이 반경 방향이므로, $C_{x2} = 0$ 이고, 따라서

$$T = -m r_1 C_{x1}$$
$$= -\rho Q r_1 C_{x1}$$
$$= -10^3 \times 0.5 \times 0.6 C_{x1}$$
$$= -300 C_{x1}\,\mathrm{Nm}$$

와 같이 구할 수 있다. 입구 면적 A는 다음과 같다.

$$A = 2\pi r_1 b_1 \quad (b_1\text{은 러너의 입구 높이})$$
$$= 2\pi \times 0.6 \times 0.03$$
$$= 0.113\,\mathrm{m}^2$$

반경 방향 속도 성분 C_{r1}은

$$C_{r1} = Q/A$$
$$= \frac{0.5}{0.113}$$
$$= 4.42\,\mathrm{m/s}$$

와 같이 구할 수 있다. 그림 3.12을 참고로 하여 C_{x1}을 아래와 같이 구한다.

$$C_{x1} = C_{r1}\tan 72°$$
$$= 4.42 \times 3.08$$
$$= 13.6\,\mathrm{m/s}$$

이것을 사용하여 토크를 계산하면

$$T = -300 \times 13.6$$
$$= -4080\,\mathrm{Nm}$$

이 된다. 이것은 검사체적을 향해(즉 유체를 향해) 가하는 토크이다. 따라서 유체가 러너에 가하는 토크는 $+4080\,\mathrm{Nm}$가 된다.

<u>유체가 러너에 가하는 토크 = 4080 Nm</u>

동력은 다음과 같이 구해진다.

$$W = T\omega$$
$$= \frac{4080 \times 2\pi \times 1260}{60}$$
$$= 538\,\mathrm{kW}$$

수력 효율을 구하는 과정은 아래와 같다.

$$\eta_H = \frac{\text{러너에 가해진 동력}}{\text{이용가능한 동력}}$$

$$= \frac{538 \times 10^3}{\rho g Q H}$$

$$= \frac{538 \times 10^3}{10^3 \times 9.81 \times 0.5 \times 124}$$

$$= 0.885$$

$$= 88.5\%$$

3.5

입구와 출구에서의 속도 삼각형이 그림 3.12에 그려져 있다. 수력 효율은

$$\eta_H = \frac{\text{러너에 가해진 동력}}{\text{이용가능한 동력}}$$

$$= \frac{m(U_1 C_{x1} - U_2 C_{x2})}{\rho g Q H}$$

이다. 그런데 출구에서 흐름이 반경 방향이므로, C_{x2}는 0이 된다. 또 m은 ρQ와 같다. 따라서

$$\eta_H = \frac{U_1 C_{x1}}{gH}$$

$$0.82 = \frac{0.97(2gH)^{1/2} C_{x1}}{gH}$$

이고, 이로부터

$$C_{x1} = 0.423(2gH)^{1/2}$$

와 같이 쓸 수 있다. 이제

$$\tan\alpha_1 = C_{r1}/C_{x1}$$

$$= 0.4/0.423$$

으로부터 입구 안내깃의 각도는 아래와 같이 구해진다.

$$\alpha_1 = 43.4°$$

러너의 입구 깃 각도 β_1은 아래와 같이 구할 수 있다.

$$\begin{aligned}\tan\beta_1 &= C_{r1}/W_{x1}\\ &= \frac{C_{r1}}{C_{x1}-U_1}\\ &= \frac{0.4}{0.423-0.97}\\ &= -0.731\end{aligned}$$

즉, $U_1 > Cx1$에서 $\beta_1 = -36.2^\circ$ 또는 $(180^\circ - 36.2^\circ)$ $\underline{=143.8^\circ}$이 된다. 러너의 원주 속도에 대한 식으로부터 러너의 입구 직경을 아래와 같이 구한다.

$$U_1 = \frac{\pi D_1 N}{60}$$

$$D_1 = \frac{60\times 0.97\times(2\times 9.81\times 5.5)^{1/2}}{\pi\times 230}$$

러너 입구 직경 $=0.836\,\text{m}$

전효율의 식

$$\eta_0 = \frac{\text{출력}}{\text{이용가능한 동력}}$$

으로부터

$$\rho gQH = \frac{125\times 10^3}{0.74}$$

을 얻고, 나아가 유량을 계산할 수 있다.

$$\begin{aligned}Q &= \frac{125\times 10^3}{0.74\times 10^3\times 9.81\times 5.5}\\ &= 3.13\,\text{m}^3/\text{s}\end{aligned}$$

또한, 유량의 관계식

$$Q = \pi D_1 b_1 C_{r1}$$

에 의해 깃의 높이는 아래와 같이 구해진다.

$$b_1 = \frac{3.13}{\pi \times 0.836 \times 0.4(2 \times 9.81 \times 5.5)^{1/2}}$$

러너의 높이 $= 0.287\,\text{m}$

3.6

그림 3.12를 참조한다.

(a) 러너의 팁 속도를 구한다.

$$\begin{aligned} U_1 &= \frac{\pi ND}{60} \\ &= \frac{\pi \times 430 \times 1.4}{60} \\ &= 31.5\,\text{m/s} \end{aligned}$$

식 (1.24)로부터 러너에 부가된 동력은

$$W = m(U_1 C_{x1} - U_2 C_{x2})$$

이 된다. 그런데 출구에서 선회가 없다고 하였으므로 $C_{x2} = 0$이 되어,

$$\begin{aligned} C_{x1} &= \frac{12250 \times 10^3 \times 60}{10^3 \times 12 \times \pi \times 1.4 \times 430} \\ &= 32.4\,\text{m/s} \end{aligned}$$

을 구할 수 있다. 이제 안내깃의 각도를 구할 수 있다.

$$\begin{aligned} \alpha_1 &= \tan^{-1}\left(\frac{C_{r1}}{C_{x1}}\right) \\ &= \tan^{-1}\left(\frac{9.5}{32.4}\right) \\ &= 16.3° \end{aligned}$$

입구 속도는 다음과 같다.

$$\begin{aligned} C_1 &= (C_{r1}^2 + C_{x1}^2)^{1/2} \\ &= (9.5^2 + 32.4^2)^{1/2} \end{aligned}$$

$$\underline{= 33.8\,\text{m/s}}$$

(b) 러너 깃의 입구각을 구하는 과정은 아래와 같다.

$$\begin{aligned}\tan\beta_1 &= \frac{C_{r1}}{C_{x1} - U_1}\\ &= \frac{9.5}{32.4 - 31.5}\\ &= 10.55\end{aligned}$$

$$\underline{\text{러너깃 입구각 } \beta_1 = 84.6°}$$

(c) 총 수두 = 러너에 전달된 에너지(수두) + 러너에서의 손실이다. 입구에서

$$H_1 = \frac{p_1}{\rho g} + \frac{C_1^2}{2g} + Z_1$$

그리고 출구에서

$$H_2 = \frac{p_2}{\rho g} + \frac{C_2^2}{2g} + Z_2$$

을 쓸 수 있다. 출구에서 선회가 없는 경우 러너에 전달된 수두는

$$\frac{W}{mg} = \frac{U_1 C_{x1}}{g}$$

이다. 따라서 러너에서의 손실 수두는

$$= \left(\frac{p_1 - p_2}{\rho g}\right) + \left(\frac{C_1^2 - C_2^2}{2g}\right) + (Z_1 - Z_2) - \frac{U_1 C_{x1}}{g}$$

이다. 그런데 정압 수두와 위치 수두의 합은

$$\left(\frac{p_1 - p_2}{\rho g}\right) + (Z_1 - Z_2) = 62\,\text{m}$$

와 같이 계산되므로, 러너에서의 손실 수두는 다음과 같이 구해진다.

$$\text{러더에서의 손실 수두} = 62 + \left(\frac{33.8^2 - 7^2}{2 \times 9.81}\right) - \left(\frac{31.5 \times 32.4}{9.81}\right)$$

$$\underline{= 13.69\,\text{m}}$$

3.7

(a) 식 (3.21)로부터 수력 효율의 식은

$$\eta_{\mathrm{H}} = \frac{\text{러너에 전달된 동력}}{\text{가용 동력}}$$

이다. 이로부터 아래와 같이 쓸 수 있다.

$$\begin{aligned}\text{러너에 전달된 동력} &= \rho g Q H \eta_{\mathrm{H}} \\ &= W \eta_{\mathrm{H}}\end{aligned}$$

오일러의 터빈 방정식 (1.24)를 쓰자.

$$E = \frac{W}{mg} = \frac{U_1 C_{x1} - U_2 C_{x2}}{g}$$

그러면

$$\eta_{\mathrm{H}} g H = U_1 C_{x1} - U_2 C_{x2}$$

이고, $C_{x2} = 0$이므로

$$C_{x1} = \frac{0.9 \times 9.81 \times 62}{U_1}$$

을 얻는다. U_1은 다음과 같다.

$$\begin{aligned}U_1 &= \frac{\pi N D}{60} \\ &= \frac{\pi \times 375 \times 1.5}{60} \\ &= 29.45\,\mathrm{m/s}\end{aligned}$$

그러면 C_{x1}는 아래와 같이 구해진다.

$$\begin{aligned}C_{x1} &= \frac{0.9 \times 9.81 \times 62}{29.45} \\ &= 18.58\,\mathrm{m/s}\end{aligned}$$

속도 삼각형은 그림 3.20과 같다. (다만 $U_1 > C_{x1}$인 것으로 생각하자.) 러너 깃의 입구각을 구하기 위한 과정은 아래와 같다.

$$
\begin{aligned}
W_{x1} &= U_1 - C_{x1} \\
&= 29.45 - 18.58 \\
&= 10.86\,\mathrm{m/s} \\
\tan(\beta_1 - 90°) &= W_{x1}/C_{r1} \\
&= \frac{10.86}{9} \\
&= 1.21\,\mathrm{m/s} \\
\beta_1 - 90° &= 50.4° \\
\underline{\beta_1} &\underline{= 140.4°}
\end{aligned}
$$

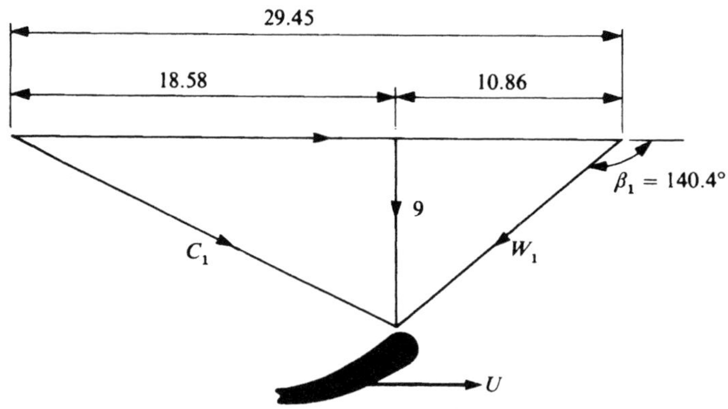

그림 3.20 입구의 속도 삼각형

(b) (i) 벌류트 케이싱과 안내깃에서의 손실을 구하기 위해 두 점 0과 1 사이에 정상 유동의 에너지 방정식을 적용한다.

$$\frac{p_0}{\rho g} + \frac{V_0^2}{2g} + Z_0 = \frac{p_1}{\rho g} + \frac{V_1^2}{2g} + Z_1 + h_{\text{loss},1}$$

$V_1 = C_1$ 이고, 또

$$C_1^2 = C_{x1}^2 + C_{r1}^2$$
$$= 18.58^2 + 9^2$$
$$= 426.2\,\mathrm{m^2/s^2}$$

을 적용하면, 이 식은

$$62 = \left(35 + \frac{426.2}{2\times 9.81} + 2\right) + h_{\mathrm{loss},1}$$

으로 되어 케이싱에서의 손실을 아래와 같이 구할 수 있다.

$$h_{\mathrm{loss},1} = 62 - 58.72$$

<u>케이싱에서의 손실 수두 = 3.27 m</u>

(ii) 러너에서의 손실을 구하기 위해 두 점 1과 2 사이에 정상 유동의 에너지 방정식을 적용하자.

$$\frac{p_1}{\rho g} + \frac{V_1^2}{2g} + Z_1 = \frac{p_2}{\rho g} + \frac{V_2^2}{2g} + Z_2 + h_{\mathrm{loss},2} + \text{러너에 부여된 일(즉, 수두)}$$

러너에 부여된 일(즉, 수두)은 다음과 같이 구할 수 있다.

$$\frac{W}{mg} = \frac{U_1 C_{x1}}{g}$$
$$= \frac{29.45\times 18.58}{9.81}$$
$$= 55.8\,\mathrm{m}$$

따라서 러너에서의 손실 수두는 아래와 같이 계산된다.

$$h_{\mathrm{loss},2} = \left(35 + \frac{426.2}{2\times 9.81} + 2\right) - \left(-2.2 + \frac{7^2}{2\times 9.81} + 1.7\right) - 55.8$$
$$= 58.72 - 2.0 - 55.8$$

<u>러너에서의 손실 수두 = 0.92 m 수주</u>

(iii) 두 점 2와 3 사이에 정상 유동의 에너지 방정식을 적용하면

$$\frac{p_2}{\rho g} + \frac{V_2^2}{2g} + Z_2 = \frac{p_3}{\rho g} + \frac{V_3^2}{2g} + Z_3 + H_{\mathrm{loss},3}$$

이다. p_3는 대기압이고 (따라서 계기압으로는 0) Z_3는 기준선의 수직 좌표이므로 0이 되어, 아래와 같이 계산할 수 있다.

$$
\begin{aligned}
h_{\text{loss},3} &= 2.0 - \left(0 + \frac{2.0^2}{2\times 9.81} + 0\right) \\
&= 2.0 - 0.204
\end{aligned}
$$

<u>흡출관에서의 손실 수두 = 1.8 m</u>

(c) 무차원 동력 비속도의 식은 (1.20), 즉

$$N_{\text{sp}} = \frac{NP^{1/2}}{\rho^{1/2}(gH)^{5/4}}$$

이다. 따라서 러너에 제공된 동력 P를 아래와 같이 계산할 수 있다.

$$
\begin{aligned}
p^{1/2} &= \frac{0.14\times(10^3)^{1/2}\times(9.81\times 62)^{5/4}\times 60}{375} \\
&= 2140
\end{aligned}
$$

$$P = 4578\,\text{kW}$$

그러면

$$0.9 = \frac{4578\times 10^3}{\rho g Q H}$$

으로부터 유량을 구할 수 있다.

$$
\begin{aligned}
Q &= \frac{4578\times 10^3}{10^3\times 9.81\times 62} \\
&= 7.53\,\text{m}^3/\text{s}
\end{aligned}
$$

그리고 또한

$$
\begin{aligned}
\text{유동 면적} &= \frac{\text{유량}}{\text{유속}} \\
&= \frac{Q}{C_2} \quad (\text{왜냐하면 } C_2 = C_{r2})
\end{aligned}
$$

을 고려하자. 러너의 출구에서 유동 면적을 러너의 출구 직경과 러너의 높이 b_2를 사용하여 나타내면

$$\pi d_2 b_2 = Q / C_2$$

의 관계식이 얻어진다. 여기서 d_2는 흡출구의 입구 직경이다. 러너 입구의 높이 b_1과 출구의 높이 b_2는 아래와 같이 구할 수 있다.

$$\begin{aligned} b_1 &= \frac{Q}{\pi d_1 C_{r1}} \\ &= \frac{7.53}{\pi \times 1.5 \times 9} \\ &= 0.178\,\mathrm{m} \end{aligned}$$

$$\begin{aligned} b_2 &= 2 + \frac{b_1}{2} - 1.7 \\ &= 2 + 0.089 - 1.7 \\ &= 0.389\,\mathrm{m} \end{aligned}$$

이 결과를 대입하면 d_2는 다음과 같이 구해진다.

$$d_2 = \frac{7.53}{\pi \times 0.389 \times 7}$$

$$\underline{\text{흡출관 직경} = 0.88\,\mathrm{m}}$$

3.8

평균 직경은 아래와 같다.

$$\begin{aligned} d_\mathrm{m} &= \frac{D + d}{2} \\ &= 4.75 + 2 \\ &= 3.375\,\mathrm{m} \end{aligned}$$

전 효율의 식

$$\eta_0 = \frac{\text{출력}}{\text{가용 동력}}$$

으로부터

$$\text{가용 동력} = \frac{23\times10^6}{0.85}$$

$$= 27\,\text{MW}$$

이다. 한편,

$$\text{가용 동력} = \rho gQH$$

$$27\times10^6 = 10^3\times9.81\times23Q$$

에 의해 유량은 아래와 같이 구해진다.

$$Q = 119.7\,\text{m}^3/\text{s}$$

평균 직경 상에서 회전자의 속도는

$$U_{\text{m}} = \frac{\pi Nd_{\text{m}}}{60}$$

$$= \frac{\pi\times150\times3.375}{60}$$

$$= 26.5\,\text{m/s}$$

이다. 또한

$$\text{러너에 부가된 동력} = \text{가용 동력}\times\eta_{\text{H}}$$

$$= 27\times10^6\times0.93$$

$$= 25.11\,\text{MW}$$

을 구할 수 있다. 러너에 전달된 이론 동력은 식 (1.24)에 의해

$$W = \rho QU_{\text{m}}C_{x1} \quad (C_{x2} = 0)$$

$$25.11\times10^6 = 10^3\times119.7\times26.5C_{x1}$$

이고, 이로부터 C_{x1}을 다음과 같이 구할 수 있다.

$$C_{x1} = \frac{25.11\times10^6}{10^3\times119.9\times26.5}$$

$$= 7.9\,\text{m/s}$$

축방향 속도 성분은 아래와 같다.

$$C_a = \frac{Q \times 4}{\pi(D^2 - d^2)}$$

$$= \frac{119.7 \times 4}{\pi(4.75^2 - 2^2)}$$

$$= 8.21\,\text{m/s}$$

입구의 속도 삼각형으로부터 입구 깃의 설치각을 구할 수 있다.

$$\tan(180° - \beta_1) = \frac{C_a}{U_m - C_{x1}}$$

$$= \frac{8.21}{26.5 - 7.9}$$

입구 깃의 설치각 $\beta_1 = 156.2°$

그리고 출구에서는

$$\tan\beta_2 = C_a / W_{x2}$$

인데, C_{x2}가 0이므로 W_{x2}와 U_m은 같아서, 다음과 같이 계산된다.

$$\tan\beta_2 = \frac{8.21}{26.5}$$

출구 깃의 설치각 $\beta_2 = 17.2°$

3.9

동력 비속도에 관한 식 (1.20)

$$N_{sp} = \frac{NP^{1/2}}{\rho^{1/2}(gH)^{5/4}} \quad (\text{단, } N\text{은 rad/s의 단위})$$

으로부터 N을 구한다.

$$N = 3 \times \left(\frac{10^3}{16000 \times 10^3}\right)^{1/2} (9.81 \times 20)^{5/4}$$

$$= 17.41\,\text{rad/s}$$

$$= \frac{17.41 \times 60}{2\pi}\,\text{rpm}$$

$$= 166.3 \text{ rpm}$$

전효율의 식

$$\eta_0 = \frac{\text{출력}}{\text{가용 동력}}$$

에 의해

$$\text{가용 동력} = \frac{16000 \times 10^3}{0.8}$$

$$= 20000 \text{ kW}$$

이고, 또 가용 동력의 식

$$\text{가용 동력} = \rho g Q H$$

으로부터 유량은

$$Q = \frac{20000 \times 10^3}{10^3 \times 9.81 \times 20}$$

$$= 101.9 \text{ m}^3/\text{s}$$

이 된다. 또한

$$\text{러너에 부가된 동력} = \text{가용 동력} \times \eta_H$$

$$= 20000 \times 10^3 \times 0.9$$

$$= 18000 \times 10^3 \text{ kW}$$

을 구한다. 단위 질량유량당 전달된 동력의 식 (1.24)

$$W/m = U_1 C_{x1} - U_2 C_{x2}$$

에서, 출구에서의 흐름이 축 방향이므로 $C_{x2} = 0$으로 두고, U_1을 깃 팁이 위치한 지점의 반경 2.1 m를 사용하여 나타내면,

$$1800 \times 10^3 = 17.41 \times 21 \times 10^3 \times 101.9 \times C_{x1}$$

$$C_{x1} = 4.8 \text{ m/s}$$

과 같이 C_{x1}을 구할 수 있다. 평균 축방향 유속 성분은 다음과 같이 구한다.

$$C_a = \frac{Q \times 4}{\pi(D^2 - d^2)} \quad \text{(단, } D \text{와 } d \text{는 각각 팁과 허브의 직경)}$$

$$= \frac{101.9 \times 4}{\pi(4.2^2 - 2^2)}$$

$$= 9.51 \text{ m/s}$$

그림 3.16에 의해

$$W_{x1} = U - C_{x1} \quad \text{(깃 팁에서)}$$

$$= (17.41 \times 2.1) - 4.8$$

$$= 31.8 \text{ m/s}$$

이고, 따라서

$$\tan(180° - \beta_1) = C_a / W_{x1}$$

$$= \frac{9.51}{31.8}$$

으로 쓸 수 있다. 반경 $r = 2.1$ m에서

$$\underline{\text{입구 각 } \beta_1 = 163.4°}$$

그리고 같은 반경 상에서

$$W_{x2} = U \quad \text{(왜냐하면 출구에서 흐름이 축방향이므로)}$$

$$= 17.41 \times 2.1$$

$$= 36.6 \text{ m/s}$$

및

$$\tan \beta_2 = C_a / W_{x2}$$

$$= \frac{9.51}{36.6}$$

$$\underline{\text{출구각 } \beta_2 = 14.5°}$$

이 구해진다. 한편 반경 $r = 1$ m, 즉 허브에서

$$W_{x1} = 17.41 - (4.8 \times 2.1)$$
$$= 7.33\,\mathrm{m/s}$$

이고, 따라서

$$(180° - \beta_1) = \tan^{-1}\left(\frac{C_a}{W_{x1}}\right)$$
$$= \tan^{-1}\left(\frac{9.51}{7.33}\right)$$

으로 쓸 수 있다. 반경 $r = 1\,\mathrm{m}$에서

$$\underline{\text{입구 각 } \beta_1 = 127.6°}$$

이고, 같은 반경 지점에서

$$W_{x2} = U$$
$$= 17.41\,\mathrm{m/s}$$
$$\beta_2 = \tan^{-1}\left(\frac{9.51}{17.41}\right)$$
$$\underline{\text{출구각 } \beta_2 = 28.6°}$$

와 같이 구할 수 있다.

이 문제에서 주목해야 할 것은 허브와 깃의 팁 사이에 있는 전 유로 단면에 걸쳐 에너지 전달 양이 일정하고 또 축방향 유속 성분도 일정한 것으로 가정하였다는 사실이다.

3.10

(a) 유량은 평균 직경 상에서 계산하고, 속도 삼각형은 그림 3.16의 것을 사용하도록 한다. 우선, 평균 직경을 구한다.

$$d_m = \frac{D + d}{2}$$
$$= \frac{2 + 0.8}{2}$$

$$= 1.4\,\text{m}$$

원주 방향 속도 성분은 아래와 같이 구해진다.

$$U_m = \frac{\pi N d_m}{60}$$

$$= \frac{\pi \times 250 \times 1.4}{60}$$

$$= 18.33\,\text{m/s}$$

입구의 속도 삼각형으로부터

$$U_m = C_a[\cot\alpha_1 + \cot(180° - \beta_1)]$$

을 쓸 수 있고, 이로부터 축 방향 속도 성분을 구할 수 있다.

$$C_a = \frac{18.33}{\cot 42° + \cot 32°}$$

$$= \frac{18.33}{1.11 + 1.6}$$

$$= 6.76\,\text{m/s}$$

그러면 유량은 아래와 같이 구해진다.

$$Q = \frac{C_a \pi (D^2 - d^2)}{4} \quad (\text{단, } C_a\text{는 상수})$$

$$= \frac{6.76 \times \pi(2^2 - 0.8^2)}{4}$$

$$\underline{= 17.84\,\text{m}^3/\text{s}}$$

(b) 출구의 속도 삼각형으로부터 출구 깃 각도를 구할 수 있다.

$$\tan\beta_2 = C_a / U_m$$

$$= \frac{6.76}{18.33}$$

$$\underline{\beta_2 = 20.24°}$$

(c) 이론 동력은 두께 $d\text{r}$의 원환 단면을 통한 에너지 전달 양을 구한 뒤 이를 허브에서부터 팁까지 적분함으로써 구한다. 식 (1.24)로부터

$$W = m(UC_{x1} - UC_{x2})$$

이다. C_{x2}는 0이고 C_{x1}은 상수이다. m과 U를 반경 r의 함수로 나타내면 두께 dr의 원환 단면을 통한 미소 동력전달 양 dW는

$$dW = \rho C_a (2\pi r\, dr)\left(\frac{2\pi N r}{60}\right) C_{x1}$$

으로 표현된다. 이것을 전 단면에 걸쳐 적분하면 이론 동력이 구해진다.

$$\begin{aligned} W &= \frac{\rho C_a \pi^2 N C_{x1}}{15} \int_{0.4}^{1} r^2 dr \\ &= \frac{10^3 \times 6.76 \times \pi^2 \times 250 \times 6.76 \times \cot 42°}{15} \left[\frac{r^3}{3}\right]_{0.4}^{1} \\ &= 8348(0.333 - 0.0213)10^3 \end{aligned}$$

이론 동력 = 2602 kW

만약 이것을 평균 직경 상에서의 변수들을 사용하여 간단히 구한다면

$$\begin{aligned} W &= m U_m C_{x1} \\ &= 10^3 \times 17.84 \times 18.33 \times 6.76 \times \cot 42° \\ &= 2455\,\mathrm{kW} \end{aligned}$$

이 되어, 차이는 약 6%가 된다.

3.11

(a) 무차원 동력 비속도는 식 (1.20)을 써서 계산할 수 있다.

$$\begin{aligned} N_{sp} &= \frac{NP^{1/2}}{\rho^{1/2}(gH)^{5/4}} \\ &= \frac{300}{60}\left(\frac{2 \times 10^6}{10^3}\right)^{1/2} \frac{1}{(9.81 \times 50)^{5/4}} \\ &= 0.0969\,\mathrm{rev} \end{aligned}$$

한편, 식 (3.25)로부터

$$\sigma = \left[\left(\frac{p_{\text{atm}} - p_{\text{vap}}}{\rho g}\right) - Z_2\right] \Big/ H$$
$$= \left[\left(10.3 - \frac{4 \times 10^3}{10^3 \times 9.81}\right) - 6\right] \Big/ 50$$
$$= 0.0778$$

을 계산할 수 있다. 공동 현상과 관련한 특성곡선이 그림 3.21에 주어져 있는데, 주어진 조건에서는 공동 현상이 발생할 것임을 알 수 있다.

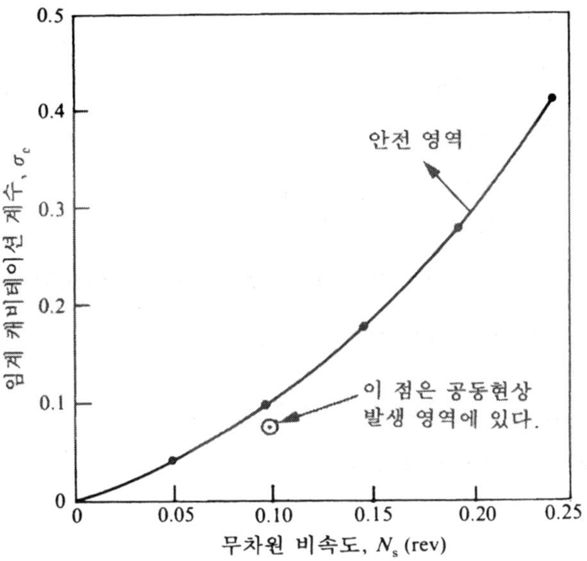

그림 3.21 임계 캐비테이션 계수

(b) 공동 현상이 발생하지 않도록 하기 위한 수차의 한계 설치 높이(방수로 기준)는 $\sigma_c = 0.1$의 조건에서 구한다. 위 식의 σ에 이 값을 대입하고 Z_2를 구하면 다음과 같다.

$$50 \times 0.1 = 10.3 - \frac{4 \times 10^3}{9.81 \times 10^3} - Z_2$$
$$Z_2 = 10.3 - 0.408 - 5$$

$\underline{= 4.89\,\text{m}}$

(c) 그림 3.11에서 두 점 2와 3 사이의 에너지 방정식은 아래와 같다.

$$\frac{p_2}{\rho g}+\frac{V_2^2}{2g}+Z_2=\frac{p_3}{\rho g}+\frac{V_3^2}{2g}+Z_3+\text{손실}$$

여기서,

$$p_3 = p_{atm}$$

$$V_3 = 0 \quad (\text{무시})$$

$$Z_3 = 0 \quad (\text{기준선})$$

$$p_2 = p_{vap}$$

을 대입하면 흡출관 내의 손실 수두를 구하는 식은

$$h_d=\left(\frac{p_{vap}-p_{atm}}{\rho g}\right)+Z_2+\frac{V_2^2}{2g}$$

으로 단순화된다. 공동 현상이 일어나지 않을 한계 높이 Z_2=4.89 m와 나머지 변수들의 값을 대입하면 아래와 같이 구할 수 있다.

$$\begin{aligned} h_d &= \frac{4\times10^3}{10^3\times9.81}-10.3+4.89+\frac{10.4^2}{2\times9.81} \\ &= 0.408-10.3+4.89+5.51 \end{aligned}$$

$\underline{\text{손실 수두 } h_d = 0.511\,\text{m}}$

제 4 장

원심압축기와 팬

4.1 서 론

제 2 차 세계대전 동안 원심압축기를 사용한 개스터빈은 커다란 발전을 하였다. 이 결과 많은 양의 고압 공기를 개스터빈에 공급해야 할 필요성이 생겼으며, 이에 따라 개스터빈의 압축기로서 고속소형 내연기관 엔진에 사용할 목적으로 이전부터 연구를 해오던 원심압축기가 자연스럽게 선택되었다. 비록 항공기용 제트엔진에서는 원심압축기가 축류압축기로 대체되었지만, 엔진의 전체 길이가 짧아야 하는 경우나 유로내에 침전물이 생길 수 있는 경우에는 원심 압축기가 유용하게 사용된다. 이는 원심압축기가 축류압축기에 비해 유로의 길이가 상대적으로 짧아 침전물의 축적에 의한 성능의 손실이 작기 때문이다. 원심 압축기는 주로 과급기(turbocharger)에 사용되는데, 엔진 배기개스에 의해서 구동되는 반경류형 개스터빈의 축과 같은 축에 연결된다(그림 4.1). 단단 원심압축기의 압축비는 일반적으로 4 : 1 정도이며 특수 재질의 임펠러를 사용하면 7 : 1의 비도 가능하다. 최대 효율은 동일한 일을 하도록 설계된 축류압축기로부터 얻을 수 있는 효율보다 3~4% 가량 낮다. 그러나 축류압축기의 효율은 매우 낮은 질량유량에서 급격히 감소한다. 또한 소형 축류압축기의 깃(날개) 제작을 위해 요구되는 공차(tolerance)

를 유지하기가 힘들어 축류압축기 깃의 제작비가 더 비싸다. 압축기의 입구와 출구의 밀도비가 약 1.05보다 작은 경우 '팬(fan)'이라 한다. 이 경우 유체는 비압축성으로 취급되고, 이외의 경우에는 압축성 방정식이 사용된다. 때로는 '팬' 대신 '송풍기(blower)'라는 용어가 사용되기도 한다.

4.1.1 원심압축기의 구성요소

원심압축기를 구성하는 요소는 수력펌프의 구성요소와 비슷하지만, 몇 가지 중요한 차이점이 있다.

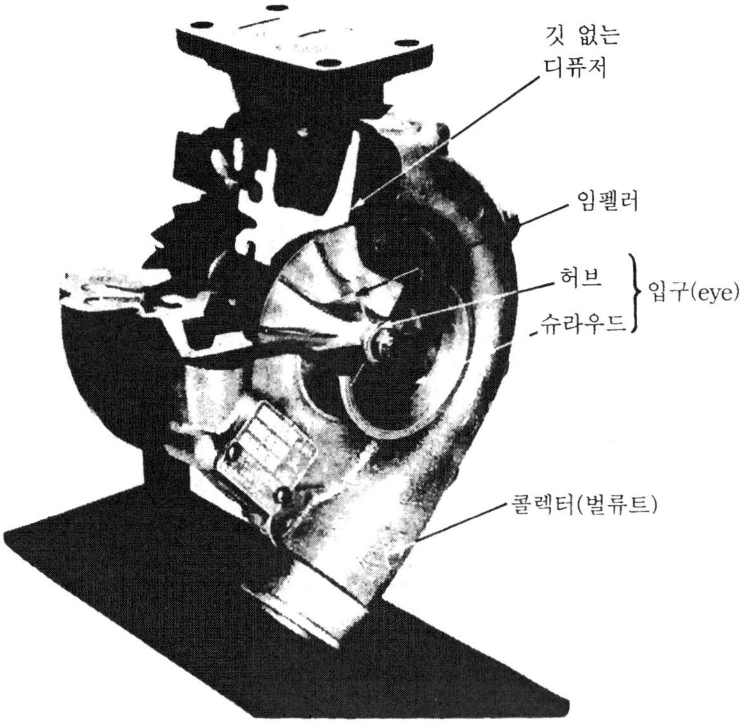

그림 4.1 원심압축기의 구성요소

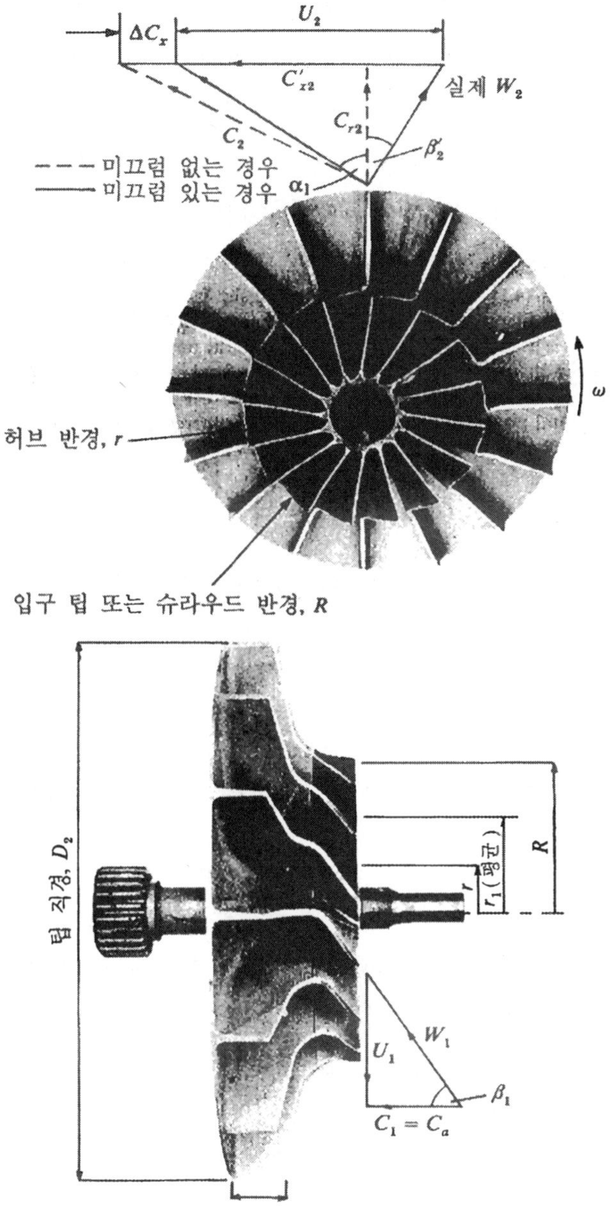

U_2
ΔC_x
C'_{x2}
실제 W_2
C_{r2}
C_2
β'_2
미끄럼 없는 경우
미끄럼 있는 경우
α_1
ω
허브 반경, r
입구 팁 또는 슈라우드 반경, R
팁 직경, D_2
R
r_1(평균)
r
U_1
W_1
β_1
$C_1 = C_a$
익폭, b

그림 4.2

기체는 절대속도 C_1을 가지고 축방향으로 중심부의 입구(eye)를 통해 압축기로 들어가서 인듀서(inducer) 부분으로 이동한다. 인듀서는 깃와 분리되어 있거나 깃과 일체로 되어 있다. 인듀서는 유동을 반경방향으로 바꾸어 날개로 매끄럽게 흘러들어갈 수 있게 한다. 에너지는 회전하는 깃을 통해 기체에 전달되고, 이로 인해 기체는 반경위치 r_1에서 r_2 (그림 4.2)로 이동할 때 정압이 상승되고, 깃으로부터 절대속도 C_2로 흘러나온다. 깃은 반경방향을 향하고 있으며, 원심압축기에서 깃각은 일반적으로 반경방향으로부터 측정하므로 출구깃각 β_2는 0 이 된다. 그러나 상대속도벡터 W_2는 미끄럼의 영향으로 β_2'의 각을 가진다. 이상적으로는 속도성분 C_{x2}가 U_2와 같아야 되지만 미끄럼으로 인해 줄어든다. 입구에서의 상대속도 W_1은 C_1에서 U_1을 뺀 값이다. 입구에서 기체를 예선회(pre-whirl)시킬 수 있지만 이에 관해서는 나중에 언급할 것이다.

스타니쯔(Stanitz) 미끄럼계수 (식 (2.9))는 $\beta_2=0$인 반경방향 깃에 가장 잘 맞는다.

$$\sigma_s = 1 - 0.63\pi/Z$$

미끄럼이 없는 경우 오일러의 펌프식 (1.25)는

$$E = U_2 C_{x2}/g = U_2^2/g \tag{4.1}$$

이고, 미끄럼이 있는 경우 아래와 같다.

$$E = \sigma_s U_2^2/g \tag{4.2}$$

식 (4.2)는 식 (4.1)에 미끄럼계수를 사용하여 수정한 식이지만, 미끄럼 현상은 마찰이 없는 유체에서도 나타나기 때문에 $\sigma_s U_2^2/g$는 공기에 가해진 이론 일이 된다. 실제 유체에서 임펠러에 의해 공급된 동력의 일부는 디스크 마찰과 케이싱 마찰, 공기손실 등의 손실을 극복하는 데 사용된다. 그러므로 유체의 단위무게 당 총 동력은 일반적으로 1.035～1.040 사이의 값을 갖는 동력입력계수(power input factor) ψ를 사용하여 수정한다.

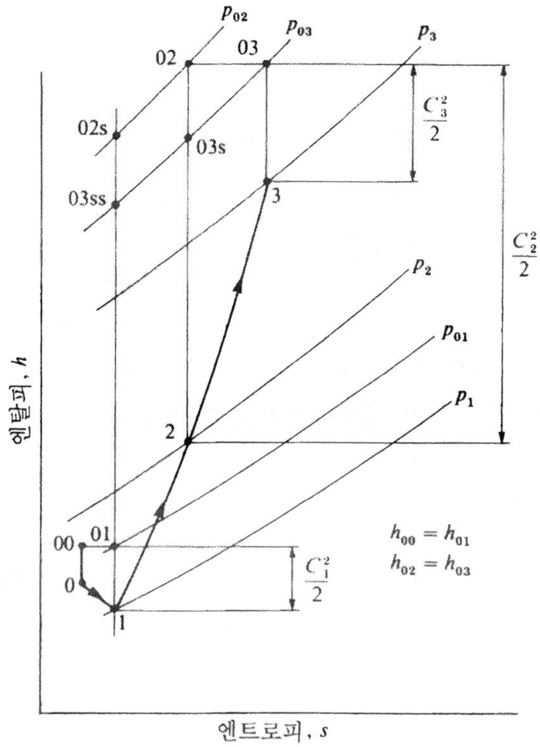

그림 4.3 원심압축기에 대한 몰리에르(Mollier) 선도

$$E = \psi\ \sigma_s U_2^2/g \tag{4.3}$$

임펠러를 떠난 기체는 정압을 좀더 상승시키는 디퓨저(diffuser)에 들어가기 전에 깃 없는 공간을 통과하는데 여기서 유체는 나선형의 궤적을 그리며 이동한다. 임펠러 날개와 케이싱의 내벽 사이의 틈새는 누설을 줄이기 위해 가능하면 작게 유지시켜야 하며, 경우에 따라 날개 자체가 덮여있기도 한다. 우리가 다루고 있고 있는 작동유체는 기체이기 때문에 온도와 압력이 상승하면 밀도가 변하게 된다. 따라서 기계의 성능을 기체의 열역학적 양으로 표현하는 것이 편리하며 이것은 그림 4.3의 몰리에르(Mollier) 선도를 통해서 볼 수 있다.

4.1.2 입구 케이싱

유선을 따라 에너지 방정식은 다음과 같이 쓸 수 있다.

$$\text{총엔탈피} \quad h_0 = h + C^2/2 = \text{일정}$$

그러므로 외기로부터 인듀서로 유입되는 유체에 대해, 총엔탈피는

$$h_{00} = h + C_0^2/2$$

이다. 위치 1에서 총엔탈피는

$$h_{01} = h_1 + C_1^2/2$$

이며 축을 통해 들어오는 일이 없고 단열 정상유동으로 가정하면

$$h_{00} = h_{01}$$

이다. 그러므로

$$h_0 + C_0^2/2 = h_1 + C_1^2/2 \tag{4.4}$$

이 된다.

4.1.3 임펠러

유체는 임펠러(impeller)를 통해 위치 1 에서 위치 2 까지 이동하면서 일을 받고 정압이 p_1에서 p_2까지 증가하게 된다. 단위질량당 유체에 가해진 일을 엔탈피의 형태로 쓰면

$$\begin{aligned} W/m &= h_{02} - h_{01} \\ &= U_2 C_{x2} - U_1 C_{x1} \end{aligned} \tag{4.5}$$

이고, h_0를 대입하면

$$I = h_1 + C_1^2/2 - U_1 C_{x1} = h_2 + C_2^2/2 - U_2 C_{x2}$$

이다. 여기서 I는 임펠러 전체에 걸쳐 일정하다. 일반적으로

$$I = h + C^2/2 - UC_x$$
$$= h + (C_r^2 + C_x^2)/2 - UC_x$$
$$= h + (W^2 - W_x^2 + C_x^2)/2 - UC_x$$
$$= h + [W^2 - (U - C_x)^2 + C_x^2]/2 - UC_x$$
$$= h + W^2/2 - U^2/2 - C_x^2/2 + UC_x - UC_x + C_x^2/2$$
$$= h + W^2/2 - U^2/2$$
$$= h_{0,\mathrm{rel}} - U^2/2 \tag{4.6}$$

으로 나타낼 수 있으며 여기서 $h_{0,\mathrm{rel}}$는 유체의 상대속도에 대한 총엔탈피이다. $I_1 = I_2$이므로 다음과 같이 된다.

$$h_2 - h_1 = (U_2^2 - U_1^2)/2 + (W_1^2 - W_2^2)/2 \tag{4.7}$$

식 (4.7)에서 엔탈피의 상승은 주로 $(U_2^2 - U_1^2)/2$ 항에 의해서 이루어진다.

항상 적용되는 것은 아니지만 초기설계 계산에서는 일반적으로 $C_{x1} = 0$으로 가정한다. 식 (4.3)으로부터 단위질량당 유체에 주어지는 일은

$$h_{02} - h_{01} = \psi \sigma_s U_2^2 \ \ (\mathrm{J/kg})$$

이 된다. h_0를 $C_p T_0$로 쓰면 입력일은 다음과 같다.

$$T_{02} - T_{01} = \psi \sigma_s U_2^2 / C_p \tag{4.8}$$

여기서 C_p는 주어진 온도범위에서의 평균비열을 의미한다. 또한 디퓨저에서는 일이 없으므로 $h_{02} = h_{03}$이고, 따라서 식 (4.8)은 아래와 같이 된다.

$$T_{03} - T_{01} = \psi \sigma_s U_2^2 / C_p \tag{4.9}$$

그림 1.4와 4.3을 참조하면 압축기 전체의 총압-총압 등엔트로피 효율(total-to-total isentropic efficiency) η_c는 다음과 같이 정의할 수 있다.

$$\eta_c = \frac{\text{입구와 출구 사이에서 등엔트로피 과정으로 얻는 총엔탈피 상승}}{\text{같은 총압력구간 사이에서 실제 총엔탈피 상승}}$$
$$= (h_{03ss} - h_{01})/(h_{03} - h_{01}) \tag{4.10}$$

여기서 하첨자 'ss'는 등엔트로피 과정일 때 총압력 p_{03}선상에 있는 최종 상태를 나타낸다. 그러므로

$$\begin{aligned}\eta_c &= (T_{03ss} - T_{01})/(T_{03} - T_{01}) \\ &= T_{01}(T_{03ss}/T_{01} - 1)/(T_{03} - T_{01})\end{aligned}$$

이고 총압력 상승비은 다음과 같다.

$$\begin{aligned}p_{03}/p_{01} &= (T_{03ss}/T_{01})^{\gamma/(\gamma-1)} \\ &= [1 + \eta_c(T_{03} - T_{01})/T_{01}]^{\gamma/(\gamma-1)} \\ &= (1 + \eta_c \psi \sigma_s U_2^2/C_p T_{01})^{\gamma/(\gamma-1)} \qquad (4.11)\end{aligned}$$

등엔트로피 조건에서도 미끄럼계수는 유체로 전달되는 에너지의 양을 작게 만들므로 가능하면 미끄럼계수 값을 크게 해야 한다. 속도 삼각형으로부터, 미끄럼계수가 증가하면 C_{x2}가 U_2의 크기에 가깝게 가는 것을 알 수 있다. 미끄럼계수는 깃의 수를 많이 하여 증가시킬 수 있지만, 이 경우 임펠러 입구에서 고형비(solidity)가 증가되어 입구에서의 유동면적을 감소시킨다. 그러므로 같은 질량유량에 대해 입구에서의 유동속도 C_a는 증가하며 이로 인해 마찰에 의한 손실도 증가한다. 약 0.9 정도의 미끄럼계수 값이 일반적으로 사용되며 이 때 압축기의 깃의 수는 19~21개 정도가 된다.

동력입력계수(power input factor) ψ가 높은 값을 가질수록 좋다고 여겨지지만, ψ의 증가에 따라 등엔트로피 효율이 감소하므로 별 이득이 없다. 따라서 동력입력계수가 1의 값을 가지는 것이 이상적이다.

압력비는 임펠러 팁(tip) 속도에 따라 증가하지만, 재질의 강도에 한계가 있기 때문에 무한히 증가시킬 수 없다. 원심응력은 팁 속도의 제곱에 비례하며 경합금 임펠러의 경우 팁 속도가 약 460 m/s까지 가능하다. 이 경우 압력비는 약 4 : 1이 되며, 티타늄과 같은 재질을 사용한다면 7 : 1의 압력비가 가능하다.

식 (4.11)은 아래와 같이 유체 물성치와 유동각(flow angle)을 사용하여 다시 쓸 수 있다.

$$a_{01}^2 = \gamma RT_{01}, \quad C_p = \gamma R/(\gamma - 1)$$

이기 때문에

$$P_{03}/p_{01} = [1 + \eta_c \psi \sigma_s(\gamma - 1)U_2^2/a_{01}^2]^{\gamma/(\gamma-1)} \tag{4.12}$$

이다. 여러 등엔트로피 효율에서 깃 팁 속도에 대한 압력비의 변화를 그림 4.4에 나타내었다.

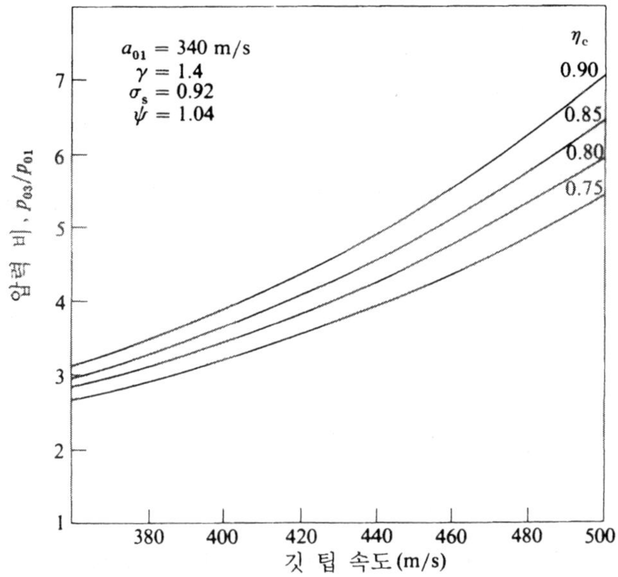

그림 4.4 임펠러 팁 속도에 대한 전 압력비 (식 4.12)

4.1.4 디퓨저

디퓨저(diffuser) 출구에서 기체의 정체온도(stagnation temperature)에는 가능하면 작은 운동에너지가 포함되어야 한다. 이것은 그렇게 함으로써 연소실 설계가 쉬워지기 때문이다. 대표적인 압축기 출구속도는 90 m/s 정도이다. 디퓨저에서는 2.5.2절과 2.5.3절에서 설명한 확산과정이 일어나며, 임펠러 팁과 디퓨저 깃 사이의 깃이 없는 공간에서도 약간의 확산이 나타난다. 앞 절에서 기술된 유동이론이 여기에서도 적용된다. 깃 있는 디퓨저 통로의 최대 경사각은 약 11° 이다. 이 이상의 각도에서는 통로벽에서의 경계층 박리로 인하여 효율이 감소된다. 질량유량과 압력비가 설계점과 달라지면 매끄럽게 디퓨저 통로로 들어오는 유동의 방향도 달라져 효율이 떨어지게 된다. 이것은 깃의 각도를 바꿀 수 있는 디퓨저를 사용하여 개선시킬 수 있다.

유체가 절대속도 C_2에서 C_3까지 감소하고 이에 대응하여 압력이 p_2에서 p_3까지 증가하는 단열과정에서

$$h_{02} = h_{03}$$

또는

$$h_2 + C_2^2/2 = h_3 + C_3^2/2 \tag{4.13}$$

이 된다.

4.2 입구속도의 한계

원심압축기 입구에서의 마하수를 고려해 보면 상대속도 W_1이 압축기 성능과 관련하여 매우 민감한 변수임을 알 수 있다. 만약 임펠러 입구에서 마하수가 1 보다 크면 충격파(shock wave)가 생기고 이에 따른 손실이 발생한다. 원심압축기의 입구에서 유동이 선회가 없고($C_{x1} = 0$) 일정한 절대속도 C_1을 가진다고 가정하자. 같은 질량유량에 대해 아래의 두 가지 극단적인 경우를 검토해 보자.

1. 만약 입구에서 날개의 팁 직경이 크다면 연속식으로부터 축방향 속도 C_1은 작고 날개의 속도는 커져 그림 4.5(a)와 같은 속도 삼각형

이 된다.

2. 만약 입구에서 날개의 팁 직경이 작다면 날개 속도는 작게 되나 축 방향 속도 C_1은 커져서 그림 4.5(b)와 같은 속도 삼각형이 된다.

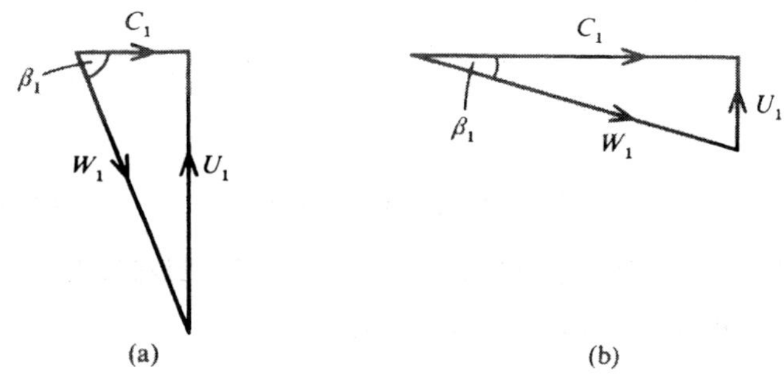

그림 4.5 입구 면적이 큰 경우(a)와 작은 경우(b)에 대한 속도 삼각형

이 극단적인 경우들은 모두 상대속도 벡터 W_1이 크다. 하지만 한 쪽에서 다른 쪽으로 조건을 변화시키면서 상대속도 벡터를 구해보면 최소값이 존재한다. 만약 이 상대속도를 구한다면 적절한 설계에 의해 마하수의 영향을 피할 수 있을 것이다.

유동은 반경 R의 슈라우드와 반경 r의 허브(hub)에 의해 형성된 원환을 통하여 날개입구로 들어온다. 입구로 들어오는 유동이 축방향이며 균일한 경우 질량유량은

$$m = \rho_1 A_1 C_1 \tag{4.14}$$

이다. 입구 속도 삼각형(그림 4.5)에서

$$C_1 = W_1 \cos\beta_1 \text{ 및 } U_1 = W_1 \sin\beta_1$$

이고, 유동면적은

$$\begin{aligned} A_1 &= \pi R^2(1 - r^2/R^2) \\ &= \pi R^2 k \end{aligned} \tag{4.15}$$

이다. 여기서 $k=(1-r^2/R^2)$이다. A_1을 식 (4.14)에 대입하면

$$\begin{aligned} m &= \rho_1 \pi R^2 k C_1 \\ &= \rho_1 \pi U_1^2 k C_1/\omega^2 \end{aligned}$$

이 된다. 여기서 U_1은 슈라우드 반경위치에서 임펠러의 입구 접선속도이고 ω는 각속도이다. 다시 식을 정리하면 다음과 같이 된다.

$$\begin{aligned} m\omega^2/\rho_1 \pi k &= U_1^2 C_1 \\ &= W_1^3(\sin^2\beta_1)(\cos\beta_1) \end{aligned} \tag{4.16}$$

등엔트로피 유동 관계식으로부터 입구에서의 정압에 대한 정체압력의 비 그리고 정온도에 대한 정체온도의 비는 아래와 같다.

$$p_{01}/p_1=[1+(\gamma-1)M_1^2/2]^{\gamma/(\gamma-1)} \tag{4.17}$$

$$T_{01}/T_1=1+(\gamma-1)M_1^2/2 \tag{4.18}$$

그러므로

$$\begin{aligned} p_1/T_1 &= (p_{01}/T_{01})[1+(\gamma-1)M_1^2/2]^{-\gamma/(\gamma-1)}[1+(\gamma-1)M_1^2/2] \\ &= (p_{01}/T_{01})[1+(\gamma-1)M_1^2/2]^{-1/(\gamma-1)} \end{aligned}$$

이고, 밀도는 다음과 같다.

$$\begin{aligned} \rho_1 &= p_1/RT_1 \\ &= (p_{01}/RT_{01})[1+(\gamma-1)M_1^2/2]^{-1/(\gamma-1)} \end{aligned} \tag{4.19}$$

식 (4.19)의 ρ_1을 식 (4.16)에 대입하면 다음과 같다.

$$m\omega^2 RT_{01}/\pi k p_{01} = W_1^3(\sin^2\beta_1)(\cos\beta_1)/[1+(\gamma-1)M_1^2/2]^{1/(\gamma-1)} \tag{4.20}$$

상대속도 W_1에 대한 상대마하수를 사용하면 이 식은

$$m\omega^2/\pi k p_{01} = M_{1,\mathrm{rel}}^3 a_1^3(\sin^2\beta_1)(\cos\beta_1)/[1+(\gamma-1)M_1^2/2]^{1/(\gamma-1)} \tag{4.21}$$

이 된다. $a=(\gamma RT)^{1/2}$이기 때문에 식 (4.18)로부터

$$a_{01}/a_1=[1+(\gamma-1)M_1^2/2]^{1/2}$$

이고, 이것을 식 (4.21)의 a_1에 대입하고 $M_1 = M_{1,\mathrm{rel}} \cos\beta_1$로 놓으면

$$(m\omega^2)/[\pi k\gamma p_{01}(\gamma RT_{01})^{1/2}]$$
$$= M^3_{1,\mathrm{rel}}(\sin^2\beta_1)(\cos\beta_1)/[1+(\gamma-1)M^2_{1,\mathrm{rel}}(\cos^2\beta_1)/2]^{1/(\gamma-1)+3/2} \tag{4.22}$$

이 된다.

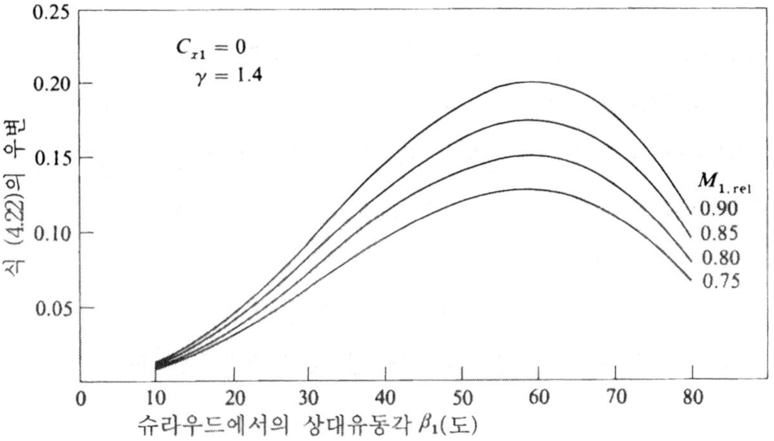

그림 4.6 질량유량 함수의 최적화

슈라우드 반경 R에서 날개로 들어오는 유동의 상대속도가 최대가 되므로 식 (4.22)를 슈라우드 반경 R에 적용한다. 따라서 β_1은 그 반경에서의 깃 각이 된다.

입구 정체조건(예, 대기조건)을 알고 있는 기체에 대해 식 (4.22)의 우변을 깃 각도에 따라 그래프로 나타내면 최대값을 구할 수 있다. 다음, 식 (4.22)의 좌변을 이 최대값과 같게 두고 최대 질량유량을 구한다. 그림 4.6은 $p_{01} = 101.3\,\mathrm{kPa}$와 $T_{01} = 288\,\mathrm{K}$에서의 공기에 대해 식 (4.22)의 계산 결과를 도시한 것이다. 여기서 최대 유량에 대한 깃 각이 거의 일정하게 $60°$에서 나타나는 것을 알 수 있다. 그러므로 상대 마하수 $M_{1,\mathrm{rel}}$이 주어

지면 최대 질량유량 값을 계산할 수 있다. 상대 마하수는 일반적으로 충격파가 발생하지 않도록 하기 위해 약 0.8로 제한한다.

4.3 예선회와 입구 안내깃

입구에서의 마하수를 4.2절에서 설명한 상한치 이하로 제한할 수 없는 경우에는 입구에 안내깃(guide vanes)을 설치한다. 그림 4.7은 입구 안내깃이 유체 유동에 선회성분 C_{x1}을 부여하여 W_1을 허용값까지 감소시킬 수 있음을 분명하게 보여준다. 그러나 C_{x1}이 더 이상 0이 아니므로 일을 할 수 있는 능력은 감소한다. 예선회를 허브 지점까지 부여할 필요는 없다. 허브에서는 깃 속도가 작아서 유속이 음속에 도달하는 일이 없기 때문이다. 그러므로 입구 안내깃을 비틀린 형태를 만들어 줌으로써 예선회를 점차적으로 0까지 감소시킨다.

4.4 디퓨저에서의 마하수

임펠러 출구에서 유체의 절대 마하수는 일반적으로 1을 초과하게 된다. 그러나 반경방향 유동속도 C_{r2}가 아음속을 유지하는 한 충격파의 발생으로 인한 효율의 감소가 없다고 알려져 있다. 게다가 임펠러 팁과 디퓨저 사이의 깃이 없는 공간에서 일정한 각 운동량의 와류운동이 유지된다면 깃이 없는 공간에서 아음속 확산이 일어날 수 있다. 이에 따라 입구에서의 마하수는 디퓨저 깃에서 약 0.8까지 감소된다. 디퓨저 깃 입구에서의 높은 마하수는 디퓨저 깃의 팁에 위치하는 정체점에서 높은 압력을 발생시키고 이로 인해 원주방향으로 정압의 변화가 나타난다. 이 압력 변화는 깃 없는 공간을 거쳐 반경방향으로 전파되어 임펠러에 주기적인 하중을 주어 조기에 피로 파괴를 일으킬 수 있다.

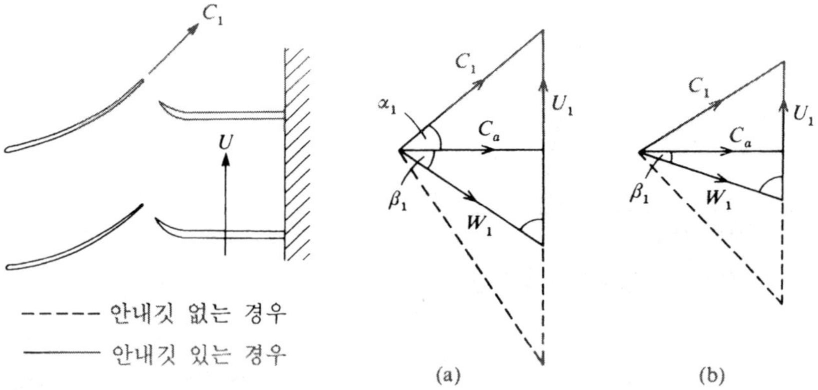

그림 4.7 입구 안내깃이 입구 상대속도에 미치는 영향: (a) 슈라우드 (b) 허브

4.5 원심압축기 특성곡선

압축성 유체기계의 성능특성은 일반적으로 식 (1.14)에서 유도한 그룹형태의 변수들을 사용하여 표현한다. 특성곡선은 속도 $N/T_{01}^{1/2}$을 고정시킨 상태에서 질량유량 파라미터 $mT_{01}^{1/2}/p_{01}$의 변화에 따른 p_{03}/p_{01}의 값의 변화를 일련의 곡선으로 표시한 것이다. 이 곡선은 압축기의 출구 플랜지 하류에 위치한 밸브를 조절하여 질량유량을 변화시킴으로써 얻을 수 있다.

고정된 속도에서의 전형적인 특성곡선은 그림 4.8과 같다. 이하에서 이 곡선에 대한 논의를 하겠지만 이 논의의 상당부분이 5.10절에서 기술되는 축류압축기 특성곡선에도 또한 적용될 수 있다.

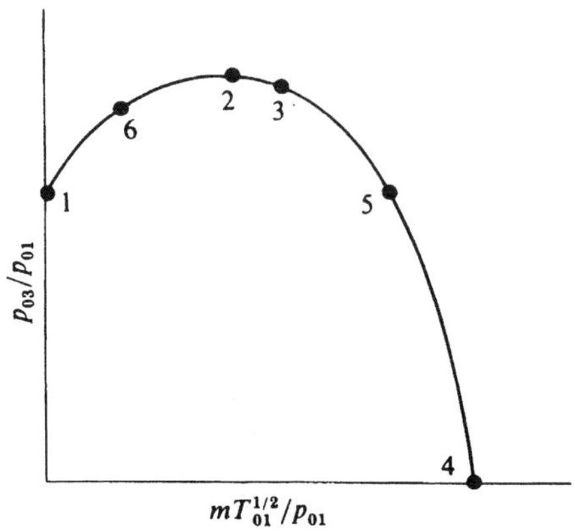

그림 4.8 이론적인 원심압축기 특성곡선

디퓨저 하류에 있는 유량조절 밸브를 통해 유체가 방출되는 원심압축기를 생각해 보자. 만약 밸브를 완전히 닫는다면 입구부터 디퓨저 출구까지 어떤 양의 압력비가 발생하고 이것이 그림 4.8의 점 1이다. 이 압력비는 임펠러에서 주위의 공기를 움직이는 것 때문에 나타나고, 공기조절 밸브를 열면 공기가 흐르기 시작하고 디퓨저에서 압력이 상승한다. 점 2에서 최대 압력비에 도달된다. 이 압력비에서 압축기의 효율은 최대 효율보다 약간 작은 값이 된다. 질량유량을 더 증가시키면 점 3에 도달하게 되고 여기서 압력은 최대값보다 약간 떨어지지만 효율은 최대가 된다. 이 값이 설계유량 압력비가 될 것이다. 질량유량을 더 증가시키면 곡선의 기울기가 점차 증가하여 압력상승량이 0이 되는 점 4에서는 곡선이 거의 수직이다. 이론적으로 점 4는 입력동력이 내부마찰을 극복하는 데 완전히 다 사용되었을 때 도달된다. 하지만 지금 설명한 곡선은 실제로는 얻을 수 없다. 이에 대한 이유를 이제 논의할 것이다.

4.5.1 서 징

압축기가 특성곡선 상에서 음의 기울기를 갖는 점 3에서 (그림4.8) 작동하고 있다고 생각하자. 순간적인 유동의 막힘으로 질량유량이 감소되면, 압력 p_{03}는 증가할 것이고, 이것은 질량유량을 점 3으로 되돌리려고 할 것이다. 이와 같이 음의 기울기는 안정한 작동 영역을 나타낸다. 만약 유량이 특성곡선에서 양의 기울기를 가지는 점 6까지 감소하면, 압력이 지속적으로 감소될 것이다. 압력의 감소는 질량유량을 감소시키고 다시 압력 p_{03}가 떨어지는 것이 반복되어 질량유량이 0인 점 1까지 도달하게 된다. 압축기를 통과하는 질량유량은 심지어 음이 될 수도 있다. 후방 압력 p_{03}가 유량감소로 인해 자체적으로 충분히 감소되면 다시 양의 방향의 유동이 확립되고 압축기는 제한된 질량유량에 도달할 때까지 유량이 증가하고, 여기서 다시 압력감소가 일어난다. 그러므로 압력은 불안정한 양상으로 앞뒤로 급격히 흔들리고, 심한 경우에는 압축기의 일부분이 파손될 수도 있다. 질량유량의 감소로 인해 입구에서의 축방향 속도 C_a는 감소하고 상대유동각 β_1은 증가한다. 따라서 깃으로 들어오는 유동은 더 이상 접선방향이 되지 않을 것이다. 서징은 디퓨저 통로에서 시작되는 경향이 있는데, 이곳에서는 깃 표면에서의 마찰이 유체의 흐름을 방해한다. 실제로 유동은 하나의 깃 통로에서 그 다음 통로로 나아가면서 역류될 수 있다. 서징의 가능성은 디퓨저 깃의 수를 임펠러 깃의 소수배로 만들어 줌으로써 감소될 수 있다. 이렇게 하면 한 쌍의 디퓨저 유로는 임펠러 깃으로부터 공기를 공급받게 되고, 압력 요동은 정수배의 디퓨저 깃이 설치된 경우보다 더 쉽게 원주 주위로 사라질 것이다.

4.5.2 선회실속

선회실속(rotating stall)은 서징과 다른 현상으로서 서징으로 발전될 수는 있지만, 안정한 작동 조건에서는 그 자체로 존재할 수 있다. 그림 4.9는 여러 개의 깃 통로에서 공기의 유동방향을 보여준다.

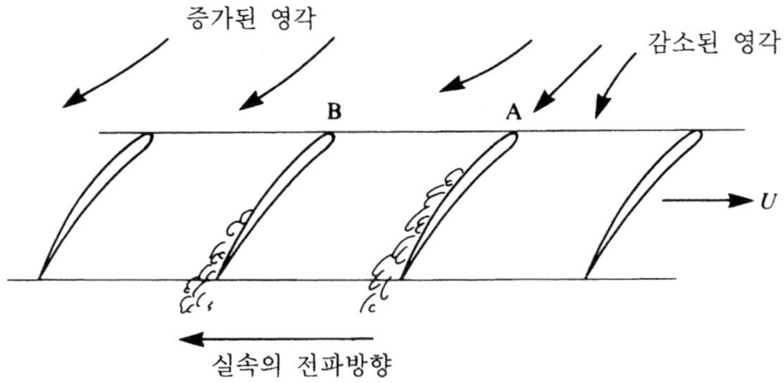

그림 4.9 선회실속의 전파

날개 A로 들어오는 공기의 입사각이 부분적인 유동의 막힘이나 디퓨저에서의 불균일한 유동에 의해 커지면 날개에 실속이 일어날 수 있다. 이 깃 통로 내의 부분적인 유량 감소로 공기는 주변 날개로 편향되어 날개 A의 왼쪽에서는 입사각이 증가되고, 반면 날개 A의 오른쪽에서는 입사각이 감소된다. 그러므로 날개 B가 실속되고 A는 실속에서 벗어날 것이다. 이 과정은 디스크의 원주 주위로 반복된다.

회전익에 하중을 오랫동안 주기적으로 가할 경우 피로 파괴나 혹은 즉각적인 파괴를 불러올 수 있다. 실속은 깃의 회전방향과 동시에 반대방향으로도 전파되는데, 그 진동수는 회전속도에 따라 다르다. 압축기 시험에서 고주파의 날카로운 소리가 들리면 선회실속이 일어나고 있다고 판단할 수 있다.

4.5.3 초 킹

질량유량이 특성곡선(그림 4.8)에서 음의 기울기의 곡선 상에 있는 점 3에서 오른쪽으로 증가하여 점 5에 이르면 유량조절 밸브를 아무리 열더라도 질량유량이 더 이상 증가되지 않는다. 이것은 압축기 내부의 어디에선가, 수렴-발산 노즐을 통과하는 압축성유동의 경우와 마찬가지로, 최대 질량유량을 제한하는 음속조건에 도달하였음을 나타낸다. 실제로 이러한 조건이 발생하면 잘 발달된 충격파가 유로 안에서 존재한다.

초킹(choking)은 입구나, 임펠러 내부, 디퓨저 내부에서 일어날 수 있다. 만약 고정 안내깃이 설치되어 있으면 입구에서 초킹이 일어날 것이다. 최대 질량유량은 노즐 목에서의 등엔트로피 유동에 대한 아래의 식을 사용하여 계산할 수 있다.

$$m/A = \{\gamma p_{00}\rho_{00}[2/(\gamma+1)]^{(\gamma+1)/(\gamma-1)}\}^{1/2} \tag{4.23}$$

여기서 입구에서의 정체조건은 알려져 있고 A는 유로 면적이다.

고정된 유로에서 초킹되는 속도는 절대속도이다. 회전하는 임펠러에서 초킹되는 속도는 상대 속도 W이다.

$$h_{01} = h_1 + C_1^2/2 \tag{4.24}$$

$$= h_1 + (W_1^2 - U_1^2)/2 \tag{4.25}$$

상대속도와 음속 a_1이 같을 때 초킹이 발생한다면, 식 (4.25)는 다음과 같이 된다.

$$T_{01} = T_1 + (\gamma RT_1 - U_1^2)/2C_p$$

따라서

$$T_1/T_{01} = 2[1 + (U_1^2/2C_pT_{01})]/(\gamma+1) \tag{4.26}$$

등엔트로피 유동에 대하여

$$\rho_1/\rho_{01} = (T_1/T_{01})^{1/(\gamma-1)}$$

이며 $m = \rho a A$로부터 다음과 같이 쓸 수 있다.

$$m/A = \rho_{01} a_{01} (T_1 / T_{01})^{(\gamma+1)/2(\gamma-1)}$$

식 (4.26)을 대입하여 정리하면 이것은 다음과 같이 된다.

$$m/A = \rho_{01} a_{01} [2(1 + U_1^2/2C_p T_{01})/(\gamma+1)]^{(\gamma+1)/2(\gamma-1)}$$

$$= \{\gamma p_{01} \rho_{01} [2(1 + U_1^2/2C_p T_{01})/(\gamma+1)]^{(\gamma+1)/(\gamma-1)}\}^{1/2} \qquad (4.27)$$

식 (4.27)은 단순히 식 (4.23)을 수정한 식이며, 초킹 질량유량은 임펠러 속도에 따라 증가한다는 것을 보여준다.

디퓨저 유로에 대해서는 식 (4.23)에서 첨자를 임펠러 출구조건을 나타내는 첨자로 바꾸어 적용하면 된다.

$$m/A = \{\gamma p_{02} \rho_{02} [2/(\gamma+1)]^{(\gamma+1)/(\gamma-1)}\}^{1/2} \qquad (4.28)$$

식 (4.23), (4.27), (4.28)에서 A는 각각의 대응되는 위치에서의 유동면적을 나타낸다.

4.5.4 특성곡선

그림 4.10은 속도 $N/T_{01}^{1/2}$이 일정한 상태에서 전체압력비와 효율을 질량유량 계수 $mT_{01}^{1/2}/p_{01}$에 대해 표시한 것 것이다. 일반적으로 일정한 속도조건 하에서 얻은 압력비 곡선으로부터 등효율 점을 찾아 연결함으로써 등효율 선도를 얻는다.

비록 회전속도가 증가하면 안정 범위가 줄어들지만, 모든 속도조건에서 원심압축기가 서징이나 초킹을 일으키지 않는 유량범위가 넓음을 알 수 있다. 속도가 증가하면 서징이 일어나는 질량유량도 매우 높아진다. 안정성의 한계선을 서지선이라 부른다. 최대 효율은 서지점 근처에서 나타나는 것을 볼 수 있는데 이런 종류의 압축기는 불안정성에 관한 한 상대적으로 질량유량의 변화에 영향을 받지 않는다. 최대 질량유량의 한계는 대개 임펠러에

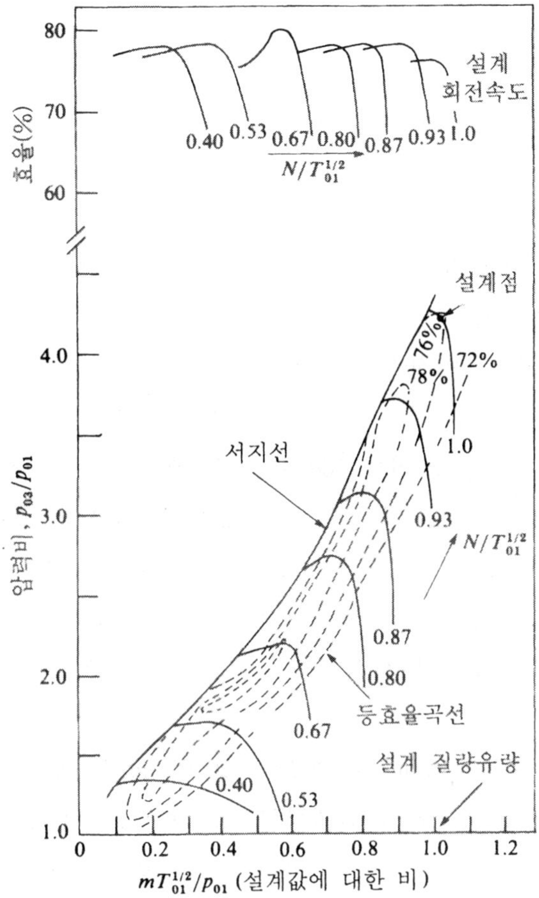

그림 4.10 대표적인 원심압축기 특성곡선

서의 초킹에 의해 결정되고, 최소 질량유량의 한계는 디퓨저 깃에서의 유동 실속에 의해 결정된다.

깃이 없는 디퓨저의 경우 서지선은 그림 4.10에서 보여지는 것보다 좀 더 왼쪽에 있으며, 따라서 설계점에서 질량유량 범위도 증가한다.

연습문제

모든 연습문제에서 공기의 물성치는 다음과 같이 가정한다.

비열비 $\gamma = 1.4$

정압 비열 $C_p = 1005\,\mathrm{J/kg\ K}$

기체 상수 $R = 287\,\mathrm{J/kg\ K}$

별도의 언급이 없으면 동력 입력 계수는 1이라 가정한다.

4.1 편흡입의 원심압축기가 주변 조건이 100 kPa, 15℃인 공기를 끌어들인다. 허브 반경은 0.13 m이고 팁 반경은 0.3 m이다. 압축기 입구(eye)에서 질량유량이 8 kg/s이고 속도가 16200 rpm일 때 입구의 허브와 팁에서의 입구 날개각과 입구 팁에서 마하수를 계산하라. 유입 덕트에서 손실이 없고 입구에서 선회속도가 없다고 가정한다.

4.2 580 kW의 모터가 외경이 480 mm이고 속도가 20000 rpm인 원심압축기를 구동한다. 임펠러 출구에서 반경방향으로 측정한 깃 각은 26.5° 이고 임펠러 출구에서 유동 속도(반경방향 성분)는 122 m/s이다. 기계 효율이 95%라고 한다면 공기 유량은 얼마라고 예상할 수 있는가? 미끄럼은 없다고 가정한다. 임펠러 입구(eye)에서의 반경비가 0.3이고 입구 속도가 선회 성분 없이 95 m/s라고 가정하면 입구(eye) 팁과 허브의 반경은 얼마인가? 전체 총압비가 5.5가 되어야 한다면 전체 총압-총압 등엔트로피 효율(overall total-to-total isentropic efficiency)은 얼마인가? 입구 유동은 비압축성이고 대기 조건은 101.3 kPa, 288 K이라고 가정한다.

4.3 원심압축기가 주변 온도와 압력이 각각 288 K, 101.3 kPa인 공기를

압축한다. 임펠러가 팁속도 365 m/s로 움직이고 임펠러 출구에서 반경방향 속도는 30 m/s이고 미끄럼 계수는 0.9이다. 임펠러 팁에서 유동의 마하수를 계산하라. 임펠러의 총압-총압 효율(total-to-total efficiency)은 0.9이고 임펠러 면적은 0.093 m^2일 때 공기의 유량을 계산하라. 입구에서 선회성분은 없고 반경방향 깃으로 가정한다.

4.4 원심압축기 임펠러가 165 mm 팁 반경에서 17개의 반경방향 깃을 가지고 있다. 46000 rpm으로 회전하고 입구에서 선회성분 없이 공기 유량은 0.6 kg/s이다. 공기로부터 전달되는 이론 압력을 구하라. 임펠러 입구의 평균 반경이 63.5 mm이고 입구(eye)의 원환 높이는 25 mm이다. 임펠러 입구에서 정압과 온도는 각각 93 kPa, 293 K이다. 다음을 결정하라.

(a) 임펠러 입구의 평균 반경에서의 깃 각도

(b) 임펠러 출구의 정체 온도

(c) 임펠러의 총압-총압 효율이 90%일 때 임펠러 출구에서의 정체압

4.5 원심압축기 입구에서 상대유동의 마하수가 0.97보다 크지 않다. 입구(eye)에서 허브와 팁의 비가 0.38이고 공기는 입구(eye)로 선회성분 없이 들어간다. 다음을 구하라.

(a) 질량 유량이 4 kg/s일 때 최대 유량 조건을 위한 최적의 회전 속도

(b) 입구(eye) 팁의 반경

단, 입구에서 p_{01} = 101.3 kPa 그리고 T_{01} = 288K이다.

4.6 압력비가 3.8이고 속도가 12000 rpm으로 작동하는 압축기가 8 kg/s로 공기를 운반한다. 미끄럼 계수는 0.92, 압력 계수는 1.04이고 전

체 등엔트로피 효율은 0.82이다. 임펠러 출구 반경을 계산하여라. 선회성분은 없다. 임펠러 깃을 빠져나가는 공기의 마하수는 충격 방지를 위해 1이다. 임펠러와 디퓨저의 손실이 같다면 임펠러의 축방향 깊이는 얼마인가?

단, 입구에서 p_{01} = 101.3 kPa 그리고 T_{01} = 288 K이다.

4.7 연습문제 4.6에서 깃이 없는 공간이 40 mm이고, 디퓨저 목의 반경이 0.4 m이고 10개의 디퓨저 통로가 있다면 디퓨저 깃의 입구각과 디퓨저 유로의 목 넓이를 구하라.

4.8 원심압축기의 입구(eye)에 자유 와류를 형성하는 입구 안내깃이 부착되어 있다. 입구(eye)의 팁 반경에서 입구 상대 마하수는 0.75를 넘지 않고 임펠러 총압-총압 효율(total-to-total efficiency)은 0.9가 되어야 한다. 입구 안내깃의 팁을 빠져나가는 공기의 속도는 90 m/s이고, 임펠러 팁 반경은 0.45 m, 외경은 0.76 m이다. 임펠러 출구에서 반경방향 속도성분은 50 m/s이고 임펠러는 12000 rpm으로 돌고 있다. 미끄럼 계수가 0.9라면 팁에서의 입구 안내깃의 각도와 임펠러 출구에서의 정압을 구하라.

단, $T_{01} = 288\,\mathrm{K}$ 이고 $P_{01} = 101.3\,\mathrm{kPa}$ 로 가정한다.

4.9 원심 압축기는 다음과 같은 설계데이터를 갖고 있다.

(a) 입구에서 예선회가 없다고 가정하면, 임펠러 출구에서의 정체 조건은 어떠한가?

(b) 임펠러 출구에서 반경방향 속도가 약 100m/s임을 보이고, 마하수와 임펠러 출구에서의 유동각을 계산하라.

(c) 디퓨저 날개의 선단의 각도를 구하고, 깃 없는 공간에서의 확산이 등엔트로피라면 이 반경에서의 마하수를 계산하라.

질량유량	15 kg/s
속도	16000 rpm
입구 정체온도	288 K
입구 총압	101 kPa
임펠러 등엔트로피 효율	0.9
깃 없는 공간의 폭	42 mm
깃 없는 공간의 축방향 깊이	37 mm
미끄럼 계수	0.9
동력 입력계수	1.04
임펠러 외부 직경	0.55 m

4.10 원심 압축기 입구에서의 정체압과 온도는 각각 101 kPa과 290 K이다. 임펠러는 19개의 반경 깃들을 갖고 있고 안내 깃은 없다. 주어진 데이터는 아래와 같다.

질량유량	2 kg/s
임펠러 팁 속도	525 m/s
기계효율	96 %
디퓨저 출구에서의 절대 속도	95 m/s
압축기 총압-총압 효율(total to total efficiency)	81 %
임펠러 입구에서의 절대 속도	160 m/s
디퓨저 효율	83 %
임펠러 축방향 깊이	6 mm
동력 입력계수	1.04

(a) 축동력을 구하라.

(b) 디퓨저 출구에서의 총압과 정압을 계산하라.

(c) 반동도 $(h_2 - h_1)/(h_3 - h_1)$가 0.5일 때 임펠러 출구의 반경속도와 절대 마하수와 총압과 정압을 구하라. 디퓨저 효율은 $=(h_{3s} - h_2)/(h_3 - h_2)$이다.

(d) 임펠러의 전효율을 구하라.

(e) 깃 없는 디퓨저가 설치되면 디퓨저의 입력과 출력의 비는 얼마인가?

(f) 임펠러 속도를 구하라.

문제풀이

4.1

그림 4.2에서 축방향 속도 C_a에 대해 측정되는 날개각 β_1을 허브(hub)와 팁(tip)에서 구해야 한다. 우선 축방향 속도는 연속방정식으로부터 결정된다. 하지만 입구 밀도 ρ_1은 미지수이므로 시행착오(trial-and-error)법으로 구해야 하며, 우선 밀도는 입구의 정체조건에 의해 가정한다. 그 구체적인 과정은 아래와 같다.

허브와 팁 반경은 각각 r_{h}와 r_{t}로 나타낸다. 그리고 임펠러 입구 원환의 유동면적은 다음과 같다.

$$\begin{aligned} A_1 &= \pi(r_{\mathrm{t}}^2 - r_{\mathrm{h}}^2) \\ &= \pi(0.15^2 - 0.065^2) \\ &= 0.0574\,\mathrm{m}^2 \end{aligned}$$

우선, 대기조건으로 밀도 ρ_1을 계산한다.

$$\begin{aligned} \rho_1 &= \frac{P_{01}}{RT_{01}} \\ &= \frac{10^5}{287 \times 288} \\ &= 1.21\ \mathrm{kg/m^3} \end{aligned}$$

연속 방정식 (1.21)로부터 다음과 같이 구한다.

$$\begin{aligned} C_a &= \frac{m}{\rho_1 A_1} \\ &= \frac{8}{1.21 \times 0.0574} \\ &= 115.18\ \mathrm{m/s} \end{aligned}$$

입구 선회요소가 없으므로, $C_a = C_1$(입구 절대속도)이고 이 속도의 온도

등가값은

$$\frac{C_1^2}{2C_P} = \frac{115.18^2}{2\times 1005}$$
$$= 6.6\,\text{K}$$

따라서, 다음과 같이 된다.

$$T_1 = T_{01} - \frac{C_1^2}{2C_P}$$
$$= 288 - 6.6$$
$$= 281.4\,\text{K}$$

입구에서 등엔트로피 유동을 가정하면

$$\frac{p_1}{p_{01}} = \left(\frac{T_1}{T_{01}}\right)^{\gamma/(\gamma-1)}$$
$$p_1 = 10^5\left(\frac{281.4}{288}\right)^{1.4/(1.4-1)}$$
$$= 92.2\,\text{kPa}$$

이 되고, 새로운 밀도로서

$$\rho_1 = \frac{p_1}{RT_1}$$
$$= \frac{92.2\times 10^3}{287\times 281.4}$$
$$= 1.14\,\text{kg/m}^3$$

을 얻게 된다. 그리고 새로운 축방향 속도는 다음과 같이 계산된다.

$$C_a = \frac{8}{1.14\times 0.0574}$$
$$= 122.25\,\text{m/s}$$

한번 더 반복하면 다음과 같다.

$$\frac{C_1^2}{2C_p} = \frac{122.25^2}{2\times 1005}$$
$$= 7.43\,\text{K}$$

$$T_1 = 288 - 7.43$$
$$= 280.57\,\text{K}$$

$$p_1 = 10^5\left(\frac{280.57}{288}\right)^{3.5}$$
$$= 91.25\,\text{kPa}$$

$$\rho_1 = \frac{91.25 \times 10^3}{287 \times 280.56}$$
$$= 1.13\,\text{kg/m}^3$$

더 반복할 필요는 없으며 입구 밀도는 $\rho_1 = 1.13\,\text{kg/m}^3$, 입구 속도는 $C_a = C_1 = 122.25\,\text{m/s}$ 로 결정한다.

팁(tip)에서

$$U_1 = \frac{2\pi N r_t}{60} = \frac{2 \times \pi \times 16200 \times 0.15}{60}$$
$$= 254.5\,\text{m/s}$$

이 되고, 날개각은 다음과 같이 구해진다.

$$\beta_{1t} = \tan^{-1}\left(\frac{U_1}{C_a}\right)$$
$$= \tan^{-1}\left(\frac{254.5}{122.25}\right)$$
$$\underline{= 64.34^\circ}$$

허브에서는

$$U_1 = \frac{2 \times \pi \times 16200 \times 0.065}{60}$$
$$= 110.3\,\text{m/s}$$

이 되고, 날개각은 다음과 같이 구해진다.

$$\beta_{1h} = \tan^{-1}\left(\frac{110.3}{122.25}\right)$$
$$\underline{= 42.05^\circ}$$

구해야 할 마하수는 입구 팁에서의 상대속도 기준이다.

$$a_1 = (\gamma R T_1)^{1/2}$$

$$= (1.4 \times 287 \times 280.57)^{1/2}$$

$$= 335.8\,\text{m/s}$$

입구 속도 삼각형으로부터 다음과 같이 계산된다.

$$W_1 = (C_a^2 + U_1^2)^{1/2}$$

$$= (122.25^{2+}254.5^2)^{1/2}$$

$$= 282.3\,\text{m/s}$$

$$\text{상대 마하수} = W_1 / a_1$$

$$= \frac{282.3}{335.8}$$

$$\underline{M_{1,\text{rel}} = 0.841}$$

4.2

그림 4.2를 통해 또 미끄럼이 없다는 것으로부터 임펠러 출구에서의 날개각은 상대속도 벡터의 각($\beta_2' = \beta_2$)과 같음을 알 수 있다.

$$U_2 = \frac{\pi N D_2}{60}$$

$$= \frac{\pi \times 20000 \times 0.48}{60}$$

$$= 503\,\text{m/s}$$

$$C_{x2} = U_2 - C_{r2} \tan\beta_2$$

$$= 503 - 122 \tan 26.5°$$

$$= 442\,\text{m/s}$$

식 (1.25)로부터 단위 질량유량 당 동력은 다음과 같다.

$$W/m = U_2 C_{x2} - U_1 C_{x1}$$

그러나 C_{x1}은 0이다. 그래서

$$W/m = 553 \times 442$$

이고,

$$m = W/222.3 \times 10^3 \text{ m}^3/\text{s}$$

$$\text{이론동력} = \text{가용 동력} \times \text{기계효율}$$

$$W = 580 \times 10^3 \times 0.95$$

$$= 551 \text{ kW}$$

따라서 다음과 같이 구해진다.

$$m = 551/222.3$$

$$\underline{\text{예상 질량유량} = 2.47 \text{ kg/s}}$$

연속방정식을 사용함으로써 입구의 원환을 통한 질량 유량은

$$\begin{aligned} m &= \rho_1 A_1 C_1 \\ &= \rho_1 \pi (r_t^2 - r_h^2) C_1 \\ &= \rho_1 \pi r_h^2 \left(\frac{r_t^2}{r_h^2} - 1 \right) C_1 \end{aligned}$$

으로 된다. 입구에서 비압축성 유동을 가정하면

$$\begin{aligned} \rho_1 &= \rho_{01} \\ &= \frac{p_{01}}{RT_{01}} \\ &= \frac{101.3 \times 10^3}{287 \times 288} \\ &= 1.226 \text{ kg/m}^3 \end{aligned}$$

이 되고, 따라서 다음과 같이 구할 수 있다.

$$r_h^2 = \frac{2.47}{\pi \times 1.226 \times (3.333^2 - 1) \times 95}$$
$$= 6.677 \times 10^{-4}\,\text{m}$$

$$r_h = 25.8\,\text{mm}$$

<u>허브 직경 = 51.7 mm</u>

$$r_t = 51.7/0.3$$

<u>팁 직경 = 172 mm</u>

식 (4.10)으로부터 압축기 총압-총압 효율(total-to-total efficiency)은

$$\eta_c = \frac{h_{03ss} - h_{01}}{h_{03} - h_{01}}$$
$$= \frac{C_P T_{01}[(T_{03ss}/T_{01}) - 1]}{W/m}$$

이다. 그런데

$$\frac{T_{03ss}}{T_{01}} = \left(\frac{p_{03}}{p_{01}}\right)^{(\gamma-1)/\gamma}$$

이므로 다음과 같이 구할 수 있다.

$$\eta_c = \frac{1005 \times 288(5.5^{0.286-1})}{222.3 \times 10^3}$$

<u>효율 = 0.818</u>

4.3

임펠러 깃을 떠나는 공기의 절대 마하수는

$$M_2 = C_2/a_2 \quad (a_2 = \text{임펠러 팁에서의 음속})$$
$$= \frac{C_2}{(\gamma R T_2)^{1/2}} \quad (T_2 = \text{임펠러 팁에서의 정온})$$

따라서 C_2, T_2를 구할 필요가 있다.

미끄럼 계수의 식으로부터 C_{x2}'을 구하면 다음과 같다.

$$\sigma_s = \frac{C_{x2}'}{C_{x2}}$$

$$C_{x2}' = \sigma_s U_2 \quad (\text{미끄럼이 없으면 } C_{x2} = U_2 \text{이므로})$$

$$= 0.9 \times 365$$

$$= 328.5 \text{ m/s}$$

그림 2.5의 속도 삼각형으로부터

$$C_2^2 = C_{r2}^2 + (C_{x2}')^2$$

$$= 30^2 + 328.5^2$$

$$= 1.088 \times 10^5 \text{ m}^2/\text{s}^2$$

이 되고, 입구 선회는 0이므로 식 (4.2)는 아래와 같이 된다.

$$W/m = \sigma_s C_{x2} U_2$$

$$= \sigma_s U_2^2$$

$$= C_p (T_{02} - T_{01})$$

그래서

$$T_{02} = T_{01} + \frac{\sigma_s U_2^2}{C_p}$$

$$= 288 + \frac{0.9 \times 365^2}{1005}$$

$$= 407.3 \text{ K}$$

또한

$$T_2 = T_{02} - \frac{C_2^2}{2C_p}$$

$$= 407.3 - \frac{108800}{2 \times 1005}$$

$$= 353.2 \text{ K}$$

을 얻고 M_2는 다음과 같이 계산된다.

$$M_2 = \left(\frac{1.088\times 10^5}{1.4\times 287\times 353.2}\right)^{1/2}$$

$$\underline{= 0.876}$$

임펠러 출구에서 $m = \rho_2 A_2 C_{r2}$ (여기서 $\rho_2 = p_2/RT_2$)이며, 변수들은 모두 정적 값(static properties)이다. 정압 p_2는 임펠러의 총압비 p_{02}/p_{01}를 풀면 구할 수 있고 p_2는 p_{02}와 등엔트로피 압력-온도 관계에 의해 구한다.

임펠러 내의 유동에 대해 식 (4.10)과 (4.11)을 다시 쓰면

$$\begin{aligned}\frac{p_{02}}{p_{01}} &= \left[1+\eta_c\left(\frac{T_{02}}{T_{01}}-1\right)\right]^{\gamma/(\gamma-1)} \\ &= \left[1+0.9\left(\frac{407.3}{288}-1\right)\right]^{3.5} \\ &= 3.03\end{aligned}$$

이 된다. 지금

$$\frac{p_{02}}{p_{01}} = \frac{T_2}{T_{02}}^{\frac{\gamma}{\gamma-1}}$$ (한 점에서의 등엔트로피 관계로부터)

$$\begin{aligned}\frac{p_2}{p_{02}} &= \left(\frac{353.2}{407.3}\right)^{3.5} \\ &= 0.607\end{aligned}$$

으로부터 다음과 같이 계산된다.

$$\begin{aligned}p_{02} &= \left(\frac{p_2}{p_{02}}\right)\left(\frac{p_{02}}{p_{01}}\right)p_{01} \\ &= 0.607\times 3.03\times 101.3\times 10^5 \\ &= 186.3\ \text{kPa}\end{aligned}$$

$$\begin{aligned}\rho_2 &= \frac{186.3\times 10^3}{287\times 353.2} \\ &= 1.84\ \text{kg/m}^2\end{aligned}$$

질량유량은 아래와 같다.

$$m = 1.84 \times 0.093 \times 30$$

$$\underline{= 5.13 \text{ kg/s}}$$

4.4

방사형 깃(radial vane)에 대한 미끄럼 계수는 스타니쯔(Stanitz) 방정식 (2.9)에서 $\beta_2 = 90°$로부터 구할 수 있을 것이다. 미끄럼 계수는

$$\sigma_s = 1 - \frac{0.63\pi}{Z}$$

$$= 1 - \frac{0.63 \times \pi}{17}$$

$$= 0.884$$

이며, 임펠러 팁 속도는 다음과 같다.

$$U_2 = \frac{\pi N D_2}{60}$$

$$= \frac{\pi \times 46000 \times 0.165}{60}$$

$$= 397.4 \text{ m/s}$$

한편,

$$W/m = \sigma_s U_2 C_{x2} - U_1 C_{x1}$$

에서, 미끄럼이 없다면 $C_{x1} = 0$이고, C_{x2}는 임펠러 팁의 속도 U_2와 같다. 그래서 다음과 같이 구해진다.

$$W = 0.6 \times 0.884 \times 397.4^2$$

$$\underline{\text{이론동력} = 83.76 \text{ kW}}$$

(a) $r_t - r_h = 25$ mm와 $(r_h + r_t)/2 = 31.75$ mm로부터 r_h를 구하면

$$r_h = \frac{(2 \times 31.75) - 25}{2}$$

$$= 19.25 \text{ mm}$$

$$r_t = 44.25 \text{ mm}$$

이 된다. 입구(eye)에서

$$\rho_1 = \frac{p_1}{RT_1} = \frac{93 \times 10^3}{287 \times 293} = 1.106 \text{ kg/m}^3$$

이 된다. 질량 유량의 식으로부터 C_1을 구하면 다음과 같다.

$$m = \rho_1 A_1 C_a, = \rho_1 A_1 C_1 \quad (C_{x1} = 0 \text{ 이므로})$$

$$C_1 = \frac{0.6}{1.107 \times \pi(0.04425^2 - 0.01925^2)} = 108.7 \text{ m/s}$$

그림 4.2의 속도 삼각형으로부터

$$\tan \beta_1 = U_1 / C_1$$

$$U_1 = \frac{\pi N D_m}{60} = 152.9 \text{ m/s}$$

을 얻고, 평균 반경에서 입구 깃 각도는 다음과 같이 계산된다.

$$\beta_1 = \tan^{-1}\left(\frac{152.9}{108.7}\right)$$

입구 깃 각도 = 54.6°

(b) 입구 총 엔탈피는 다음과 같이 계산된다.

$$h_{01} = h_1 + \frac{C_1^2}{2} = C_p T_1 + \frac{C_1^2}{2} = (1005 \times 293) + \frac{108.7^2}{2} = 3.004 \times 10^5 \text{ N m/kg}$$

그러나 식 (4.5)로부터

$$W/m = h_{02} - h_{01}$$

$$h_{02} = \frac{83760}{0.6} + 3.004 \times 10^5$$
$$= 4.4 \times 10^5 \text{ N m/kg}$$

이 되어 T_{02}는 아래와 같이 구해진다.

$$T_{02} = \frac{4.4 \times 10^5}{C_p}$$
$$= \frac{4.4 \times 10^5}{1005}$$
$$\underline{= 437.8 \text{ K}}$$

(c) 그림 4.3으로 부터 임펠러 효율의 식을 쓰고 T_{02s}를 구하면 다음과 같다.

$$\eta_i = \frac{h_{02s} - h_{01}}{h_{02} - h_{01}}$$

$$C_p(T_{02s} - T_{01}) = \eta_i W/m$$
$$= \frac{0.9 \times 83.76 \times 10^3}{0.6}$$
$$= 125.64 \times 10^3$$

$$T_{02s} = \frac{125.64 \times 10^3}{C_p} + T_1 + \frac{C_1^2}{2C_p}$$
$$= \frac{125.64 \times 10^3}{1005} + 293 + \frac{108.7^2}{2 \times 1005}$$
$$= 423.9 \text{ K}$$

등엔트로피 관계로부터

$$\frac{p_{02}}{p_{01}} = \left(\frac{T_{02s}}{T_{01}}\right)^{\gamma/(\gamma-1)}$$

이고

$$T_{01} = h_{01} / C_p$$

$$= \frac{300400}{1005}$$

$$= 298.9\,\mathrm{K}$$

$$\frac{p_1}{p_{01}} = \left(\frac{T_1}{T_{01}}\right)^{\gamma/(\gamma-1)}$$

$$p_{01} = 93\left(\frac{298.9}{293}\right)^{3.5}$$

$$= 99.7\,\mathrm{kPa}$$

이므로 다음과 같이 얻어진다.

$$p_{02} = 99.7\left(\frac{423.9}{298.9}\right)^{3.5}$$

$$\underline{= 338.67\,\mathrm{kPa}}$$

4.5

(a) 식 (4.22)를 사용한다. 단, 모든 변수 값은 입구 팁 또는 슈라우드에서의 조건으로 한다. 우선 k를 다음과 같이 구한다.

$$k = 1 - \left(\frac{r}{R}\right)^2$$

$$= 1 - 0.38^2$$

$$= 0.8556$$

식 (4.22)의 좌변은

$$\mathrm{LHS} = \frac{4\omega^2}{\pi \times 0.8556 \times 1.4 \times 101.3 \times 10^3 \times (1.4 \times 287 \times 288)^{1/2}}$$

$$= 3.08 \times 10^{-8}\omega^2$$

이 되고, 식 (4.22)의 우변은 다음과 같다.

$$\mathrm{RHS} = \frac{0.97^3 \sin^2\beta_1 \cos\beta_1}{[1 + 0.5(1.4-1)0.95^2\cos^2\beta_1]^4}$$

$$= \frac{0.9127\sin^2\beta_1\cos\beta_1}{(1 + 0.1805\cos^2\beta_1)^4}$$

식 (4.22)의 우변을 β_1값에 따라 계산한 결과는 아래 표와 같다.

β_1(deg)	10	20	30	40	50	55	59	60	61	65	70	80
RHS	0.014	0.055	0.119	0.193	0.258	0.279	0.286	0.287	0.287	0.279	0.253	0.15

이 결과를 그림 4.11에 나타내었고, $\beta_1 = 60°$ 에서 최대값이 됨을 알 수 있다. $\beta_1 = 60°$ 에서 좌변과 우변을 같게 두면 다음과 같이 된다.

$$3.08 \times 10^{-8} \omega^2 = \frac{0.9127 \sin^2 60° \cos 60°}{(1 + 0.1805 \cos^2 60°)^4}$$

$$\omega^2 = \frac{0.2869}{3.08 \times 10^{-8}}$$

$$= 9313987$$

$$\omega = 3051 \text{ rad/s}$$

<u>최적 속도 = 29143 rpm</u>

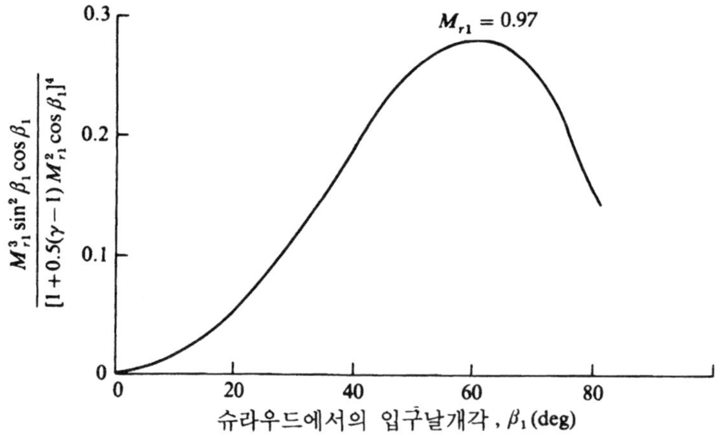

그림 4.11 슈라우드에서 입구 날개각에 따른 질량유량 파라미터의 변화

(b) 입구 팁(eye tip) 직경은 연속 방정식으로부터 구한다. 다시 한번 모든 방정식을 팁 반경에서 적용시킨다.

$$C_1 = C_a \text{로 부터 } m = \rho_1 A_1 C_1$$

반경비와 팁 반경을 사용하여 면적을 표현하면 질량유량은 다음과 같이 된다.

$$m = \pi \rho_1 k R^2 C_1$$

이를 위해 C_1과 ρ_1이 필요하다.

C_1을 구하기 위해 그림 4.2의 입구 팁 반경에서 입구 속도 삼각형으로부터

$$W_1 = C_1 / \cos\beta_1$$

이다. 그러나

$$M_{r1} = \frac{W_1}{a_1} \text{ 및 } M_1 = \frac{C_1}{a_1}$$

이고, 따라서

$$\begin{aligned} M_1 &= W_{r1} \cos\beta_1 \\ &= 0.97 \cos 60° \\ &= 0.485 \end{aligned}$$

이 된다. 지금

$$\frac{T_{01}}{T_1} = 1 + \frac{C_1^2}{2C_p T_1}$$

에서 $C_p T_1 = \dfrac{\gamma R T_1}{\gamma - 1}$을 대입하면

$$\frac{T_{01}}{T_1} = 1 + \frac{(\gamma - 1) C_1^2}{2\gamma R T_1}$$

이 되고 $a_1^2 = \gamma R T_1$을 넣으면

$$\begin{aligned} \frac{T_{01}}{T_1} &= 1 + \frac{(\gamma - 1) M_1^2}{2} \\ &= 1 + \frac{0.4 \times 0.485^2}{2} \end{aligned}$$

$$= 1.047$$

이 된다. 따라서

$$T_1 = \frac{288}{1.047}$$

$$= 275\ \mathrm{K}$$

을 얻는다. 그러면

$$C_1 = M_1(\gamma R T_1)^{1/2}$$

$$= 0.485(1.4 \times 287 \times 275)^{1/2}$$

$$= 161\ \mathrm{m/s}$$

이 된다. 한 점에서의 등엔트로피 관계로부터

$$\frac{\rho_1}{\rho_{01}} = \left(\frac{T_1}{T_{01}}\right)^{1/(\gamma-1)}$$

$$\rho_1 = \frac{p_{01}}{RT_{01}}\left(\frac{T_1}{T_{01}}\right)^{1/(\gamma-1)}$$

$$= \frac{101.3 \times 10^3}{287 \times 288}\left(\frac{1}{1.04}\right)^{2.5}$$

$$= 1.11\ \mathrm{kg/m^3}$$

를 얻고, 그래서 다음과 같이 계산할 수 있다.

$$R^2 = \frac{m}{\pi \rho_1 k C_1}$$

$$= \frac{4}{\pi \times 1.11 \times 0.8556 \times 161}$$

$$= 0.00833$$

$$R = 0.0913\ \mathrm{m}$$

<u>입구 팁 직경 = 183 mm</u>

4.6

식 (4.11)로부터 정체 온도차는 다음과 같다.

$$T_{03}-T_{01}=\frac{T_{01}}{\eta_c}\left[\left(\frac{p_{03}}{p_{01}}\right)^{0.286}-1\right]$$

$$=\frac{288}{0.82}(3.8^{0.286}-1)$$

$$=163.3\,\mathrm{K}$$

지금

$$T_{03}-T_{01}=\frac{\psi\sigma_s U_2^2}{C_p}\quad (\text{식 (4.9)에서})$$

에 의해

$$U_2^2=\frac{163.3\times1005}{1.04\times0.92}$$

$$=171526$$

$$U_2=414.15\ \mathrm{m/s}$$

을 얻고, 또한 임펠러 외경을 다음과 같이 계산할 수 있다.

$$U_2=\frac{\pi ND_2}{60}$$

$$D_2=\frac{414.15\times60}{\pi\times12000}$$

임펠러 외경 $= 0.659\ \mathrm{m}$

총 손실은 $(1-\eta_c)=(1-0.82)$에 비례한다. 총손실의 1/2은 그래서 $0.5(1-0.82)=0.09$이고, p_{01}에서 p_{02}까지의 압축과정에서 임펠러 유효효율은 $(1-0.09)=0.91$이다.

식 (4.11)을 사용하되 하첨자를 적절히 바꾸면

$$\frac{p_{02}}{p_{01}}=\left(1+\frac{\eta_i(T_{02}-T_{01})}{T_{01}}\right)^{\gamma/(\gamma-1)}$$

$$=\left(1+\frac{0.91-163.3}{288}\right)^{3.5} \quad (T_{02}=T_{03}\text{이므로})$$

$$=4.29$$

$$T_{02}=163.3+288$$

$$=451.3\text{ K}$$

이 된다. 한편,

$$T_2=T_{02}-\frac{C_2^2}{2C_p}\;,\;\; M_2=\frac{C_2}{(\gamma RT_2)^{1/2}}$$

에서 C_2^2를 대입하면

$$T_2=451.3-\frac{(1)^2(1.4\times 287T_2)}{2\times 1005}$$

$$T_2=\frac{451.3}{1+0.2}$$

$$=376.1\text{ K}$$

이 되고,

$$\frac{p_2}{p_{02}}=\left(\frac{T_2}{T_{02}}\right)^{\gamma/(\gamma-1)}$$

$$=\left(\frac{376.1}{451.3}\right)^{3.5}$$

$$=0.5282$$

$$\frac{p_2}{p_{01}}=\left(\frac{p_2}{p_{02}}\right)\left(\frac{p_{02}}{p_{01}}\right)$$

$$=0.528\times 4.29$$

$$=2.266$$

$$p_2=2.266\times 101.3$$

$$=229.58\text{ kPa}$$

$$\rho_2 = \frac{p_2}{RT_2}$$

$$= \frac{229.58 \times 10^3}{287 \times 376.1}$$

$$= 2.127\ \text{kg/m}^3$$

와 같이 계산된다. 임펠러 원주에 대해 수직인 속도성분을 구하기 위해서

$$C_{x2} = \sigma_s U_2$$

$$= 0.92 \times 414.15$$

$$= 381\ \text{m/s}$$

$$C_2^2 = M_1^2 \gamma R T_2$$

$$= (1)^2 \times (1.4 \times 287 \times 376.1)$$

$$= 151117\ \text{m}^2/\text{s}^2$$

을 구한다. 이어서 그림 4.2의 속도삼각형에 의해

$$C_{r2}^2 = C_2^2 - C'^2_{x2}$$

$$= 151117 - 145161$$

$$= 5956\ \text{m}^2/\text{s}$$

$$C_{r2} = 77.17\ \text{m/s}$$

을 얻는다. 연속방정식에 의해서 임펠러 깊이를 구하면 다음과 같다.

$$A_2 = \frac{m}{\rho_2 C_{r2}}$$

$$= \frac{8}{2.127 \times 77.17}$$

$$= 0.0487\ \text{m}^2$$

$$\text{임펠러 깊이} = \frac{A_2}{\pi D_2}$$

$$= \frac{0.0487}{\pi \times 0.659}$$

$$\underline{= 23.5 \text{ mm}}$$

4.7

그림 2.18은 반경방향에 대해 각도 α'를 가지는 절대 속도 벡터 C를 보여 주고 있다. 기체가 디퓨저로 들어갈 때, 원활한 흐름을 위해서는 디퓨저 날개 각도도 α'과 같아야 한다.

$$\tan\alpha' = C_x / C_r$$

임펠러 출구와 다퓨저 날개 사이의 깃 없는 공간에서 유동은 임의의 반경에서 $C_x r =$ 상수를 만족하는 자유와류형(free vortex)이다. 디퓨저 깃의 선단(leading edge)에서 반경은 $(r_2 + 40)\,\text{mm} = (329.5 + 40) = 369.5\,\text{mm}$이고

$$\begin{aligned} C_x &= \frac{C_2 r_2}{r} \\ &= \frac{(151117)^{1/2} \times 0.3295}{0.3695} \\ &= 346.7 \text{ m/s} \end{aligned}$$

디퓨저 깃 입구에서 반경방향 속도 C_r을 구하기 위하여 임펠러 출구에서의 가정치로 시작한다. 77.7 m/s이면

$$\begin{aligned} \frac{C^2}{2C_p} &= \frac{C_r^2 + C_x^2}{2C_p} \\ &= \frac{77.17^2 + 346.7^2}{2 \times 1005} \\ &= 125.5 \text{ K} \end{aligned}$$

이제 깃 없는 공간에서 손실이 없고 총 손실의 절반이 디퓨저 자체내에서 일어난다고 가정하면 임펠러 팁에서의 p_{02}는 디퓨저 깃 입구에서의 정체압 p_0와 같다.

$$p_0 = 4.29 p_{01} \quad (\text{예제 4.6으로부터})$$

$$T = T_0 - \frac{C^2}{2C_p}$$

$$= 451.3 - 125.5 \quad (T_0 = T_{02}\text{이므로})$$

$$\frac{p}{p_{02}} = \left(\frac{T}{T_{02}}\right)^{\gamma/(\gamma-1)}$$

$$= \left(\frac{325.8}{451.3}\right)^{3.5}$$

$$= 0.32$$

또한

$$\frac{p}{p_{01}} = \left(\frac{p}{p_{02}}\right)\left(\frac{p_{02}}{p_{01}}\right)$$

$$= 0.32 \times 4.29$$

$$= 1.373$$

$$p = 1.373 \times 101.3$$

$$= 139\ \text{kPa}$$

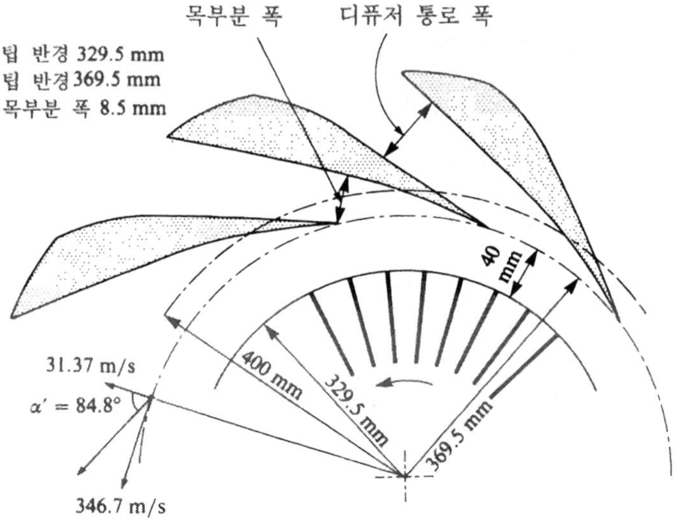

그림 4.12 임펠러로부터의 디퓨저 유동

$$\begin{aligned}\rho &= \frac{p}{RT} \\ &= \frac{139\times10^3}{287\times325.8} \\ &= 1.487\ \text{kg/m}^3\end{aligned}$$

그림 4.12를 참고하면 반경 0.369 m에서 반경방향 유동 면적은

$$\begin{aligned}A_r &= 2\pi\times0.369\times \text{깃의 깊이} \\ &= 2\pi\times0.369\times0.0235 \\ &= 0.0545\ \text{m}^2\end{aligned}$$

이고, 따라서

$$\begin{aligned}C_r &= \frac{m}{\rho A} \\ &= \frac{4}{1.487\times0.0545} \\ &= 49.4\ \text{m/s}\end{aligned}$$

을 얻게 된다. 새로운 값 C_r로 한번 더 계산하면 결과는 다음과 같다.

$$\begin{aligned}C^2/(2C_p) &= 61\text{K} \\ T &= 390.3\text{K} \\ p/p_{02} &= 0.601 \\ p &= 261.4\text{kPa} \\ \rho &= 2.33\text{kg/m}^3 \\ C_r &= 31.6\ \text{m/s}\end{aligned}$$

이것으로 반복계산을 한번 더 하면 아래 결과를 얻는다.

$$\begin{aligned}C^2/(2C_p) &= 60.29\text{K} \\ T &= 391\text{K} \\ p/p_{02} &= 0.605\end{aligned}$$

$$p = 263\,\text{kPa}$$

$$\rho = 2.34\,\text{kg/m}^3$$

$$C_r = 31.37\ \text{m/s}$$

이제 더 이상 반복계산이 불필요하다. 깃 입구에서 $C_r = 31.37\,\text{m/s}$이므로 다음을 얻는다.

$$\tan\alpha' = \frac{346.7}{31.37}$$

$$\underline{\alpha' = 84.83^\circ}$$

이제 디퓨저 목부분으로 가보자. 목의 반경이 0.4 m이므로

$$C_x = \frac{(151117)^{1/2} \times 0.3295}{0.4} = 320.2\ \text{m/s}$$

이 된다. 디퓨저 입구에서의 C_r에 대해 앞에서 구한 값을 사용하여 반복계산을 시작하면,

$$C^2/(2C_p) = 51.5\,\text{K}$$

$$T = 399.8\,\text{K}$$

$$p/p_{02} = 0.654$$

$$p = 284\,\text{kPa}$$

$$\rho = 2.47\,\text{kg/m}^3$$

이 된다. 깃의 두께를 무시하면,

유동면적 $= 2\pi \times$ 디퓨저 목의 반경 $\times$ 깊이

$$= 2\pi \times 0.4 \times 0.0235$$

$$A_r = 0.0591\ \text{m}^2$$

$$C_r = \frac{4}{2.47 \times 0.0591}$$

$$= 27.4 \text{ m/s}$$

이다. 다시 계산하면 아래와 같다.

$$C^2/(2C_p) = 51.38 \text{ K}$$

$$T = 399.9 \text{ K}$$

새로 얻은 값에 더 이상 변화가 없어 보이므로 디퓨저 반경방향 속도는 27.4 m/s 로 결정한다.

목에서의 절대속도의 방향 α' 은 다음과 같이 구한다.

$$\tan\alpha' = C_x/C_r$$

$$= \frac{320.2}{27.4}$$

$$\alpha' = 85.1^\circ$$

그림 4.12를 참조하면,

$$m = \rho AC = \rho A_r C_r \text{ (} r \text{ 은 반경방향 기준을 의미)}$$

$$A = \frac{A_r C_r}{C}$$

이 된다. 그러나

$$C = (51.38 \times 2C_p)^{1/2}$$

$$= 321.4 \text{ m/s}$$

및

$$A_r \equiv 0.0235 \text{ (날개의 깊이)}$$

이므로 면적은 아래와 같이 구해진다.

$$A = \frac{0.0235 \times 27.4}{321.4}$$

$$= 0.002 \text{ m}^2$$

10개의 날개가 있으므로, 각 목의 폭은 다음과 같다.

$$\text{목의 폭} = \frac{A}{10 \times \text{깊이}}$$

$$= \frac{0.002}{10 \times 0.0235}$$

$$= 0.0085$$

$$\underline{= 8.5 \text{ mm}}$$

4.8

그림 4.2의 속도 삼각형을 이용한다.

$$M_{1r} = W_1 / a_1$$

$$T_1 = T_{01} - \frac{C_1^2}{2C_p}$$

$$= 288 - \frac{90^2}{2 \times 1005}$$

$$= 284 \text{ K}$$

따라서

$$a_1 = (\gamma R T_1)^{1/2}$$

$$= (1.4 \times 287 \times 284)^{1/2}$$

$$= 337.8 \text{ m/s}$$

이 되고, 팁에서

$$U_1 = \frac{\pi N D_1}{60}$$

$$= \frac{12000 \times \pi \times 0.45}{60}$$

$$= 282.7 \text{ m/s}$$

$$W_1 = 0.75 \times 337.8$$

$$= 253.35 \text{ m/s}$$

그림 4.7로부터 입구의 팁에서

$$\begin{aligned} W_1^2 &= (U_1 - C_{x1})^2 + C_a^2 \\ &= U_1^2 - 2U_1C_{x1} + C_{x1}^2 + C_1^2 - C_{x1}^2 \\ &= U_1^2 - 2U_1C_{x1} + C_1^2 \end{aligned}$$

$$\begin{aligned} C_{x1} &= \frac{282.7^2 + 90^2 - 253.35^2}{2 \times 282.7} \\ &= 42.15 \text{ m/s} \end{aligned}$$

그러나

$$C_{x1} = C_1 \sin \alpha_1$$

이므로 α_1은 다음과 같이 구해진다.

$$\begin{aligned} \alpha_1 &= \sin^{-1}\left(\frac{C_{x1}}{C_1}\right) \\ &= \sin^{-1}\left(\frac{42.15}{90}\right) \end{aligned}$$

<u>깃 팁에서의 각도 = 27.9°</u>

임펠러의 총압-총압 효율(total-to-total efficiency)은 다음과 같이 주어진다.

$$\begin{aligned} \eta_i &= \frac{T_{02s} - T_{01}}{T_{02} - T_{01}} \\ &= \left[\left(\frac{p_{02}}{p_{01}}\right)^{(\gamma-1)/\gamma} - 1\right] \Big/ \left(\frac{T_{02}}{T_{01}} - 1\right) \end{aligned}$$

이제

$$\begin{aligned} W/m &= C_p(T_{02} - T_{01}) \\ &= \sigma_s U_2 C_{x2} - U_1 C_{x1} \end{aligned}$$

이고, 따라서

$$\frac{T_{02}}{T_{01}} - 1 = \frac{\sigma_s U_2^2 - U_1 C_{x1}}{C_p T_{01}} \quad (U_2 = C_{x2})$$

이 된다. 한편,

$$\begin{aligned} U_2 &= \frac{\pi N D_2}{60} \\ &= \frac{\pi \times 12000 \times 0.76}{60} \\ &= 477.5 \text{ m/s} \end{aligned}$$

으로부터

$$\begin{aligned} \frac{T_{02}}{T_{01}} &= 1 + \frac{0.9 \times 477.5^2 - 282.7 \times 42.15}{288 \times 1005} \\ &= 1 + 0.668 \\ &= 1.668 \end{aligned}$$

을 구한다. 효율 방정식으로부터

$$\begin{aligned} p_{02}/p_{01} &= [(1.668 - 1)0.9 + 1]^{3.5} \\ &= 5.2 \end{aligned}$$

을 얻는다. 한편

$$\begin{aligned} \frac{p_2}{p_{01}} &= \left(\frac{p_{02}}{p_{01}}\right)\left(\frac{p_2}{p_{02}}\right) \\ &= \left(\frac{p_{02}}{p_{01}}\right)\left(\frac{T_2}{T_{02}}\right)^{\gamma/(\gamma-1)} \end{aligned}$$

의 식을 사용하기 위해

$$T_{02} = T_2 + \frac{C_2^2}{2C_p}$$

또는

$$\begin{aligned} \frac{T_2}{T_{02}} &= 1 - \frac{C_2^2}{2C_p T_{02}} \\ &= 1 - \frac{C_{x2}^{\prime 2} + C_{r2}^2}{2C_p T_{02}} \end{aligned}$$

을 고려한다. 여기서,

$$c_{x2}^{'2} = \sigma_s U_2$$

$$= 0.9 \times 477.5$$

$$= 429.75\ \text{m/s}$$

$$T_{02} = 1.668 \times 288$$

$$= 480.3\ \text{K}$$

을 구할 수 있고, 대입하면 다음과 같이 차례대로 구해진다.

$$\frac{T_2}{T_{02}} = 1 - \frac{429.75^2 + 50^2}{2 \times 1005 \times 480.3}$$

$$= 0.806$$

$$p_2/p_{01} = 5.2 \times 0.806^{3.5}$$

$$= 2.44$$

임펠러 출구 정압 = 247.1 kPa

4.9

(a) 임펠러 팁 속도는 아래와 같이 구해진다.

$$U_2 = \frac{\pi N D_2}{60}$$

$$= \frac{\pi \times 16000 \times 0.55}{60}$$

$$= 460.7\ \text{m/s}$$

식 (4.9)로부터

$$T_{03} - T_{01} = \frac{\psi \sigma_s U_2^2}{1005}$$

그리고 $T_{03} = T_{02}$이다. 따라서

$$T_{02} - T_{01} = \frac{1.04 \times 0.9 \times 460.7^2}{1005}$$

$$= 197\,\mathrm{K}$$

$$\frac{T_{02}}{T_{01}} = \frac{197}{288} + 1$$

$$= 1.68$$

을 얻는다. 이제 임펠러에 대해

$$\frac{p_{02}}{p_{01}} = \left(1 + \frac{\eta_i (T_{02} - T_{01})}{288}\right)^{3.5}$$

$$= \left(1 + \frac{0.9 \times 197}{288}\right)^{3.5}$$

$$= 5.36$$

이므로 다음을 얻는다.

$$\underline{p_{02} = 541.4\,\mathrm{kPa}}$$

이어서 T_{02}를 아래와 같이 구할 수 있다.

$$T_{02} = 197 + 288$$

$$\underline{= 485\,\mathrm{K}}$$

(b) 우선
$$C_{x2}' = \sigma_s U_2$$

$$= 0.9 \times 460$$

$$= 414\,\mathrm{m/s}$$

을 구하고 $C_{r2} = 100\,\mathrm{m/s}$이라 가정한다.

임펠러 원주에 대해 수직인 출구 면적은

$$A_2 = \pi D_2 \times \text{임펠러 깊이}$$

$$= \pi \times 0.55 \times 0.037$$

$$= 0.0639\,\mathrm{m}^2$$

이 된다. 한편, 출구 속도 삼각형에서

$$\frac{C_2^2}{2C_p} = \frac{C_{r2}^2 + C_{x2}'^2}{2C_p}$$

$$= \frac{100^2 + 414^2}{2 \times 1005}$$

$$= 90.25\,\mathrm{K}$$

이고, 따라서

$$T_2 = T_{02} - \frac{C_2^2}{2C_p}$$

$$= 485 - 90.25$$

$$= 394.75\,\mathrm{K}$$

을 구한다. 한 점에서의 등엔트로피 관계로부터

$$p_2 = p_{02}\left(\frac{T_2}{T_{02}}\right)^{\gamma/(\gamma-1)}$$

$$= 541.4\left(\frac{394.75}{485}\right)^{3.5}$$

$$= 263.4\,\mathrm{kPa}$$

을 얻고, 상태방정식을 이용해

$$\rho_2 = \frac{p_2}{RT_2}$$

$$= \frac{263.4}{287 \times 394.75}$$

$$= 2.33\,\mathrm{kg/m^3}$$

을 구한다. 연속방정식을 쓰면 다음과 같이 구해진다.

$$C_{r2} = \frac{m}{A_2\rho_2}$$

$$= \frac{15}{0.0639 \times 2.33}$$

$$= 1.106\,\mathrm{kg/m^3}$$

임펠러 출구 반경방향 속도 $= 100.7$ m/s

임펠러 출구 마하수는 C_2/a_2와 같다. 이제

$$a_2 = (\gamma R T_2)^{1/2}$$
$$= (1.4 \times 287 \times 394.75)^{1/2}$$
$$= 398.3\,\text{m/s}$$

그리고

$$C_2 = (90.25 \times 2 \times 1005)^{1/2}$$
$$= 425.9\,\text{m/s}$$

이므로, 마하수는 다음과 같이 구해진다.

$$M_2 = \frac{425.9}{398.3}$$
$$\underline{= 1.07}$$

출구 속도 삼각형으로부터 α_2를 구한다.

$$\cos\alpha_2 = C_{r2}/C_2$$
$$= \frac{100}{425.9}$$
$$\underline{\alpha_2 = 76.4°}$$

(c) 깃 없는 공간에서 자유 와류 유동을 가정하고, 디퓨저 날개 팁에서의 조건을 하첨자 없는 것으로 표시한다. 우선, C_x를 구하면 다음과 같다.

$$C_x = \frac{C_{x2}\, r_2}{r}$$
$$= \frac{414 \times 0.275}{0.317}$$
$$= 359.1\,\text{m/s}$$

초기치로 $C_r = 100\,\text{m/s}$을 잡으면 다음과 같이 계산된다.

$$\frac{C_2^2}{2C_p} = \frac{100^2 + 359.1^2}{2 \times 1005}$$
$$= 69.13\,\text{K}$$

(b)와 마찬가지로 하여 계산한 결과는 다음과 같다.

$$T = 485 - 69.13 \text{ (깃 없는 공간에서 } T = T_{02})$$

$$= 415.9\text{ K}$$

$$p = p_{02}\left(\frac{T}{T_{02}}\right)^{3.5}$$

$$= 541.4\left(\frac{415.9}{485}\right)^{3.5}$$

$$= 316.3\text{ kPa}$$

$$\rho_2 = \frac{316.3}{287 \times 415.9}$$

$$= 2.65$$

$$A = 2\pi r \times \text{날개 깊이}$$

$$= 2 \times \pi \times 0.317 \times 0.037$$

$$= 0.0737\text{ m}^2$$

$$C_r = \frac{15}{2.65 \times 0.0737}$$

$$= 76.8\text{ m/s}$$

다음으로 $C_r = 76.8$ m/s로 하여 계산해보면 아래와 같이 구해진다.

$$\frac{C^2}{2C_p} = \frac{76.8^2 + 359.1^2}{2 \times 1005}$$

$$= 67.09\text{ m}^2/\text{s}^2$$

$$T = 417.9\text{ K}$$

$$p = 321.7\text{ kPa}$$

$$\rho_2 = 2.68\text{ kg/m}^3$$

$$C_r = 75.9\text{ m/s}$$

이 값은 앞에서 구한 것과 차이가 크지 않고, 따라서 이것으로 디퓨저 깃 팁에서의 반경방향 속도로 결정한다.

날개에서

$$\tan\alpha' = C_x/C_r$$

$$= \frac{359.1}{75.9}$$

이므로, 깃 각도는 다음과 같다.

$$\underline{\alpha' = 78°}$$

날개에서 마하수는 아래와 같이 계산된다.

$$M = C/a$$

$$= \left(\frac{67.09\times2\times1005}{1.4\times287\times417.9}\right)^{1/2}$$

<u>디퓨저 날개 마하수 = 0.896</u>

4.10

(a)

$$\text{기계 효율} = \frac{\text{공기로 전달된 동력}}{\text{축동력}}$$

$$\text{축동력} = \frac{W}{\eta_m}$$

이제 날개가 반경방향인 임펠러에 대해 스타니쯔(Stanitz) 미끄럼 계수 방정식을 적용한다.

$$\sigma_s = 1 - \frac{0.63\pi}{Z}$$

$$= \frac{0.63\pi}{19}$$

$$= 0.8958$$

이로부터 축동력을 구하는 과정은 다음과 같다.

$$
\begin{aligned}
W/m &= h_{03} - h_{01} \\
&= \psi \sigma_s U_2 C_{x2} \quad (C_{x1} = 0\text{으로 부터}) \\
&= \psi \sigma_s U_2^2 \quad (U_2 = C_{x2}\text{로부터}) \\
W &= 1.04 \times 0.8958 \times 525^2 \times 2 \\
&= 513.56\ \text{kW} \\
\text{축동력} &= \frac{513.56}{0.96} \\
&= \underline{535\ \text{kW}}
\end{aligned}
$$

(b) 식 (4.11)로부터

$$
\begin{aligned}
\frac{p_{03}}{p_{01}} &= \left(1 + \frac{\eta_c \psi \sigma_s U_2^2}{C_p T_{01}}\right)^{\gamma/(\gamma-1)} \\
&= \left(1 + \frac{0.81 \times 1.04 \times 0.8958 \times 525^2}{1005 \times 290}\right)^{3.5} \\
&= 6.59
\end{aligned}
$$

이 되고, 디퓨저 출구 정체압은

$$
\begin{aligned}
p_{03} &= 6.59 \times 101 \\
&= \underline{665\ \text{kPa}}
\end{aligned}
$$

와 같이 구해진다. 한편,

$$
\frac{p_3}{p_{03}} = \left(\frac{T_3}{T_{03}}\right)^{\gamma/(\gamma-1)}
$$

에서

$$
\begin{aligned}
T_{03} &= T_3 + \frac{C_3^2}{2C_p} \\
\frac{T_3}{T_{03}} &= 1 - \frac{95^2}{2 \times 1005 \times T_{03}} \\
T_{03} &= \frac{W}{C_p m} + T_{01}
\end{aligned}
$$

$$= \frac{513.56 \times 10^3}{2 \times 1005} + 290$$

$$= 545.5\ \text{K}$$

$$\frac{T_3}{T_{03}} = 1 - \frac{95^2}{2 \times 1005 \times 545.5}$$

$$= 0.9917$$

와 같이 구하여 대입하면 p_3는 아래와 같이 계산된다.

$$p_3 = 665(0.9917)^{3.5}$$

$$= 646\ \text{kPa}$$

$$\underline{\text{디퓨저 출구 정압} = 646\ \text{kPa}}$$

(c) 임펠러 출구에서

$$T_{02} = T_2 + \frac{C_2^2}{2C_p}$$

혹은

$$T_{03} = T_2 + \frac{C_2^2}{2C_p} \quad (\text{왜냐하면} \quad T_{02} = T_{03})$$

이 되고, 재정리하면

$$C_2^2 = 2C_p[(T_{03} - T_{01}) + (T_{01} - T_2)]$$

이 된다. 반동에 대한 식으로부터

$$T_2 - T_1 = 0.5(T_3 - T_1)$$

그리고

$$T_3 - T_1 = (T_{03} - T_{01}) + \frac{(C_1^2 - C_3^2)}{2C_p}$$

$$= \frac{W}{C_p m} + \frac{(C_1^2 - C_3^2)}{2C_p}$$

$$= \frac{513.56 \times 10^3}{1005 \times 2} + \frac{(160^2 - 95^2)}{2 \times 1005}$$

$$= 255.5 + 8.25$$

$$= 263.7\ \mathrm{K}$$

을 얻고, 대입하면

$$T_2 - T_1 = 0.5 \times 263.7$$

$$= 131.87\ \mathrm{K}$$

이 된다.

$$T_2 = T_{01} - \frac{C_1^2}{2C_p} + (T_2 - T_1)$$

$$= 290 - \frac{160^2}{2 \times 1005} + 131.87$$

$$= 290 - 12.74 + 131.87$$

$$= 409.1\ \mathrm{K}$$

이므로

$$C_2 = [2 \times 1005(255.5 + 290 - 409.1)]^{1/2}$$

$$= 523.6\ \mathrm{m/s}$$

이 되고, 음속은

$$a_2 = (\gamma R T_2)^{1/2}$$

$$= (1.4 \times 287 \times 409.1)^{1/2}$$

$$= 405.4$$

이 된다. 임펠러 출구에서 마하수는 다음과 같다.

$$M_2 = C_2 / a_2$$

$$= \frac{523.6}{405.4}$$

$$\underline{= 1.29}$$

임펠러 출구에서 반경방향 속도는 아래와 같이 구해진다.

$$C_{r2}^2 = C_2^2 - C_{x2}^{'2}$$
$$= 523.6^2 - (\sigma_s U_2)^2$$
$$= 523.6^2 - (0.8958 \times 525)^2$$
$$= 523.6^2 - 470.3^2$$
$$C_{r2} = 230.2 \text{ m/s}$$

디퓨저 효율을 알면 디퓨저 출구에서 임펠러 출구로 나아가면서 역으로 계산할 수 있다. 디퓨저의 효율은 다음과 같다.

$$\eta_D = \frac{h_{3s} - h_2}{h_3 - h_2}$$

이것은 등엔트로피의 엔탈피 증가와 실제 엔탈피 증가를 연계시킨다.

$$\eta_D = T_2\left(\frac{T_{3s}}{T_2} - 1\right) \Big/ (T_3 - T_2)$$
$$= \left[T_2\left(\frac{p_3}{p_2}\right)^{(\gamma-1)/\gamma} - 1\right] \Big/ (T_3 - T_2)$$

이로부터

$$\frac{p_3}{p_2} = \left(1 + \eta_D \frac{T_3 - T_2}{T_2}\right)^{\gamma/(\gamma-1)}$$
$$= \left(1 + \frac{0.83 \times 131.87}{409.1}\right)^{3.5} \quad \text{왜냐하면 } (T_2 - T_1) = (T_3 - T_2)$$
$$= 2.29$$

$$p_2 = \frac{646}{2.29}$$
$$\underline{= 282.1 \text{kPa}}$$

을 구할 수 있다. 한 점에서의 등엔트로피 관계를 적용하면 다음과 같이 구할 수 있다.

$$\frac{p_{02}}{p_2} = \left(\frac{T_{02}}{T_2}\right)^{\gamma/(\gamma-1)}$$

$$p_{02} = 282.1\left(\frac{545.5}{409.1}\right)^{3.5}$$
$$= 772.3\ \text{kPa}$$

(d)
$$\eta_i = T_{01}\left[\left(\frac{p_{02}}{p_{01}}\right)^{(\gamma-1)/\gamma} - 1\right] / (T_{03} - T_{01})$$
$$= 290\left[\left(\frac{772.3}{101}\right)^{0.286} - 1\right] / (545.5 - 290)$$
$$= \frac{228.9}{255.5}$$
$$\underline{= 0.895}$$

(e) $C_x \gg C_r$ 이라 가정하고 기체가 자유 와류의 형태로 운동한다고 가정하면

$$C_{x3} r_3 = C_{x2} r_2$$

이 된다. 이제 $C_{x3} \gg C_{r3}$이므로, $C_{x3} \approx C_3$이고 다음과 같이 계산된다.

$$\frac{r_2}{r_3} = \frac{C_{x3}}{C_{x2}}$$
$$= \frac{C_3}{\sigma_s U_2} \qquad (\text{왜냐하면 } C_{x2} \gg C_{x2}')$$
$$= \frac{95}{0.8958 \times 525}$$
$$\underline{r_2/r_3 = 0.202}$$

(f)
$$\rho_2 = \frac{p_2}{RT_2}$$
$$= \frac{282.1 \times 10^3}{287 \times 409.1}$$
$$= 2.402\ \text{kg/m}^3$$

임펠러 출구에서 질량유량은

$$m = \rho_2 A_2 C_{r2}$$

$$= 2\pi\rho_2 r_2 C_{r2} b_2$$

이다. 한편

$$U_2 = \frac{\pi N D_2}{60} \quad \text{(여기서 } N\text{은 rpm이다.)}$$

$$= \frac{\pi N m}{\rho_2 \pi C_{r2} b_2 \times 60}$$

이므로 다음을 구할 수 있다.

$$N = \frac{525 \times 2.402 \times 230.2 \times 0.006 \times 60}{2}$$

$$\underline{= 52253 \text{ rpm}}$$

제 5 장

축류압축기와 팬

5.1 서 론

초기의 축류압축기는 압축기 날개의 공력학적 거동에 대한 지식의 부족으로 단순히 터빈의 역개념으로 설계되었으며 이렇게 설계된 압축기는 40% 이하의 낮은 효율을 가졌다. 몇몇 초기 개스터빈은 축류 개스터빈을 사용하였지만 그 효율은 55% 정도밖에 되지 않았다. 항공기의 개발과 항공기 날개에서의 공력학적 거동에 대한 연구로 축류압축기의 날개에 대한 설계가 확립되기 시작했다. 몇몇 초기 연구자들은 90%의 효율까지 도달할 수 있을 것이라고 예측하였으며, 이것은 지금 실제로 현실화되었으며 원심압축기의 최대 효율보다 약 4% 정도 더 높은 것이다. 그러나 이와 같은 높은 효율은 단점을 수반한다. 축류압축기의 성능은 설계점에서의 질량유량 값에 매우 민감하며, 설계조건에서 조금 벗어나면 효율이 급격하게 떨어진다. 그러므로 축류압축기는 항공기 개스터빈 엔진과 같이 일정한 부하에서 작동하는 경우에 이상적이다. 또한 화력발전소에서 표준 최대 부하를 초과할 때 발전소 출력을 증가시키기 위해 사용되는 개스터빈에도 적용된다.

터빈을 압축기로 작동시키고자 하는 단순한 편의주의적 생각은 두 가지 경우에 대한 공기유동의 특성의 차이 때문에 어려움에 직면하였다. 터빈의 경우 날개는 입구면적이 출구면적보다 큰 축소통로를 형성하므로 유체는 통로를 따라 가속된다. 반면 압축기에서는 단면적이 증가하는 통로를 따라 흐르면서 압력은 증가하고 유체가 가속될 때는 유속의 넓은 범위에 걸쳐서 높은 효율을 유지하면서 가속되어질 수 있지만, 확산될 때는[즉, 감속의 경우] 날개의 후면(suction suface) 상에서 실속(stall)을 초래하는 유동 박리의 발생으로 확산이 그렇게 빨리 진행될 수 없다. 이것은 디퓨저의 경사각이 매우 커질 때 디퓨저 벽을 따라 유동박리가 발생하는 것과 유사하다. 그림 5.1은 전형적인 날개 단면을 보여주고 있다. 여기에서 상대속도 벡터의 각도 변화는 압축기보다 터빈에서 훨씬 더 크다는 것을 알 수 있다. 익렬내에서의 최대 확산율은 7° 혹은 8°의 원추각을 가진 디퓨저에서의 확산율에 해당된다.

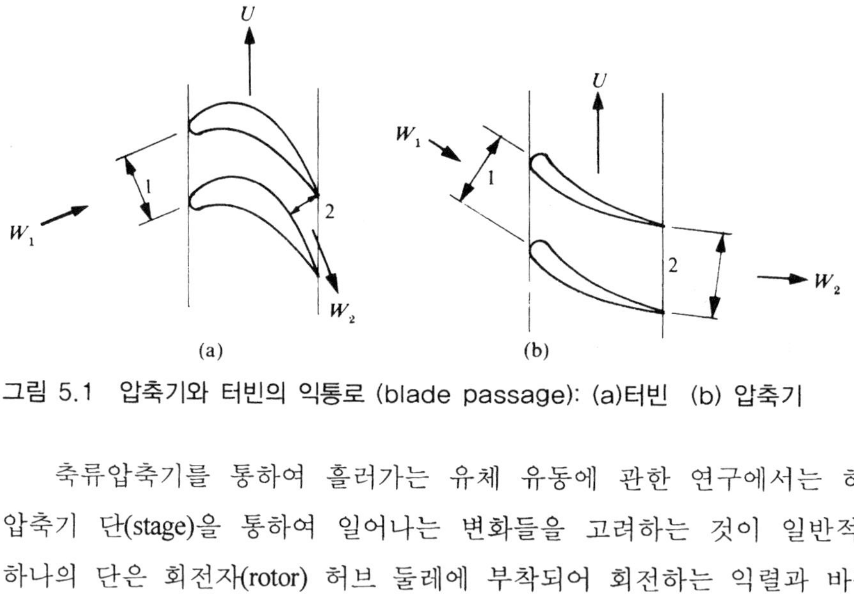

그림 5.1 압축기와 터빈의 익통로 (blade passage): (a)터빈 (b) 압축기

축류압축기를 통하여 흘러가는 유체 유동에 관한 연구에서는 하나의 압축기 단(stage)을 통하여 일어나는 변화들을 고려하는 것이 일반적이다. 하나의 단은 회전자(rotor) 허브 둘레에 부착되어 회전하는 익렬과 바깥 케이싱의 벽에 부착된 정지되어 익렬로 구성된다. 압축기는 이러한 단들이 여러 개 모여 구성되고 입구에서 출구까지의 전체 압력비(overall pressure ratio)를 주게 된다. 그림 5.2는 압축기에서 몇 개의 단을 보여 주고 있다.

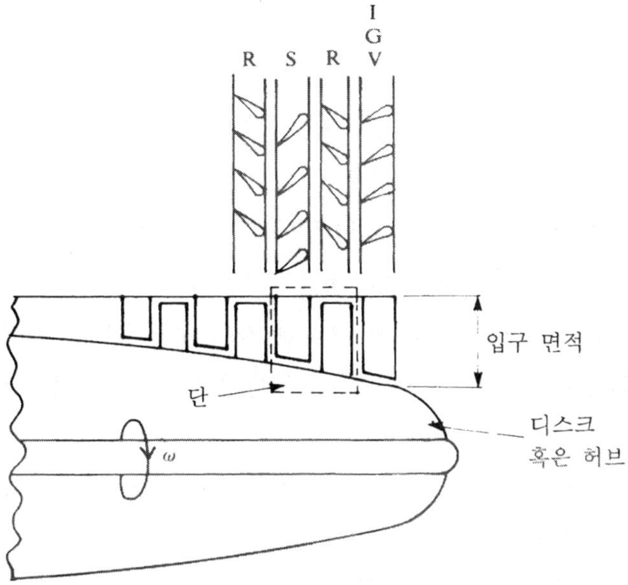

그림 5.2 축류압축기 단

그림에서 압축기 입구에 입구 안내깃(IGV)이라고 불리는 정지된 익렬이 추가적으로 설치되어 있음을 볼 수 있다. 이것은 단의 일부는 아니지만 공기가 정확한 각도로 맨 앞에 위치한 회전 익렬로 들어가도록 안내하는 역할을 한다. 또한 하류로 감에 따라 날개의 높이가 감소되는 것을 볼 수 있다. 이것은 압축기를 통하여 낮은 압력 영역에서 높은 압력 영역으로 나아갈 때 밀도가 증가됨을 고려하여 축 방향 속도를 일정하게 유지하기 위해서이다. 축방향 속도를 일정하게 유지하는 것은 설계의 관점에서 편리한 것이지만 결코 요구되는 사항은 아니다. 단을 통하여 흘러가는 유동에 대한 해석은 먼저 2차원 유동의 형태로 기술될 수 있다. 단을 통과하는 유동이 평균 날개 높이에서 일어나며, 입구와 출구에서의 날개의 원주속도는 동일하고, 반경방향으로 유동은 존재하지 않는다고 가정한다. 날개의 운동방향 속도성분인 선회(whirl)도 존재할 수 있다.

5.2 압축기 단

한 단의 회전자 익렬(rotor row)과 정지자 익렬(stator row)의 그림을 5.3에서 보여주고 있다. 모든 각들은 축 방향 속도벡터 C_a를 기준으로 정의된다.

공기는 그 전의 정지자 익렬로부터 절대속도 C_1을 가지고, α_1의 각도로 흘러나온다. 회전자 익렬의 회전속도는 U이며, 두 개의 속도 벡터를 결합하면 β_1의 각을 갖는 입구 상대속도 벡터 W_1이 만들어진다. 회전자 익렬 출구에서 속도 삼각형은 축류펌프에 대해 그려진 것과 유사하며 절대속도 벡터 C_2로 정지자 익렬로 들어간다. 여기서 유동방향은 α_3으로 변화되고 절대속도는 C_3가 된다. 그림에서 회전자의 날개와 정지자의 날개 사이의 커다란 간격이 있는 것으로 보이지만 이것은 그림을 명확히 보이기 위한 것이다. 실제에 있어서 회전자 익렬과 정지자 익렬 사이의 간격은 작다.

만약 다음에 따르는 단이 이전의 단과 동일하다면 표준단(normal stage)이라 부른다. 표준단에서는 $C_1 = C_3$이고 $\alpha_1 = \alpha_3$이다. W_2는 W_1보다 작으며, 이것은 회전자 익을 통해 정압의 상승과 함께 상대속도의 확산이 발생되었음을 보여주고 있다. 공기는 날개 캠버(camber)에 의해 축방향 쪽으로 전향한다. 따라서 유효 유동면적은 입구로부터 출구까지 증가되어 확산이 일어난다. 정지자 익에서도 절대속도의 확산이 이와 유사한 방법으로 일어난다. 여기서는 절대속도 벡터가 축방향 쪽으로 전향하고 정압상승이 일어나게 된다.

단위 질량유량 당 공기에게 주어진 에너지는 오일러 방정식 (1.25)에 의해 계산된다.

$$W/m = U_2 C_{x2} - U_1 C_{x1} \tag{5.1}$$

또는

$$E = (U_2 C_{x2} - U_1 C_{x1})/g$$

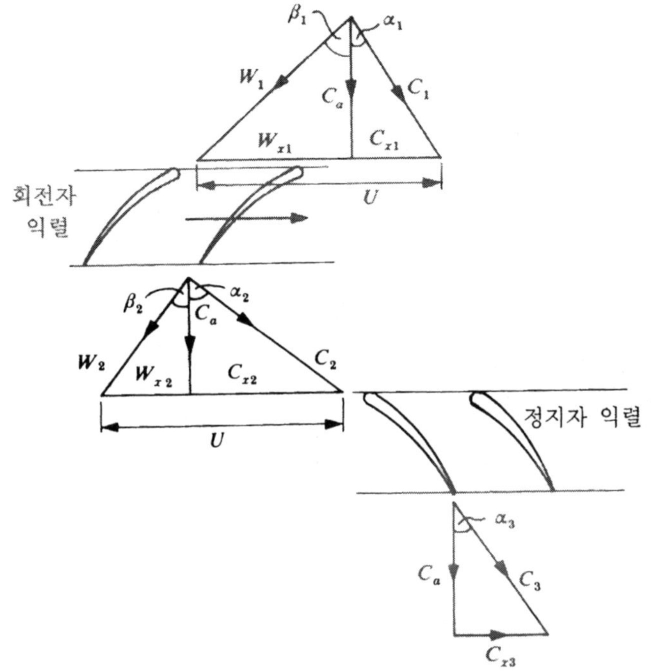

그림 5.3 축류압축기 단에 대한 속도 삼각형

그러나 속도 삼각형으로부터, 그리고 단을 통하여 C_a가 일정하며 $U_1 = U_2 = U$ 인 것으로부터

$$C_{x2} = U - C_a \tan \beta_2$$

이고

$$C_{x1} = U - C_a \tan \beta_1$$

이다. 그러므로

$$C_{x2} - C_{x1} = C_a(\tan \beta_1 - \tan \beta_2)$$

이고

$$E = UC_a(\tan \beta_1 - \tan \beta_2)/g \quad (\mathrm{W/(N/s)}) \tag{5.2}$$

로 표현된다. 에너지 전달은 또한 절대속도에 대한 유동각을 써서 다음과

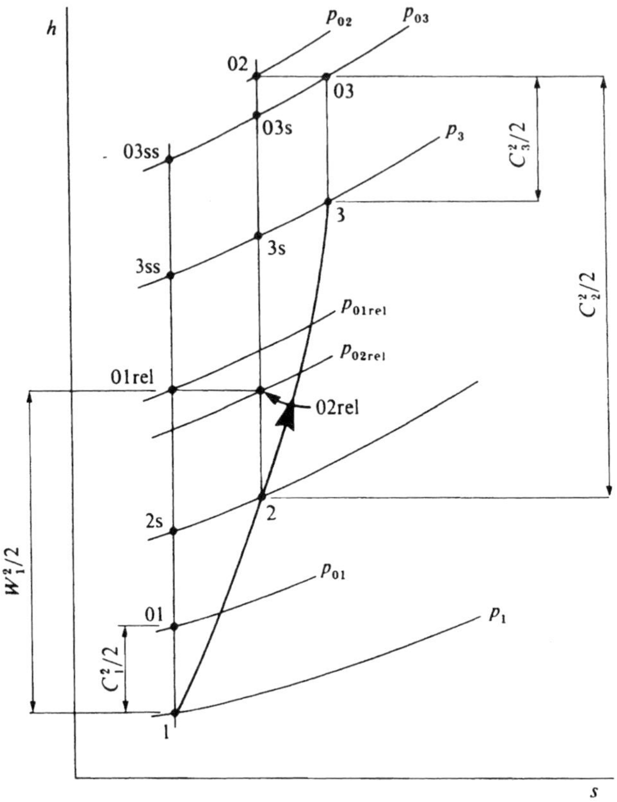

그림 5.4 축류압축기 단에 대한 몰리에르 선도(Mollier Chart)

같이 쓸 수 있다.

$$E = UC_a(\tan\alpha_2 - \tan\alpha_1)/g \quad (\text{W}/(\text{N/s})) \tag{5.3}$$

따라서 이용할 수 있는 정보에 따라 식 (5.2) 또는 (5.3)을 선택하여 사용할 수 있다.

단을 통과하는 유동의 열역학적인 양의 변화는 그림 5.4의 몰리에르 선도(Mollier chart)에서 나타난 바와 같다. 이것은 원심압축기에 대한 것과 유사하다. 회전자와 정지자에서의 비가역성을 고려하더라도 엔탈피는 연속적으로 변화한다.

단을 통하여 흐르는 유동을 단열유동으로 가정하면 $h_{03}=h_{02}$이 되고, 따라서 식 (5.1)은 다음과 같이 된다.

$$W/m = h_{02} - h_{01} \quad (\mathrm{W/(kg/s)}) \tag{5.4}$$

여기서

$$h_0 = h + C^2/2 = h + (C_a^2 + C_x^2)/2$$

라 하면,

$$h_{02} - h_{01} = (h_2 - h_1) + (C_{x2}^2 - C_{x1}^2)/2 = U(C_{x2} - C_{x1})$$

또는

$$(h_2 - h_1) - (C_{x2} - C_{x1})[2U - (C_{x2} + C_{x1})]/2 = 0$$

이다. 이 식을 다시 정리하면,

$$(h_2 - h_1) - (C_{x2} - C_{x1})[(U - C_{x2}) + (U - C_{x1})]/2 = 0$$

$$(h_2 - h_1) + (W_{x2} - W_{x1})(W_{x2} + W_{x1})/2 = 0$$

$$(h_2 - h_1) + (W_{x2}^2 - W_{x1}^2)/2 = 0$$

이 된다. 또한 C_a가 일정하므로 $(W_{x2}^2 - W_{x1}^2) = (W_2^2 - W_1^2)$이 된다. 그러므로

$$h_2 + W_2^2/2 = h_1 + W_1^2/2 \tag{5.5}$$

이 되며 식 (5.5)는 다음과 같이 쓸 수 있다.

$$h_{02\mathrm{rel}} = h_{01\mathrm{rel}} \tag{5.6}$$

여기서 상대 총엔탈피는 상대속도를 기준으로 한 것이다.

식 (5.6)은 회전자에서 상대속도를 기준으로 한 총엔탈피는 회전자를 통해 일정함을 보여준다. 이 결과는 축류 개스터빈의 회전자에 대해서도 유효하다. 식 (5.5)를 식 (4.7)과 비교해 보면 1단 축류압축기에서 엔탈피의 변화가 원심압축기에 비해 왜 낮은지 알 수 있다. 상대속도들은 같은 정도의 크기이지만, 축류압축기는 접선속도의 변화로부터 어떠한 기여도 받지 못한다.

등엔트로피 효율은 다음과 같이 표현된다.

$$\eta_c = \frac{\text{이상적인 등엔트로피 입력 일}}{\text{실제 입력 일}}$$

$$= (h_{03ss} - h_{01})/(h_{03} - h_{01})$$

이 식은 다음과 같이 정리된다.

$$\eta_c = T_{01}(T_{03ss}/T_{01} - 1)/(T_{03} - T_{01})$$

압력비에 대한 식

$$p_{03}/p_{01} = (T_{03ss}/T_{01})^{\gamma/(\gamma-1)}$$

에 대입하면 압력비는 다음과 같이 된다.

$$p_{03}/p_{01} = [1 + \eta_c(T_{03} - T_{01})/T_{01}]^{\gamma/(\gamma-1)} \tag{5.7}$$

유체에 가해진 에너지는 공기의 압력과 속도를 상승시키는 데 유용하게 사용될 것이며 이 중 일부는 다양한 마찰손실들을 극복하는데 쓰여질 것이다. 그러나 가해진 일의 전부는 등엔트로피 효율과 관계없이 공기의 정체온도의 상승으로 나타날 것이다. 식 (5.4)를 식 (5.2)의 유동각과 온도를 사용하여 다시 쓰면 아래와 같다.

$$(T_{03} - T_{01}) = UC_a(\tan\beta_1 - \tan\beta_2)/C_p \tag{5.8}$$

실제로, C_a는 날개의 길이를 따라 일정하지 않다. 이것을 고려하기 위하여 아래와 같이 정의되는 일계수(work done factor) λ를 도입한다.

$$\text{일계수} = \frac{\text{실제로 흡수한 일용량}}{\text{이상적으로 일을 흡수할 수 있는 용량}}$$

따라서

$$(T_{03} - T_{01}) = \lambda UC_a(\tan\beta_1 - \tan\beta_2)/C_p \tag{5.9}$$

그림 5.5에서 보면 날개 길이를 따라 속도분포가 일정한 곳은 압축기의 입구단에서 뿐임을 알 수 있다. 회전자과 정지자의 벽면 경계는 공기가 압축기를 통하여 흘러갈 때 속도분포에 대해 더욱 더 많은 영향을 미친다. 그림 5.6은 압축기의 후방의 단으로 갈수록 일계수 λ가 감소한다는 것을 보여주고 있다.

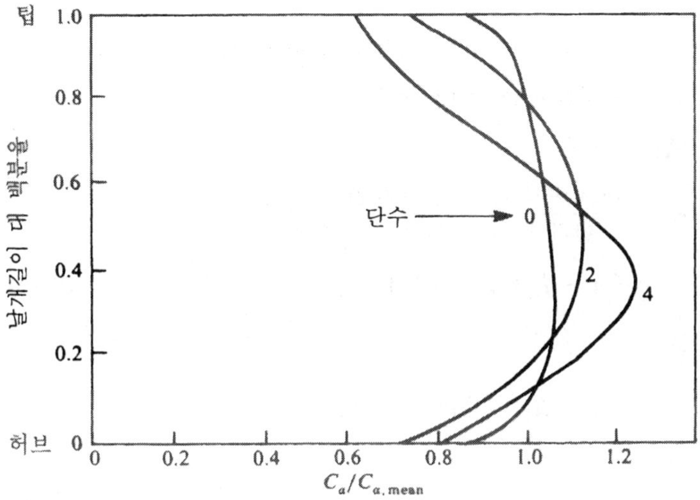

그림 5.5 날개에 따른 축방향 속도의 변화

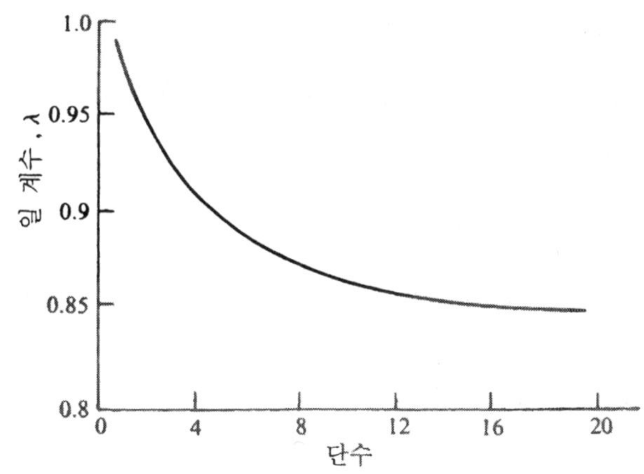

그림 5.6 단의 수에 따른 일계수의 변화

5.3 반 동 도

반동도(reaction ratio)는 회전자에서 얻는 정엔탈피(static enthalpy) 상승량을, 단을 통해 얻는 전체 정엔탈피(total static enthalpy) 상승량에 대한 백분율로서 다음과 같이 정의된다.

$$R = \frac{\text{회전자에서의 정엔탈피 상승량}}{\text{단에서의 정엔탈피 상승량}}$$

$$= (h_2 - h_1)/(h_3 - h_1) \tag{5.10}$$

$h_{01\text{rel}} = h_{02\text{rel}}$ 이므로

$$(h_2 - h_1) = (W_1^2 - W_2^2)/2$$

이다. 또한 $C_1 = C_3$이면

$$(h_3 - h_1) = (h_{03} - h_{01}) = U(C_{x2} - C_{x1})$$

이고 식 (5.10)의 $(h_2 - h_1)$와 $(h_3 - h_1)$에 대입하면 반동도는 다음과 같이 쓸 수 있다.

$$\begin{aligned} R &= (W_1^2 - W_2^2)/[2U(C_{x2} - C_{x1})] \\ &= [(C_a^2 + W_{x1}^2) - (C_a^2 - W_{x2}^2)/[2U(C_{x2} - C_{x1})] \\ &= (W_{x1} + W_{x2})(W_{x1} - W_{x2})/[2U(C_{x2} - C_{x1})] \end{aligned}$$

그러나 $C_{x2} = U - W_{x2}$이고 $C_{x1} = U - W_{x1}$이므로

$$(C_{x2} - C_{x1}) = (W_{x1} - W_{x2})$$

이다. 따라서 다음 결과를 얻는다.

$$\begin{aligned} R &= (W_{x1} + W_{x2})/2U \\ &= C_a(\tan\beta_1 + \tan\beta_2)/2U \\ &= (C_a/U)(\tan\beta_\infty) \\ &= \phi\tan\beta_\infty \end{aligned} \tag{5.11}$$

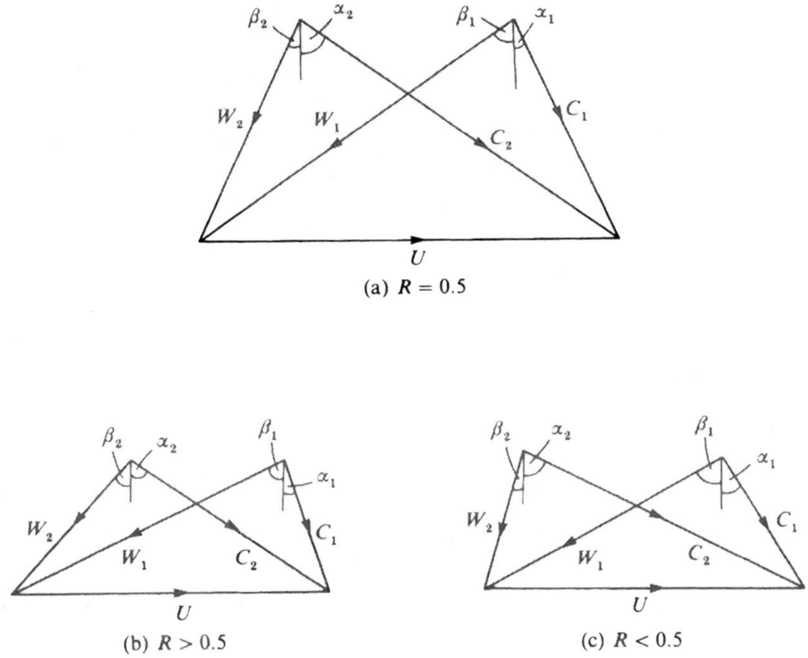

그림 5.7 속도 삼각형에 대한 반동도의 영향

여기서 $\tan\beta_\infty = (\tan\beta_1 + \tan\beta_2)/2$이고 날개속도에 대한 축 방향 속도의 비는 유량계수이다. 마찬가지로 반동도는 또한 다음과 같이 표현될 수 있다.

$$R = [1 + \phi(\tan\beta_2 - \tan\alpha_1)]/2 \tag{5.12}$$

50%의 반동도에 대하여는 $(h_2 - h_1) = (h_3 - h_2)$, 즉 회전자와 정지자에서 엔탈피와 온도의 증가가 서로 같다. 또한 식 (5.12)로부터 $\beta_2 = \alpha_1$이므로 출구와 입구의 속도 삼각형을 중첩시킬 때 도형은 대칭이 된다(그림 5.7(a)). $R > 0.5$이면 그림 5.7(b)에서 보듯이 $\beta_2 > \alpha_1$이기 때문에 도형은 오른쪽으로 기울어지고 정지자보다 회전자에서 엔탈피의 상승이 더 크다. 또

한 정압의 상승도 정지자보다 회전자에서 더 크다. 만약 $R<0.5$ 이라면 그림 5.7(c)와 같이 도형은 왼쪽으로 기울어지고 엔탈피와 압력의 상승은 회전자보다 정지자에서 더 크다. 설계시 50%의 반동도가 주로 선택되며, 단에 대한 역압력 구배는 정지자와 회전자가 똑같게 나누어 가진다. 이것은 정지자와 회전자의 날개 양쪽에서 경계층 박리가 일어날 가능성을 줄여주며, 또한 최대 온도 상승과 최대 효율을 위한 조건이다.

5.4 단 부하

투입 동력을 mU^2 으로 나누면 단 부하계수(stage loading factor)라는 무차원 계수 ψ 를 다음과 같이 얻을 수 있다.

$$\psi = W/mU^2 = (h_{03} - h_{01})/U^2 \tag{5.13}$$

$$= \lambda(C_{x2} - C_{x1})/U$$

$$= \lambda(C_a/U)(\tan\alpha_2 - \tan\alpha_1)$$

$$\psi = \lambda\phi(\tan\alpha_2 - \tan\alpha_1) \tag{5.14}$$

5.5 양력과 항력계수

그림 5.8에서 보여주는 바와 같이 각 β_1과 β_2에서 상대속도 벡터 W_1과 W_2를 갖는 회전자 날개를 생각해 보자. 이것은 항공기 날개(aerofoil) 주위의 유동과 유사하며 따라서 양력과 항력이 날개에 작용할 것이다. 반면 공기에 작용하는 힘은 그림 5.9에서와 같이 반대방향으로 작용될 것이다.

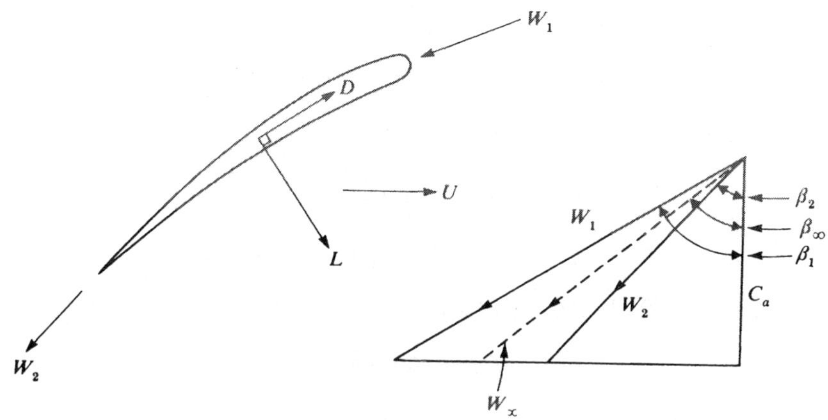

그림 5.8 압축기 날개 위의 양력과 항력

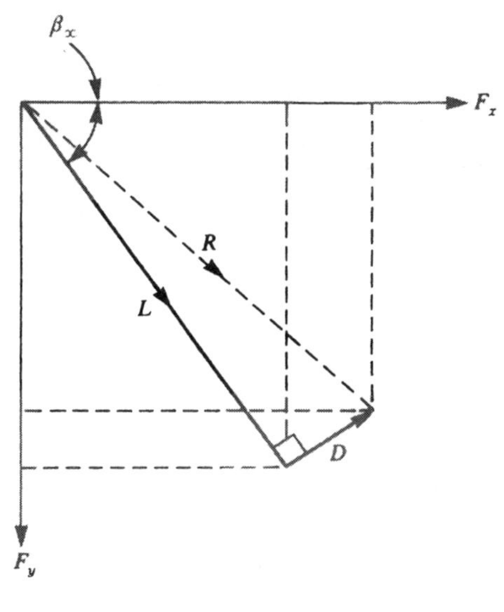

그림 5.9 날개에 작용하는 힘의 회전방향 분력

항력은 축방향에 대해 β_∞의 각도를 가지는 평균속도 벡터 W_∞(β_∞는 식 (5.11)에서 정의한 바와 같다)의 방향으로 작용하는 힘으로 정의된다. 양력은 이것에 수직으로 작용하는 힘이다.

그러므로 공기에 주어지는 합력은 그림 5.9의 벡터 R이다. 날개의 회전방향으로 작용하는 힘은 (x 방향) 다음과 같다.

$$
\begin{aligned}
F_x &= L\cos\beta_\infty + D\sin\beta_\infty \\
&= L\cos\beta_\infty[1+(C_D/C_L)\tan\beta_\infty]
\end{aligned}
$$

한편 양력계수는 다음과 같이 정의된다.

$$C_L = L/0.5\rho W_\infty^2 A$$

날개의 면적은 익현(chord) c와 스팬(span) l의 곱과 같으며,

$W_\infty = C_a/\cos\beta_\infty$이므로

$$F_x = \rho C_a^2 clC_L\sec\beta_\infty[1+(C_D/C_L)\tan\beta_\infty]/2$$

이다. 공기에 전달되는 동력은 다음과 같이 주어진다.

$$
\begin{aligned}
UF_x &= m(h_{03}-h_{01}) \text{ (W)} \\
&= \rho C_a ls(h_{03}-h_{01})
\end{aligned}
$$

이 식은 폭이 s인 하나의 익통로를 통과하는 유동에 대한 것이다. 그러므로 다음과 같이 정리할 수 있다.

$$
\begin{aligned}
\psi &= (h_{03}-h_{01})/U^2 \\
&= F_x/\rho C_a lsU \\
&= (C_a/U)(c/s)\sec\beta_\infty(C_L + C_D\tan\beta_\infty)/2 \\
&= \phi(c/s)\sec\beta_\infty(C_L + C_D\tan\beta_\infty)/2
\end{aligned}
\tag{5.15}
$$

최대효율에서 평균 유동각 β_∞는 일반적으로 약 45° 정도이고 이를 식 (5.15)에 대입하면 최적 깃 하중계수(optimum blade loading factor) ψ_{opt}는

$$\psi_{opt} = (\phi/\sqrt{2})(c/s)(C_L + C_D) \tag{5.16}$$

이 된다. 만약 일반적으로 잘 설계된 날개의 경우처럼 C_D가 C_L보다 훨씬 적다면,

$$\phi_{\mathrm{opt}} = (\phi/\sqrt{2})(c/s)C_L \tag{5.17}$$

이다.

5.6 익 렬

5.5절에서는 요구되는 에너지 전달이나 단이 하는 일을 회전자와 정지자 모두에 대해 날개의 입구·출구각과 관련하여 기술하였다. 다음으로 필요한 것은 압력 손실이 최소가 되는 최대 효율 상태에서 요구되는 일을 할 수 있는 날개의 형상을 결정하는 것이다.

이미 2.7.1절에서 축류펌프의 임펠러를 통한 에너지 전달과 날개 양력계수의 관계(식 (2.51))를 위해 깃 요소이론(blade element theory)을 적용한 바 있다(여기서 축류펌프와 수차의 고형비는 낮은 것으로 가정하였다). 축류압축기(그리고 개스터빈) 날개는 높은 고형비를 가지고 있어서 날개 주위의 기체유동은 인접한 깃 주위의 유동에 의해서 영향을 받는다. 따라서 서로 다른 깃 설계들이 공기 유동각, 압력 손실 그리고 익렬을 통한 에너지의 전달량에 미치는 영향에 대한 정보를 얻기 위하여 익렬(cascade)에 대한 풍동(wind tunnels) 실험과 익렬 이론이 필요하다.

익렬(cascade)는 그림 5.10에처럼 기하학적으로 상사한 날개를 일정한 거리간격으로 배열하고 유동방향에 대해 정렬시킨 것이다. 익렬은 들어오는 유동에 대한 날개의 입사각을 변화시킬 수 있도록 풍동의 끝에서 회전테이블 위에 설치한다. 피토관과 요각계(yaw meters)를 연속된 익렬 사이에 수직 횡단시켜 압력손실과 유동각을 측정한다. 그림 5.10은 선형 익렬로 알려져 있고, 압축기의 실제 회전자 익렬을 펼친 것으로 생각할 수 있다.

그림 5.10 익렬

익렬을 구성하는 날개의 개수는 풍동의 벽면 경계층의 영향을 제거하기 위해서는 충분히 많아야 한다. 또한 경계층을 제어하기 위해 풍동 벽면에 흡입 슬롯(suction slot)을 설치하기도 한다.

익렬에 대한 실험으로부터 얻은 데이터는 원형(prototype) 압축기에 적용하기 전에 보정이 있어야한다. 보정이 필요한 이유는 실제 유체기계에서의 유동과 익렬에서의 유동에 차이가 있기 때문이다. 이들 차이점은 다음과 같다.

1. 유체기계에서는 원환(annulus) 벽면 경계층이 허브(hub)와 팁(tip)에 존재한다.
2. 유체기계에서는 인접한 익렬들의 영향으로 선형 익렬에서 측정된 데이터의 유동형태와 다르다.
3. 유체기계에서는 허브에서 팁으로 감에 따라 고형비(solidity)가 감소된다.

4. 유체기계에서는 허브에서 팁까지 가면서 날개속도가 변하며, 따라서 이 것이 날개입구각에 영향을 미친다.

3과 4로부터, 익렬 실험 결과는 단지 하나의 반경과 입구각에 대해서만 적용할 수 있음이 분명하다. 따라서 실제 날개에서의 유동에 대한 신뢰성 있는 정보를 얻기 위해서는 수많은 실험이 수행될 필요가 있다.

5.6.1 익렬에서의 기호와 곡선

익렬 시험과 날개에 대한 설계로 더 깊이 들어가기 전에 설계와 관련된 여러 각들을 정의할 필요가 있다. 그림 5.11은 중심을 통과하는 캠버선(camber line)이 곡선인 날개를 보여 준다.

입구와 출구에서 캠버선의 접선이 축 방향과 이루는 각을 각각 캠버각(camber angle) α_1'과 α_2'이라 한다.

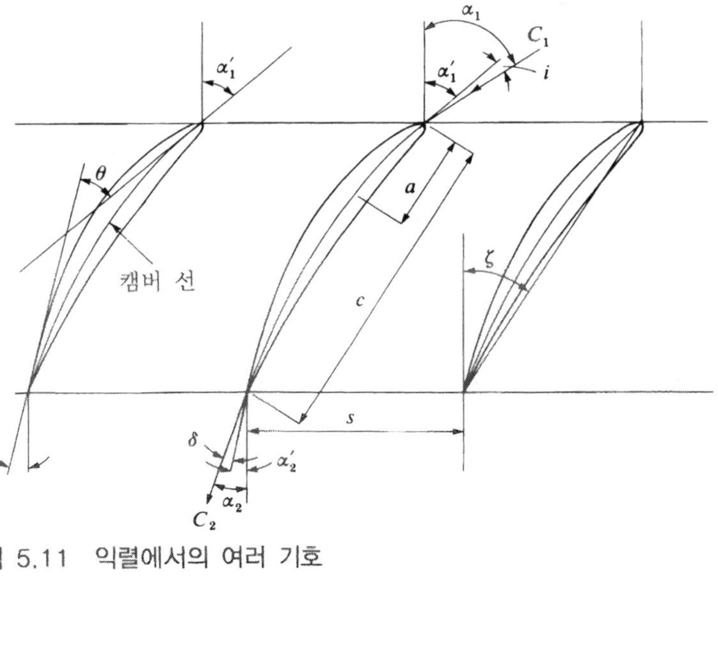

그림 5.11 익렬에서의 여러 기호

날개의 캠버각 θ는 $(\alpha_1' - \alpha_2')$로 정의된다. 익현(chord) c는 날개입구와 날개의 후면(trailing edge) 사이의 거리이다. 설치각 (stagger angle) ζ는 축 방향과 익현 사이의 각이고 익렬에서 날개가 설치되는 각이다. 날개간격은 s이고 날개피치(pitch)를 나타낸다. 만약 공기가 α_1의 각도와 속도 C_1으로 들어온다면 입사각(incidence angle) i는 $(\alpha_1 - \alpha_1')$이 된다. 공기가 α_2의 각도로 속도 C_2를 유출한다면 편차각(deviation angle) δ는 $(\alpha_2 - \alpha_2')$이다. 공기의 전향각(deflection angle) $\varepsilon = (\alpha_1 - \alpha_2)$이고 이 각도가 입구와 출구에서의 정체압 p_{01}과 p_{02}와 함께 s를 따라 측정된다. 측정결과는 일반적으로 그림 5.12와 같이 제시하고 정체압력 손실은 다음과 같은 무차원수로 나타낸다.

$$\text{정체압력 손실계수} = (p_{01} - p_{02})/0.5\rho C_1^2 \qquad (5.18)$$

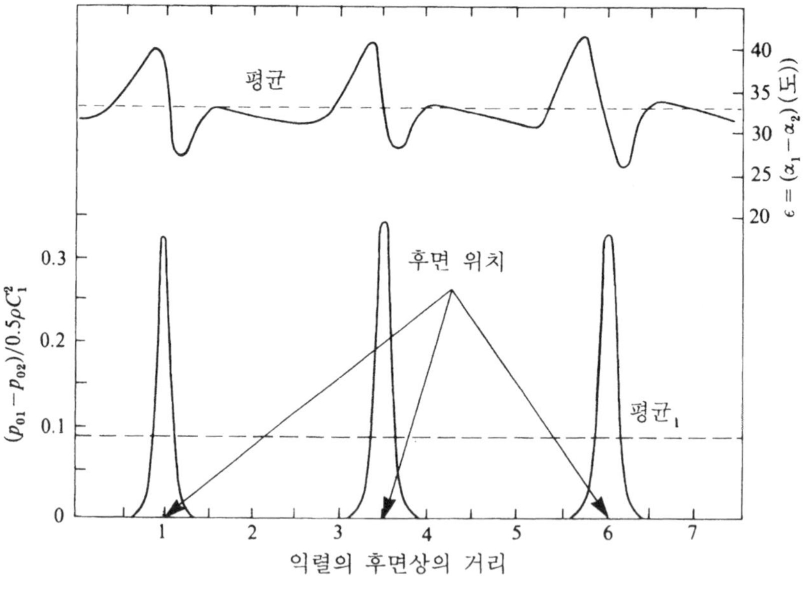

그림 5.12 하나의 입사각에 대한 익렬의 전향각과 압력손실 곡선

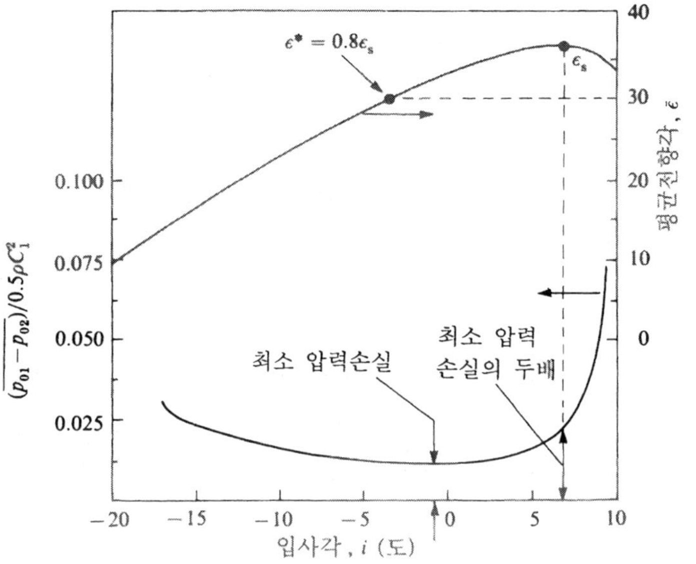

그림 5.13 익렬의 평균 전향각과 압력손실 곡선

그림 5.12와 같은 곡선이 서로 다른 입사각에 대해서 많이 얻어지고, 각 곡선에서의 평균 전향각 $\bar{\varepsilon}$과 평균 압력 손실계수 $\overline{(p_{01}-p_{02})}/0.5\rho C_1^2$가 그림 5.13에서와 같이 입사각에 대해 그려진다. 입사각이 증가함에 따라 전향각은 최대값 ε_s에 도달할 때까지 증가한다. 이 점이 날개의 후면(suction surface)에서 박리가 일어나는 실속점이다. 이 각은 일부 설계에서는 잘 정의되지 않기 때문에 평균 압력손실이 최소값의 두 배가 되는 입사각으로 정의한다. 넓은 입사각 범위에서 압력 손실이 거의 일정한 것이 분명하며, 특정한 설계의 대표값으로 낮은 압력손실에 대응하는 전향각 ε^*을 선택하는 것도 가능하다. 보편적으로 이 전향각은 $\varepsilon^*=0.8\varepsilon_s$이다.

대표 전향각(nonmial deflection angle) ε^*은 주로 피치/코드비 (s/c)와 α_2에 의존하며 많은 익렬 시험으로부터 결정된다. 그러므로 몇 가지 다른 (s/c)의 값에 대해 α_2에 대한 ε^*의 최종 곡선 한 세트를 그릴 수 있다.

이 곡선들은 세 개의 변수들 중에 임의의 두 개가 고정된 경우에 대한 설계에서 특별히 유용하다. 예를 들어, 만약 회전익의 입구와 출구각 β_1과 β_2를 알고 있다면 ε^*를 알 수 있고 그림 5.14로부터 각 β_2에 대한 (s/c)를 읽을 수 있다.

편차각 δ는 공기가 날개를 따라 흐르지 않기 때문에 발생한다. δ는 아래의 실험식으로 주어진다.

$$\delta = m\theta(s/c)^{1/2} \tag{5.19}$$

여기서,

$$m = 0.23(2a/c)^2 + 0.1(\alpha_2/50) \tag{5.20}$$

이고 a는 익현을 따라 최대 캠버점까지의 거리이다. 원호 캠버선에 대해서는 $(2a/c) = 1$이며, 이 날개형상이 종종 선택된다.

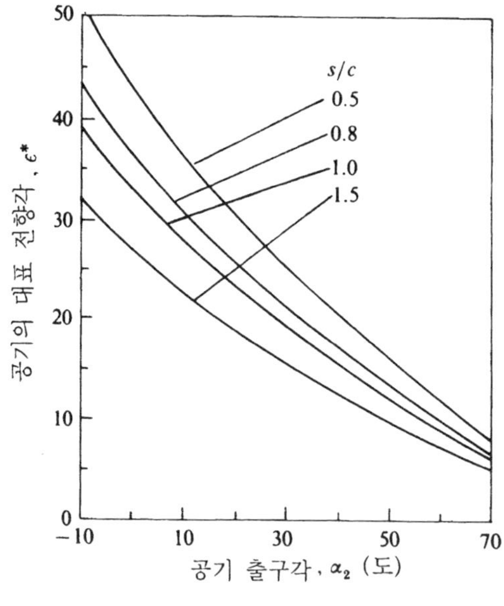

그림 5.14 익렬에서 공기 출구각에 대한 대표 전향각

5.6.2 익렬의 양력계수와 항력계수

압력비는 단의 효율에 의해 지배를 받으며, 이 효율은 회전자익과 정지자익 양쪽 익렬에서의 전체 항력에 의존한다. 익렬의 $(p_{01}-p_{02})$에 대한 실험결과로부터 양력계수 C_L과 항력계수 C_D가 계산될 수 있다. 여기서 C_D는 깃 형상항력(blade profile drag)이다. 계산방법은 공기에 작용하는 모든 힘의 합은 공기의 운동량 변화율과 같다는 것이다.

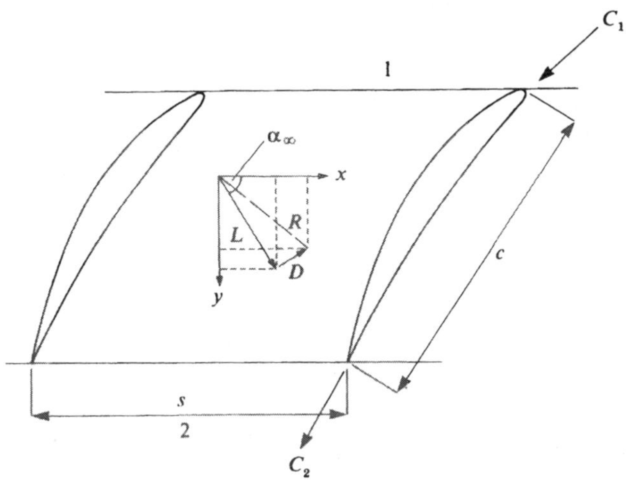

그림 5.15 익렬에서 나타나는 힘과 속도

그림 5.15에 익현 c와 피치 s를 갖는 두 개의 익렬 날개를 보여준다. 단면 1과 2에서, 속도 C_1과 C_2와 관련된 공기총압은 각각 p_{01}과 p_{02}이다. 그리고 익렬 내의 밀도변화는 무시한다. 그러므로 익렬을 통한 정압의 변화는 다음과 같이 주어진다.

$$(p_2-p_1)=\rho(C_1^2-C_2^2)/2-\overline{(p_{01}-p_{02})} \tag{5.21}$$

여기서 익렬이 하는 일은 없으며 유동은 비가역이기 때문에 $p_{01}>p_{02}$이다. 식 (5.21)은 다음과 같이 쓸 수 있다.

$$\triangle p = \rho(C_1^2 - C_2^2)/2 - \overline{p}_0 \qquad (5.22)$$

여기서 $\triangle p = (p_2 - p_1)$ 이고 $\overline{p}_0 = \overline{(p_{01} - p_{02})}$ 이다.

x 와 y 방향으로 검사체적 내의 공기에 작용하는 모든 힘의 합은 이들 방향으로의 공기의 운동량 변화율과 같아야만 한다. 먼저 y 방향을 고려하면, C_a 는 일정하기 때문에 1에서 2까지 y 방향으로의 속도변화는 없고 결과적으로 운동량의 변화도 없다. 그러므로 날개의 단위 길이에 대하여,

$$L\sin\alpha_\infty - D\cos\alpha_\infty - s\triangle p = 0$$

이다. 그러므로 다음과 같다.

$$D = L\tan\alpha_\infty - s\triangle p/\cos\alpha_\infty \qquad (5.23)$$

x 방향으로 속도는 C_{x1}에서 C_{x2}까지 변하고 이들이 음의 x 방향임을 주의하면

$$\begin{aligned} L\cos\alpha_\infty + D\sin\alpha_\infty &= -\rho C_a s(C_{x2} - C_{x1}) \\ &= \rho C_a^2 s(\tan\alpha_1 - \tan\alpha_2) \end{aligned}$$

이다. 이를 다시 쓰면

$$L = (\rho C_a^2 s/\cos\alpha_\infty)(\tan\alpha_1 - \tan\alpha_2) - D\tan\alpha_\infty \qquad (5.24)$$

이고, 식 (5.23)에 L과 $\triangle p$를 대입하면

$$\begin{aligned} D &= [(\rho C_a^2 s/\cos\alpha_\infty)(\tan\alpha_1 - \tan\alpha_2) - D\tan\alpha_\infty]\tan\alpha_\infty \\ &\quad - (s/\cos\alpha_\infty)[\rho(C_1^2 - C_2^2)/2 - \overline{p}_0] \end{aligned}$$

이며,

$$\begin{aligned} D(1+\tan^2\alpha_\infty) &= (\rho C_a^2 s/\cos\alpha_\infty)(\tan\alpha_1 - \tan\alpha_2)\tan\alpha_\infty \\ &\quad - (s/\cos\alpha_\infty)[\rho(C_1^2 - C_2^2)/2 - \overline{p}_0] \end{aligned}$$

이다. 여기서 $(1+\tan^2\alpha_\infty) = \sec^2\alpha_\infty$이고 $\tan\alpha_\infty = (\tan\alpha_1 + \tan\alpha_2)/2$이므로,

$$D/\cos^2\alpha_\infty = (\rho C_a^2 s/2\cos\alpha_\infty)(\tan\alpha_1 - \tan\alpha_2)(\tan\alpha_1 + \tan\alpha_2)$$
$$- (s/\cos\alpha_\infty)[\rho(C_1^2 - C_2^2)/2 - \bar{p}_0]$$

이다. 한편,

$$(C_1^2 - C_2^2) = C_a^2(\tan^2\alpha_1 - \tan^2\alpha_2)$$

이므로, 다음과 같이 쓸 수 있다.

$$D/\cos^2\alpha_\infty = (\rho C_a^2 s/2\cos\alpha_\infty)(\tan^2\alpha_1 - \tan^2\alpha_2)$$
$$- (\rho C_a^2 s/2\cos\alpha_\infty)(\tan^2\alpha_1 - \tan^2\alpha_2)$$
$$+ (s\bar{p}_0/\cos\alpha_\infty)$$

우변의 처음 두 개의 항은 같으므로,

$$D = s\bar{p}_0\cos\alpha_\infty$$

이다. 항력을 $0.5\rho C_\infty^2 c$로 다음과 같이 항력계수가 된다.

$$C_D = 2(s/c)(\bar{p}_0/\rho C_\infty^2)\cos\alpha_\infty \tag{5.25}$$

그러나 $C_\infty = C_a/\cos\alpha_\infty$이고 $C_a = C_1\cos\alpha_1$이므로 식 (5.25)에 대입하면 아래의 식을 얻는다.

$$C_D = 2(s/c)(\bar{p}_0/\rho C_1^2)(\cos^3\alpha_\infty/\cos^2\alpha_1) \tag{5.26}$$

유사한 방법으로 C_L을 얻기 위해 D와 Δp를 식 (5.24)에 대입하면,

$$L = (\rho C_a^2 s/\cos\alpha_\infty)(\tan\alpha_1 - \tan\alpha_2)$$
$$- \{L\tan\alpha_\infty - (s/\cos\alpha_\infty)[\rho(C_1^2 - C_2^2)/2 - \bar{p}_0]\}\tan\alpha_\infty$$

이 되고,

$$L(1 + \tan^2\alpha_\infty) = (\rho C_a^2 s/\cos\alpha_\infty)(\tan\alpha_1 - \tan\alpha_2)$$
$$+ (s\rho C_a^2/2\cos\alpha_\infty)(\tan^2\alpha_1 - \tan^2\alpha_2)\tan\alpha_\infty$$
$$- (s\bar{p}_0/\cos\alpha_\infty)\tan\alpha_\infty$$

$$L = (\rho C_a^2 s \cos\alpha_\infty)[(\tan\alpha_1 - \tan\alpha_2)$$

$$+ (\tan^2\alpha_1 - \tan^2\alpha_2)(\tan\alpha_1 + \tan\alpha_2)/4]$$

$$- (s\,\overline{p}_0 \cos\alpha_\infty)\tan\alpha_\infty$$

$$= (\rho C_a^2 s \cos\alpha_\infty)(\tan\alpha_1 - \tan\alpha_2)[1 + (\tan\alpha_1 + \tan\alpha_2)^2/4]$$

$$- (s\,\overline{p}_0 \cos\alpha_\infty)\tan\alpha_\infty$$

$$= (\rho C_a^2 s \cos\alpha_\infty)(\tan\alpha_1 - \tan\alpha_2)/\cos^2\alpha_\infty - (s\,\overline{p}_0 \cos\alpha_\infty)\tan\alpha_\infty$$

이다. 이제,

$$C_L = L/0.5\rho C_\infty^2 c = 2L\cos^2\alpha_\infty/\rho C_a^2 c = 2L\cos^2\alpha_\infty/\rho C_1^2 c\cos^2\alpha_1$$

이므로

$$C_L = 2(s/c)\cos\alpha_\infty(\tan\alpha_1 - \tan\alpha_2)$$

$$-2(s/c)(\overline{p}_0/\rho C_1^2)(\cos^3\alpha_\infty/\cos^2\alpha_1)\tan\alpha_\infty$$

$$= 2(s/c)\cos\alpha_\infty(\tan\alpha_1 - \tan\alpha_2) - C_D\tan\alpha_\infty \tag{5.27}$$

이다.

공기 입구속도 C_1, 입사각 i, 날개입구각 $\alpha_1{}'$을 알면 $\alpha_1 (= \alpha_1{}' + i)$ 또한 알 수 있다. 그림 5.13으로부터 입사각에 대한 전향각 ε을 읽으면 α_∞를 아래와 같이 구할 수 있다.

$$\alpha_\infty = \tan^{-1}[(\tan\alpha_1 + \tan\alpha_2)/2] \quad (\text{여기서 } \alpha_2 = (\alpha_1 - \varepsilon) \text{ 이다.})$$

(s/c)를 알면, $\overline{p}_0/0.5\rho C_1^2$의 값은 그림 5.13으로부터 여러 입사각에 대해서 읽을 수 있고, 이 변수들을 식 (5.26)과 식 (5.27)에 대입하면 입사각에 대해 C_L과 C_D의 곡선들을 그림 5.16과 같이 그릴 수 있다. 마지막으로, 일련의 기하학적 형상이 다른 익렬의 대표전향각 ε^*에 대한 양력계수를 공기 출구각 α_2에 대해 그릴 수 있고, 특별한 (s/c) 비에 대해 공기 출구각에 따른 C_L의 변화를 얻을 수 있다(그림 5.17).

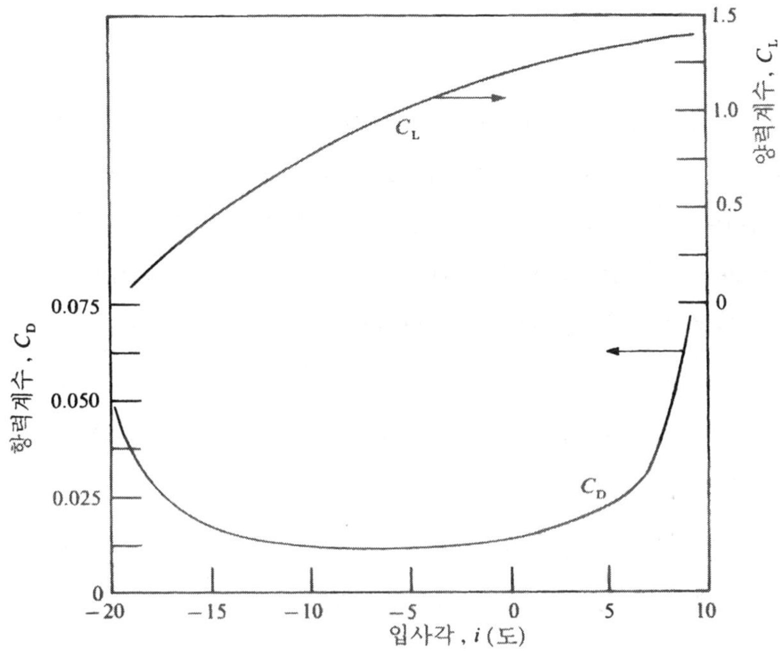

그림 5.16 식 (5.26)과 식 (5.27)로 구한 익렬에 대한 양력계수와 항력계수

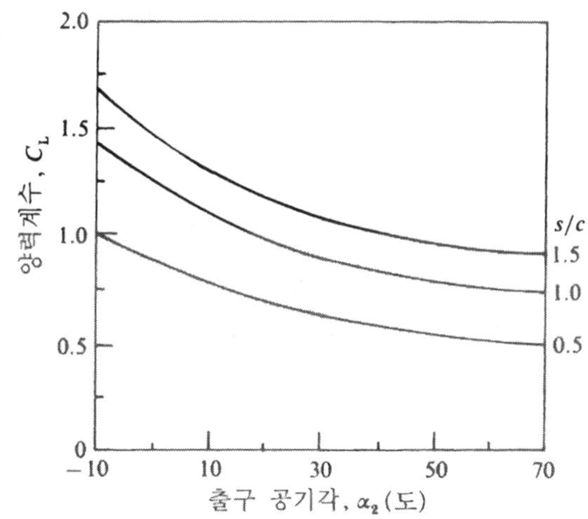

그림 5.17 익렬에 대한 대표 양력계수

일반적으로 항력계수는 C_L에 비해 매우 작다. 그러므로 종종 무시되므로 식 (5.27)은 다음과 같이 된다.

$$C_L = 2(s/c)\cos\alpha_\infty(\tan\alpha_1 - \tan\alpha_2) \tag{5.28}$$

식 (5.26)으로 주어진 형상항력에 덧붙여 5.6절에서 기술한대로 두 개의 항력이 추가되어야 한다. 첫째는 원환항력(annulus drag)이라 불리는 것으로서 압축기 원환벽면에 의해 야기되는 항력효과이며, 둘째는 익끝에서 발생하는 후단 와류(trailing votex)에 의해 야기되는 이차손실(secondary loss)이다. 이 항력들에 대해 다음과 같은 경험식이 존재한다.

원환 항력계수는

$$C_{DA} = 0.02(s/l) \tag{5.29}$$

이다. 여기서 l은 날개높이이다. 이차손실은

$$C_{DS} = 0.018C_L^2 \tag{5.30}$$

이다. 그러므로 전체 항력계수는 다음과 같이 주어진다.

$$C_{DT} = C_D + C_{DA} + C_{DS} \tag{5.31}$$

5.7 깃 효율과 단 효율

앞 절에서 선형 익렬의 데이터가 익렬에 대한 양력계수와 항력계수를 결정하기 위해 효과적으로 사용되며, 원환 익렬에 대한 항력계수를 근사하기 위해 원환항력과 이차손실을 추가하여 항력계수를 수정하였음을 살펴보았다. 식 (5.31)로부터 C_{DT}를 구한 후, 압력손실계수 $\overline{p}_0/0.5\rho C_1^2$는 식 (5.26)으로부터 결정된다. 깃 효율 η_b는 다음과 같다.

$$\eta_b = \frac{\text{압축기 익렬에서 실제 압력상승량}}{\text{익렬에서의 이론 압력상승량}} \tag{5.32}$$

이론압력상승은 $\bar{p}_0$ 가 0 일 때, 즉 익렬을 통한 전체 압력손실이 없을 때 일어난다. 그러므로 식 (5.22)로부터

$$\triangle p_{\text{theor}} = \rho C_a^2(\tan^2\alpha_1 - \tan^2\alpha_2)/2 \tag{5.33}$$

이고, 깃 효율은 다음과 같이 정의된다.

$$\eta_b = (\triangle \bar{p}_{\text{theor}} - p_0)/\triangle p_{\text{theor}}$$

$$= 1 - \bar{p}_0/\Delta p_{\text{theor}} \tag{5.34}$$

여기서 실제와 이론 정압차는 모두 알고 있는 각도로 표현된다. 표준 단에서 $C_1 = C_3$ 이므로 이 단에서의 등엔트로피 효율은 아래와 같이 쓸 수 있다.

$$\eta_s = (T_{3ss} - T_1)/(T_3 - T_1) \tag{5.35}$$

50% 반동도인 경우 회전자익에서의 $(T_2 - T_1)$와 정지자익에서의 $(T_3 - T_2)$가 같으므로 깃 효율과 단의 등엔트로피 효율이 같게 됨을 알 수 있다. 다른 반동도에 대한 단 효율은 다음과 같이 주어진다.

$$\eta_s = R\eta_{b,\,\text{rotor}} + (1-R)\eta_{b,\,\text{stator}} \tag{5.36}$$

만약 50% 반동도에 대하여 정지값(static values) 대신에 총합값(total values)을 쓰면 총압대 총압비는 대략적으로 정압대 정압비와 같다.

5.8 삼차원 유동

지금까지 우리는 반경방향 속도성분이 없고 선회속도와 축방향 속도만이 존재하는 이차원 유동에 대해 살펴보았다. 허브/팁 비가 0.8보다 큰 축류터보기계에서의 유동을 고려할 때 이것은 상당히 타당한 가정이다. 그러나 허브/팁 비가 0.8보다 작은 경우 이차원 유동이란 가정은 더 이상 적절하지

못하다. 항공기의 압축기와 개스터빈의 저압 쪽 끝단이 이런 경우에 해당된다. 후자에서는 높은 질량유량에 가능하면 작은 크기의 입구면적에 대한 요구 때문에 허브를 좀 더 작게하고 날개를 좀 더 길게 하려는 경향이 있다. 이러한 익렬에서 나타나는 반경방향의 속도는 유량을 상당히 재분배시키고 이것은 깃 출구 속도분포에 큰 영향을 줄 수 있다. 결과적으로 이차원 방법으로 설계된 날개는 날개각에 있어서 큰 오차를 낳을 수 있다.

반경방향의 유동은 유체에 작용하는 원심력과 반경방향의 압력 힘 사이의 일시적인 불균형에 의해 야기된다. 이 힘들이 서로 균형을 이룰 때 반경방향의 속도는 없고, 유체는 반경방향 평형을 이루고 있다고 말한다. '반경방향 평형법(radial equilibrium method)'이라 불리는 해석법에서는 유선의 모든 반경방향 이동이 회전익 통로에서만 발생한다고 가정한다. 따라서 이 이외의 다른 곳에서 유선은 그림 5.18에서 보는 것과 같이 이차원적이다. 이 해석에서는 그림 5.19에서 보여주는 유체 요소에 작용하는 압력 힘들이 유체에 작용하는 원심력과 같다고 놓는다. 다음에 임의의 반경에서의 정체 엔탈피 h_0 를 도입하여 아래의 식을 유도한다.

$$dh_0/dr = C_x^2/r + C_x dC_x/dr + C_a dC_a/dr \tag{5.37}$$

식 (5.37)이 반경방향 평형식이고 여러 방식으로 문제에 적용할 수 있다. 예를 들어 에너지 전달이 모든 반경에서 일정하다고 하면, $dh_0/dr = 0$ 이고, 따라서

$$C_x^2 + C_x dC_x/dr + C_a dC_a/dr = 0 \tag{5.38}$$

이다.

이제 다시 축류송풍기에서 원환에 걸쳐 C_a 가 일정하다고 가정하면, $dC_x/dr = 0$ 이고, 따라서

$$dC_x/dr = -C_x/r \tag{5.39}$$

이며, 이 식을 적분하면

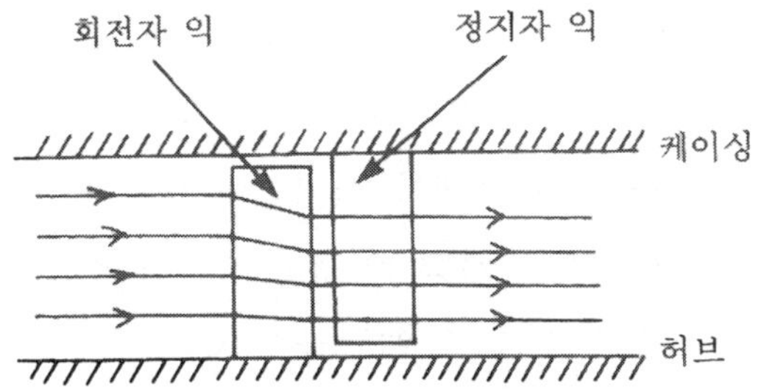

그림 5.18 반경방향 평형을 위한 회전자익 내에서의 유선 변화

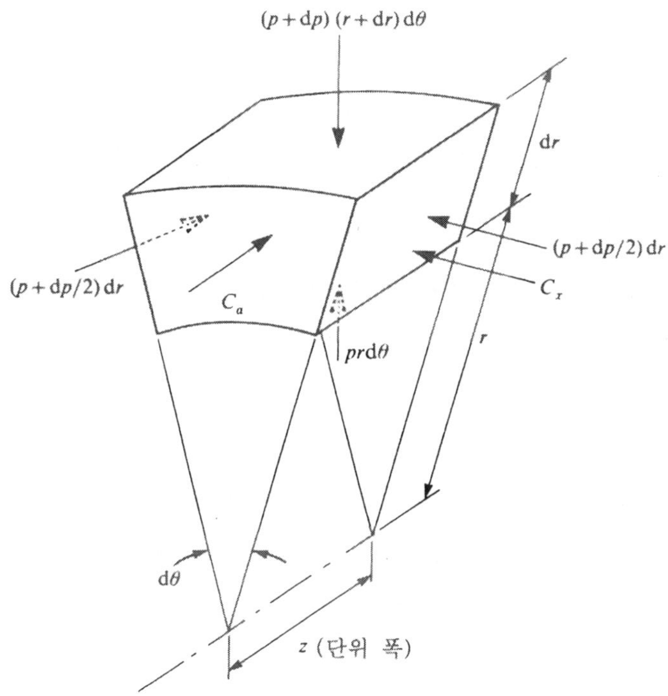

그림 5.19 유체요소에 작용하는 압력 힘

$$C_x r = \text{일정} \tag{5.40}$$

이 된다. 이것은 선회속도가 반경에 반비례하는 자유와류(free vortex)의 유동이다. 그러므로 출구날개각은 자유와류 속도분포를 사용하여 계산된다.

사실 dh_0/dr가 0 이거나 C_a가 모든 반경에서 일정할 필요는 없다. 오히려 에너지 전달의 반경방향 분포를 먼저 정하고, 이어서 C_a의 반경방향 분포를 선택한 후, 식 (5.37)을 만족시키는 r의 함수로서 C_x를 구하는 것이 바람직하다. 지금까지 삼차원 해석법에 대해 논의하였지만, 정확성이 향상된 반경방향 평형해석법이라 할지라도 경계층 성장과 이차손실에 의한 성능저하를 고려할 수 없기 때문에 이 해석법이 모든 설계 문제에 만능으로 적용될 수 없다는 사실을 알아야 한다.

5.9 다단 성능

하나의 단에 대한 총압력비는 그 단에서의 총온도 상승에 달려있으므로 N개의 단을 통해 얻는 총압력비는 단순히 하나의 단에 대한 총압력비에 단의 개수만큼 거듭제곱을 해주면 된다고 생각할 수 있다. 즉, 하나의 단에 대한 총압력비가 p_{0r}일 때 전체 단에 대한 총압력비는 $(p_{0r})^N$이라고 생각할 수 있다. 그러나 이것은 옳지 않다. 왜냐하면 몰리에르(Mollier) 도표를 살펴보면 엔트로피가 증가함에 따라 단 하나에서의 온도상승이 같을지라도 압력증가는 감소하기 때문이다. 따라서 작은 단 또는 폴리트로프 효율 η_p을 도입한다.

그림 5.20에서 만일 1에서 5까지 한 번에 압축한다면, 등엔트로피 일은

$$W/m = (h_{\mathrm{II s}} - h_1)$$

이고 압축에 대한 등엔트로피 효율은

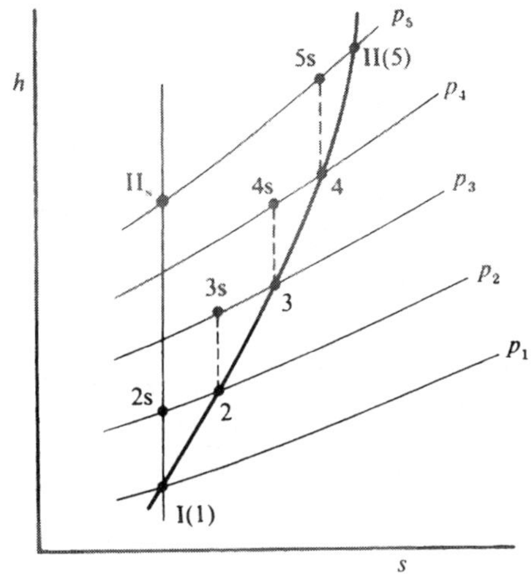

그림 5.20 다단 압축과정

$$\eta_c = (h_{\text{II}s} - h_1)/(h_{\text{II}} - h_{\text{I}})$$

이다. 만일 1에서 5까지 유한하지만 작은 단들로 여러 번 압축하면 등엔트로피 일은

$$W_s/m = (h_{2s} - h_1) + (h_{3s} - h_2) + (h_{4s} - h_3) + (h_{5s} - h_4)$$

이다. 그리고 유사하게 설계된 단들에 대하여 효율 η_s가 같다면

$$\eta_s = (W_s/m)/(h_{\text{II}} - h_{\text{I}})$$

이 된다. 여기서 분자는 다수의 등엔트로피 엔탈피 증가로 구성된다. 그러나 압축하는 동안 엔트로피가 증가하고 등압선(constant pressure line)은 서로 벌어지므로

$$(h_{2s} - h_1) + (h_{3s} - h_2) + \cdots > (h_{\text{II}s} - h_{\text{I}})$$

이 된다. 따라서

$$\eta_s > \eta_c$$

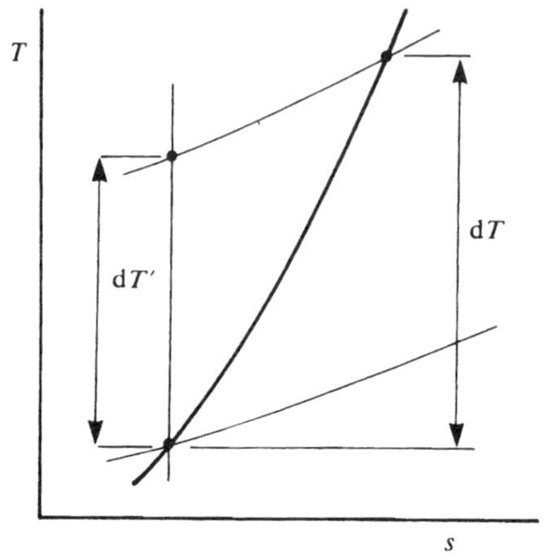

그림 5.21 폴리트로프 압축 혹은 작은 단의 압축

이 된다. 즉, 하나의 전체적인 등엔트로피 압축효율은 그 단의 효율보다 작다. 또한 그 차이는 압력비와 단의 수에 따라 증가한다.

단에서의 압축을 고려하기 위해 요소 압축과정에 대한 작은 단이나 폴리트로프 효율을 정의한다. 이 효율은 전체 압축과정 동안 일정하다고 볼 수 있다. 비열이 일정하다면 그림 5.21의 요소압축에 대하여 효율은

$$\eta_p = dT'/dT \tag{5.41}$$

이며, 등엔트로피 과정에 대하여

$$T/p^{(\gamma-1)/\gamma} = \text{일정} \tag{5.42}$$

이므로

$$dT' = \text{상수}\,[p^{-(1/\gamma)}(\gamma-1)/\gamma]dp$$

이다. 식 (5.41)로부터 dT'를 대입하고 식 (5.42)의 상수값을 대입하면

$$\eta_p(dT/T) = [(\gamma-1)/\gamma](dp/p)$$

이 된다. I 에서 II 까지 전체 압축과정에 대하여 적분하면

$$\ln(T_{II}/T_I) = [(\gamma-1)/\gamma\eta_p]\ln(p_{II}/p_I) \tag{5.43}$$

이 되고, 다시 정렬하면

$$p_{\text{II}} / p_{\text{I}} = (T_{\text{II}} / T_{\text{I}})^{\eta_p \gamma / (\gamma - 1)} \tag{5.44}$$

이 된다. 폴리트로프 효율의 대표적인 값은 0.88이며 초기설계 계산에서는 종종 $\eta_p = \eta_s$ 라고 가정한다.

만일 각 단에서 총온도의 상승량이 같다고 가정하고, 입구조건을 0I, 마지막 단의 출구조건을 0II라고 표시하면, N개의 단에 대해

$$p_{0\text{II}} / p_{0\text{I}} = (T_{0\text{II}} / T_{0\text{I}})^{\eta_p \gamma / (\gamma - 1)} \tag{5.45}$$

이다. 또한,

$$T_{0\text{II}} / T_{0\text{I}} = (T_{0\text{I}} + N \Delta T_0) / T_{0\text{I}} \tag{5.46}$$

이 된다. 여기서 ΔT_0 는 단의 총온도 상승량이다. 또한 폴리트로프 효율과 총엔탈피에 대한 단의 등엔트로피 효율은 약 0.88에서 서로 같다고 가정하는 것이 유용하다.

이러한 방법으로 압축기를 통한 압력 상승의 계산을 매우 빠르게 할 수 있지만, 특히 깃의 형상이 바뀌는 경우에는 기계의 처음부터 끝까지 전체적으로 조건의 단계별 계산이 여전히 필요하다.

5.10 축류압축기의 특성

다단 축류압축기의 특성곡선이 그림 5.22에 제시되었다. 그림 4.10과 비교해보면 주어진 속도에서 원심압축기의 압력비가 축류압축기보다 유량변화에 덜 민감하다는 것을 알 수 있다.

그림 5.22에서 설계 유량과 압력비는 점 1이다. 이 조건에서 작동될 때 압축기를 통한 공기의 모든 유동각과 속도는 설계값을 정확히 갖는다. 설계속도에서 질량 유량이 변할 때와 설계속도 자체가 변할 때 압축기에서

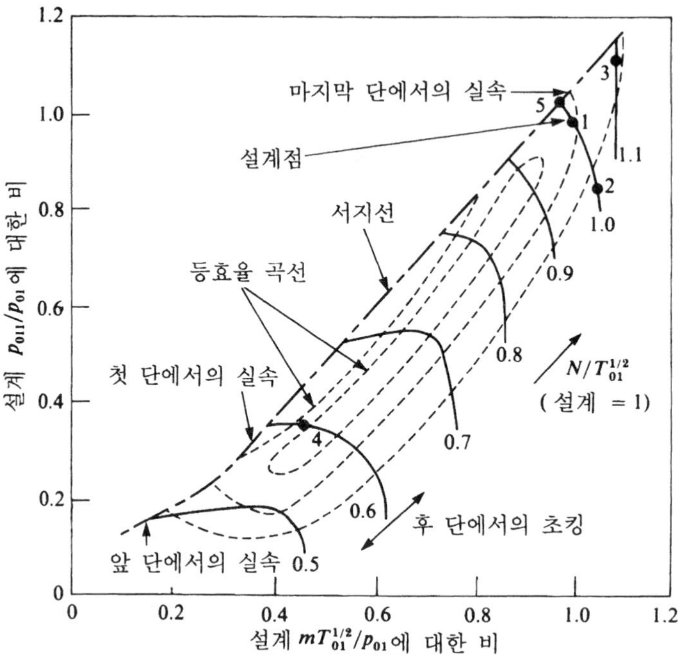

그림 5.22 축류압축기 특성곡선

어떤 변화가 생기는지 알아보자. 실제로 설계점은 서지선(surge line, 점 5)에 매우 가깝다. 만약 질량유량이 약간만 감소하더라도 후단(rear stage)에서의 압력비와 밀도는 모두 증가할 것이다. $C_a = m/\rho A$ 이기 때문에 축방향 속도는 감소할 것이고, 따라서 입사각 α_1 은 후단에서 급격히 증가하며 이로 인해 그 단에서 실속(stall)이 발생하게 될 것이다.

반대로 질량유량이 약간만 증가하여도 점 2의 압력비로 급격히 떨어질 것이다. 따라서 밀도도 급격히 떨어지므로 C_a 가 증가한다. 이로 인해 후방 단에서 입사각이 크게 감소되고, 후방 단에서는 음의 입사각에 의한 실속이 발생한다.

압축기의 속도가 감소되어 동작점이 점 4로 이동되면 질량유량, 곧 C_a 가 날개의 회전속도 U 보다 더 빨리 작아지고, 따라서 입사각이 증가

된다. 이 속도에서의 특성곡선을 따라 질량유량을 약간 감소시키면, 첫 단에서의 공기 밀도는 거의 영향을 받지 않지만 입구 유동각 α_1 이 좀 더 증가되어 첫 단에서 실속이 발생될 수 있다. 만약 저속에서 유량을 증가시키면, 첫 단에서 실속이 발생할 가능성은 적어지지만 후방 단에서 공기 밀도가 매우 낮아지고 결과적으로 C_a 가 음속까지 증가하여 후방 단에서 유동의 초킹(chocking)이 일어나게 된다.

설계 속도를 초과하는 경우(점 3)에는 특성곡선은 궁극적으로 거의 수직으로 된다. 속도가 증가하여 밀도와 압력비가 더 높아지고 더 많은 공기를 통과시킬 수 있다. 그러나 입구에서는 질량유량이 밀도보다 더 빨리 증가하고, 초킹이 대개 입구에서 먼저 발생한다. 위에서 논의한 모든 극한조건에서는 압축기의 작동이 불안정하거나 비효율적이므로 항상 피해야 한다.

연습문제

별도의 언급이 없으면 일계수(work done factor)는 1이고 입구 정체 조건은 101.3 kPa과 288 K이다. 공기의 경우 C_p = 1005 J/kg K, R = 287 J/kgK, $\gamma = 1.4$ 이다.

5.1 이 책의 본문에서 사용된 기호를 써서 축류압축기 단에서 다음과 같음을 보여라.

$$h_2 - h_{2s} = (p_{01\text{rel}} - p_{02\text{rel}}) / \rho$$

5.2 50% 반동도의 축류압축기가 다음과 같은 데이터를 가지고 있다.

입구 정체 온도	290 K
축 방향으로 측정한 회전자의 상대 유동각	32°
유동계수	0.55
회전자에서 상대 입구 마하수	0.75

표준단이면 압축기 첫 단에서 정체 온도 상승량은 얼마나 되는가?

5.3 축류압축기의 단을 통해 정체 온도가 20 K 상승하도록 설계하고자 한다. 일계수는 0.92이고, 허브, 평균 반경, 팁에서의 깃의 속도는 157.5, 210, 262.5 m/s이다. 축방향 속도는 허브에서 팁까지 일정하고 157.5 m/s이다. 평균 반경에서 반동도가 0.5일 때 자유와류 설계에 의한 허브, 평균 반경, 팁의 입출구 공기 유동각과 날개각은 얼마인가? 허브와 팁에서의 반동도도 계산하라.

5.4 문제 5.3에 대한 다른 설계 조건으로서 전체 날개에서의 반동도를 50% 로 하고 싶다. 그러면 공기 유동각과 날개각은 어떻게 되겠는가?

5.5 축류압축기의 첫 단의 설계에서 다음과 같은 설계 데이터가 주어진다.

단의 정체 온도 상승	22 K
공기의 질량 유량	25 kg/s
회전 속도	150 rev/s
단을 통한 축방향 속도	157 m/s
일계수	0.95
평균 날개 속도	200 m/s
평균 반경에서 반동도	50 %
회전자익의 종횡비	3
입구 정체 온도	288 K
입구 정체 압력	101.3 kPa

다음을 결정하라.

(a) 평균 반경에서 날개각과 공기 유동각

(b) 평균 반경

(c) 날개 높이

(d) 피치와 익현(chord)

(e) 날개 수

5.6 날개를 원호 형태의 캠버선으로 가정하고, 문제 5.5의 데이터를 이용하며 그림 5.13의 자료를 이용하여 다음을 구하라.

(a) 날개의 캠버각

(b) 편차 각

(c) 날개의 영각

(d) 날개의 총 항력계수

(e) 익렬의 효율과 단의 효율

(f) 단의 정압비

(g) 단의 총압비

5.7 축류압축기가 압축기 전체에서 일정한 축방향 속도 160 m/s를 가지며 압축비는 5 : 1이다. 각 단의 반동도는 50%이고 상대 공기 출구각은 모든 단에서 같다(30°). 폴리트로프 효율을 88%로 가정할 때 압축기의 단 수를 결정하라.

5.8 축류압축기의 총압비가 6, 총 압력과 입구 온도는 각각 0.408 MPa과 300 K, 전체 등엔트로피 효율은 82%이다. 반동도는 50%이고 모든 단에서 하는 일은 같다. 특정 단의 평균 높이에서 날개속도가 203 m/s이고, 축방향 속도가 171 m/s이다. 이 단에서 회전자의 절대 공기 유입각이 15° 이고 일계수가 0.92일 때 다음을 구하라.

(a) 회전자 공기 유입각

(b) 필요한 단의 개수

(c) 회전자 입구의 공기의 온도

(d) 회전자 입구의 상대 마하수

5.9 축류압축기가 10개의 단을 가지며 다음 데이터가 각 단의 평균 직경에서 얻어졌다.

날개 속도	200 m/s
반동도	0.5
폴리트로프 효율	0.88
단 효율	0.84
회전자 입구에서 공기의 절대속도 각도	13°
회전자 출구에서 공기의 절대속도 각도	45°
일 계수	0.86
입구의 정체압	99.3 kPa
입구의 정체 온도	15℃

첫 단의 총압비와 전체 정압비를 구하라.

5.10 실험실에서 시험중인 축류압축기에서 반동도 0.65와 유량 계수 0.55에 대하여 단 하중 계수가 0.4이다. 날개 속도는 일정하게 유지하면서 질량 유량을 7% 줄이고자 하며, 이러한 새로운 조건하에서 회전자와 정지자의 상대 유동의 출구각은 변하지 않는다고 가정한다. 새로운 조건하에서 단 하중과 반동도는 얼마인가? 일 계수는 0.9라고 한다.

문제풀이

5.1

식 (5.6)으로부터 터빈이나 압축기의 회전자에서 I값은 입구에서부터 일정하고 $h_{01\text{rel}} = h_{02\text{rel}}$ 이다. 그러므로

$$h_1 + \frac{W_1^2}{2} = h_2 + \frac{W_2^2}{2}$$

또는

$$h_1 - h_2 = \frac{W_2^2 - W_1^2}{2}$$

이 된다. 단 전체에서 유체는 비압축성이라고 가정할 수 있다. 따라서

$$p_{01\text{rel}} = p_1 + \frac{\rho W_1^2}{2} \quad \text{그리고} \quad p_{02\text{rel}} = p_2 + \frac{\rho W_2^2}{2}$$

이고

$$h_1 - h_2 = \left(\frac{p_{02\text{rel}} - p_2}{\rho}\right) - \left(\frac{p_{01\text{rel}} - p_1}{\rho}\right)$$

이 된다. 이제 그림 5.4로부터, 등엔트로피선을 따라서

$$T\text{d}s = \text{d}h - \frac{1}{\rho}\,\text{d}p = 0$$

이므로

$$\text{d}h = \frac{1}{\rho}\,\text{d}p$$

이 되고, 1 - 2s선을 따라서

$$h_{2\text{s}} - h_1 - \frac{p_2 - p_1}{\rho} = 0$$

이 되므로 다음과 같이 유도된다.

$$h_2 - h_{2\text{s}} = \frac{p_{01\text{rel}} - p_1 - p_{02\text{rel}} + p_2}{\rho} - \frac{p_2 - p_1}{\rho}$$

$$= \frac{p_{01\text{rel}} - p_{02\text{rel}}}{\rho}$$

5.2

단이 표준이고 반동도가 50%이기 때문에, 속도 삼각형은 그림 5.7에서처럼 대칭이 된다.

식 (5.4)로부터 단을 통해서 $W/m = C_p(T_{02} - T_{01})$이 된다. 이제

$$U(C_{x2} - C_{x1}) = U(W_{x1} - W_{x2})$$

그러므로

$$C_p(T_{02} - T_{01}) = \frac{C_a^2}{\phi}(\tan\beta_1 - \tan\beta_2)$$

문제는 β_1 과 C_a 를 찾는 것으로 귀착된다.

$$\tan\beta_1 = \frac{2R}{\phi} - \tan\beta_2$$

$$= \frac{2\times0.5}{0.55} - \tan\beta_2$$

$$= 1.19$$

$$\beta_1 = 50 \text{ deg}$$

한편,

$$M_{r1} = \frac{W_1}{(\gamma RT_1)^{1/2}}$$

이고 이로부터

$$W_1^2 = \gamma RM_{r1}^2\left(T_{01} - \frac{C_1^2}{2C_p}\right)$$

이 된다. $W_1 = C_a/\cos\beta_1$ 이고 $C_1 = C_a/\cos\alpha_1$, $\beta_2 = \alpha_1$ 이다. 따라서

$$C_1 = C_a/\cos 32° = C_a/0.848$$

$$W_1 = C_a/\cos 50° = C_a/0.643$$

을 얻는다. W_1 과 C_1 을 대입하면 C_a는 다음과 같이 구해진다.

$$\begin{aligned} C_a^2 &= \gamma R M_{r1}^2 \left(T_{01} - \frac{C_a^2}{1.44 C_p} \right) \cos^2 50^\circ \\ &= 1.4 \times 287 \times 0.5625 \left(290 - \frac{C_a^2}{1.44 \times 1005} \right) 0.643^2 \\ &= 2.71 \times 10^4 - 0.064 C_a^2 \end{aligned}$$

$$C_a^2 = 25470$$

$$C_a = 159.6\,\text{m/s}$$

계산된 값을 대입하면 다음을 얻는다.

$$T_{02} - T_{01} = \frac{159.6^2}{1005 \times 0.55} (\tan 50^\circ - \tan 32^\circ)$$

정체 온도 상승 = 26.1 K

5.3

풀이는 평균반경 r_m 에서 식 (5.9)부터 시작한다.

$$T_{03} - T_{01} + \frac{\lambda U_m C_a}{C_p} (\tan \beta_1 - \tan \beta_2)$$

여기에서,

$$\begin{aligned} \tan \beta_1 - \tan \beta_2 &= \frac{20 \times 1005}{0.92 \times 210 \times 157.5} \\ &= 0.66 \end{aligned}$$

이다. 또한 식 (5.11)로부터

$$R = \frac{C_a}{2 U_m} (\tan \beta_1 + \tan \beta_2)$$

이고, 따라서

$$\begin{aligned} \tan \beta_1 + \tan \beta_2 &= \frac{0.5 \times 2 \times 210}{157.5} \\ &= 1.333 \end{aligned}$$

이 된다. $\tan\beta_2$ 를 소거하면 다음과 같다.

$$2\tan\beta_1 = 1.99$$

$$\underline{\beta_1 = 44.8°}$$

그리고

$$\tan\beta_2 = 1.333 - 0.933$$

$$\underline{\beta_2 = 18.78°}$$

평균반경에서 $R = 0.5$ 이므로, $\alpha_1 = \beta_2$, $\alpha_2 = \beta_1$ 이다.

팁에서는, 그림 5.3의 입구 속도 삼각형으로부터 다음을 얻는다.

$$\begin{aligned}\tan\alpha_1 + \tan\beta_1 &= U/C_a \\ &= \frac{262.5}{157.5} \\ &= 1.666\end{aligned}$$

이와 유사하게 출구에서는 다음이 된다.

$$\tan\alpha_2 + \tan\beta_2 = 1.66$$

자유와류형 설계에서는 모든 반경에서 rC_{x1} = 일정 이고, 따라서 평균반경과 팁 사이에서는 다음과 같다.

$$r_m C_{xm} = r_t C_{xt}$$

$$r_m \tan\alpha_{1m} = r_t \tan\alpha_{1t}$$

C_a 는 상수이므로,

$$\tan\alpha_{1t} = \frac{r_m}{r_t}\tan\alpha_{1m}$$

그러나,

$$\frac{r_m}{r_t} = \frac{U_m}{U_t} = 0.8$$

이므로,

$$\tan\alpha_{1t} = 0.8\tan 18.78°$$

이 되고, 팁에서의, 입구 유동각은 아래와 같이 구해진다.

$$\underline{\alpha_{1t} = 15.21°}$$

팁에서의 날개각은 아래와 같이 구해진다.

$$\tan\beta_{1t} = \frac{262.5}{157.5} - \tan 15.21°$$

$$\underline{\beta_{1t} = 54.37°}$$

출구에서는 모든 반경에서 rC_{x2} = 일정 이므로

$$\begin{aligned}\tan\alpha_{2t} &= 0.8\tan\alpha_{2m} \\ &= 0.8\tan 44.8° \\ &= 0.794\end{aligned}$$

$$\underline{\alpha_{2t} = 38.45°}$$

와 같이 팁에서의 출구 유동각이 구해지며, 팁에서의 출구 날개각은 다음과 같이 구해진다.

$$\begin{aligned}\tan\beta_{2t} &= 1.66 - \tan\alpha_{2t} \\ &= 1.66 - 0.794\end{aligned}$$

$$\underline{\beta_{2t} = 40.9°}$$

날개 뿌리쪽에 대해 같은 식을 적용하면, 입구에서

$$\tan\alpha_1 + \tan\beta_1 = 1$$

그리고,

$$\begin{aligned}rC_{x1} &= \text{일정} \\ \tan\alpha_{1r} &= \frac{U_m}{U_r}\tan\alpha_{1m} \\ &= \frac{210}{157.5}\tan 18.78° \\ &= 0.453\end{aligned}$$

으로부터, 입구에서의 유동각은 아래와 같다.

$$\underline{\alpha_{1r} = 24.38^\circ}$$

뿌리에서 입구 날개각은

$$\tan\beta_{1r} = 1 - \tan 24.38^\circ$$

$$\beta_{1r} = 28.68^\circ$$

이고, 뿌리에서 출구 유동각은

$$\tan\alpha_{2r} = \frac{210}{157.5}\tan\alpha_{2m}$$

$$= 1.333\tan 44.8^\circ$$

$$\underline{\alpha_{2r} = 52.94^\circ}$$

이다. 그리고 뿌리에서 출구 날개각은 다음과 같이 주어진다.

$$\tan\beta_{2r} = 1 - \tan\alpha_{2r}$$

$$= 1 - 1.324$$

$$= -0.324$$

$$\underline{\beta_{2r} = -17.95^\circ}$$

팁에서, 반동은

$$R_t = \frac{\phi}{2}(\tan\beta_{1t} + \tan\beta_{2t})$$

$$= \frac{157.5}{262.5\times 2}(\tan 54.37^\circ + \tan 40.9^\circ)$$

$$\underline{= 0.68}$$

뿌리에서, 반동은

$$R_t = \frac{157.5}{2\times 157.5}(\tan 28.68^\circ + \tan(-17.95^\circ))$$

$$\underline{= 0.112}$$

5.4

식 (5.11)과 (5.9)는 모든 반경에서 적용된다. 평균반경에서의 각도는 당연히 변하지 않는다.

팁에서 식 (5.11)을 사용하면,

$$0.5 = \frac{157.5}{2 \times 262.5}(\tan\beta_1 + \tan\beta_2)$$

그리고, 식 (5.9)를 사용하면

$$\tan\beta_1 - \tan\beta_2 = \frac{20 \times 1005}{0.92 \times 157.5 \times 262.5}$$

$$= 0.528$$

이 되고 $\tan\beta_1$에 관하여 풀면,

$$2\tan\beta_1 = 1.666 + 0.528$$

$$\tan\beta_1 = 1.097$$

을 얻는다. 팁에서, 날개각과 유동각은 서로 같다.

$$\underline{\beta_1 = 47.64° = \alpha_2}$$

출구 날개각은 다음과 같이 구해진다.

$$\tan\beta_2 = \tan 47.64 - 0.528$$

$$= 1.097 - 0.528$$

$$\underline{\beta_2 = 29.64° = \alpha_1}$$

뿌리에서 같은 식들을 쓰면,

$$\tan\beta_1 + \tan\beta_2 = \frac{0.5 \times 2 \times 157.5}{157.5} = 1$$

$$\tan\beta_1 - \tan\beta_2 = \frac{20 \times 1005}{0.92 \times 157.5 \times 157.5}$$

$$= 0.881$$

이 되고, 따라서 다음 결과를 얻는다.

$$2\tan\beta_1 = 1.881$$

$$\underline{\beta_1 = 43.23^\circ = \alpha_2}$$

$$\tan\beta_2 = 1 - 0.94$$

$$\underline{\beta_2 = 3.43^\circ = \alpha_1}$$

5.5

(a) 평균 반경에서 식 (5.9)를 사용하면,

$$T_{03} - T_{01} = \frac{\lambda U C_a}{C_p}(\tan\beta_1 - \tan\beta_2)$$

$$22 = \frac{0.95 \times 200 \times 157}{1005}(\tan\beta_1 - \tan\beta_2)$$

$$\tan\beta_1 - \tan\beta_2 = 0.741$$

을 얻고, 식 (5.11)을 사용하면

$$R = \frac{C_a}{2U}(\tan\beta_1 + \tan\beta_2)$$

$$\tan\beta_1 + \tan\beta_2 = \frac{0.5 \times 2 \times 200}{157}$$

$$= 1.27$$

을 얻는다. β_1과 β_2에 대하여 풀면, 다음과 같이 구할 수 있다.

$$2\tan\beta_1 = 2.011$$

$$\underline{\beta_1 = 45.16^\circ = \alpha_2} \text{ (대칭이므로)}$$

$$\tan\beta_2 = 1.27 - \tan 45.16$$

$$\underline{\beta_2 = 14.81^\circ = \alpha_1}$$

(b) 평균반경은 다음과 같이 구할 수 있다.

$$
\begin{aligned}
r_m &= \frac{U}{2\pi N} \\
&= \frac{200}{2\pi \times 150} \\
&= 0.212\,\text{m}
\end{aligned}
$$

(c) 날개 높이는 연속방정식

$$m = \rho_1 A C_a$$

에 사용된 유동의 원환 단면적으로부터 얻어진다.

$$
\begin{aligned}
C_1 &= \frac{C_a}{\cos\alpha_1} \\
&= \frac{157}{\cos 14.81} \\
&= 162.4\,\text{m/s}
\end{aligned}
$$

$$
\begin{aligned}
T_1 &= T_{01} - \frac{C_1^2}{2C_p} \\
&= 288 - \frac{162.4^2}{2\times 1005} \\
&= 274.88\,\text{K}
\end{aligned}
$$

입구에서 등엔트로피 유동을 가정하면,

$$\frac{p_1}{p_{01}} = \left(\frac{T_1}{T_{01}}\right)^{\gamma/(\gamma-1)}$$

이 되고, 정압은

$$
\begin{aligned}
p_1 &= 101.3\left(\frac{274.9}{288}\right)^{3.5} \\
&= 86.1\,\text{kPa}
\end{aligned}
$$

이 된다. 따라서

$$
\begin{aligned}
\rho_1 &= \frac{p_1}{RT_1} \\
&= \frac{86.1\times 10^3}{287\times 274.88} \\
&= 1.09\,\text{kg/m}^3
\end{aligned}
$$

을 얻는다. 또, 연속방정식으로부터

$$A = \frac{25}{1.09 \times 157} = 0.146\,\text{m}^2$$

이고, 날개 높이는 다음과 같이 구해진다.

$$h = \frac{A}{2\pi r_m} = \frac{0.146}{2\pi \times 0.212} = 0.11\,\text{m}$$

원환 단면 내에서의 유동각의 변화는 연습문제 5.3과 5.4와 같이 결정된다. (여기서 반복하지는 않겠다.) 다만, 여기서는 이것은 유동을 어떻게 가정하느냐 (즉, 자유와류로 하느냐, 아니면 일정 반동의 것으로 하느냐)에 따라 달라짐을 알 필요가 있다.

(d) 익렬에 대한 전향각 곡선(그림 5.14)을 사용하여 피치와 익현을 구한다. 평균반경에서, 날개각 β와 유동각 α가 같은 것을 주목하면, 출구각 $\beta_2 = 14.81°$에서 그림 5.14으로부터 고형비(solidity)는 다음과 같이 얻어진다.

$$\varepsilon^* = \beta_1 - \beta_2 = 45.16° - 14.81° = 30.35°$$

그러므로, 그림 5.14의 14.8°의 출구유동각 β_2에서 고형비는 다음과 같이 얻어진다.

$$s/c = 0.8$$

$$\text{날개의 종횡비} = \frac{\text{폭}}{\text{익현}}$$

$$c = \frac{0.11}{3}$$

$$\underline{\text{날개 익현} = 0.0366\ \text{m}}$$

날개 피치

$$s = 0.8 \times 0.0366$$

$$\underline{= 0.0293\ \text{m}}$$

(e)

$$\text{날개의 수} = \frac{\text{평균 반경에서의 원주}}{\text{평균 반경에서의 피치}}$$

$$= \frac{2\pi \times 0.212}{0.0293}$$

$$\underline{= 45.46}$$

날개의 수는 일반적으로 소수(素數)를 선택한다. 이것은 동익과 정익간의 공진 주파수를 피하기 위함이다. 이 문제에서 45는 5나 9로 나누어지고, 그러므로, 43이나 47같은 가장 가까운 소수를 선택한다. 만약 47을 선택했다면,

$$\underline{s = 0.0283\ \text{m}},\quad \underline{c = 0.0354}\ \text{그리고}\ \underline{\text{종횡비} = 3.1}$$

5.6

(a) 그림 5.11과 식 (5.19)에서와 같이 편차각(deviation angle)은 $\delta = \alpha_2 - \alpha_2^1$이다. m에 대한 식 (5.20)에서 $(2a/c)$는 1 이고(원호형 캠버에서), 평균반경에서 익렬의 α_2는 동익의 β_2와 같고, $\alpha_2 = 14.81$이다. 그러므로

$$\begin{aligned} m &= 0.23\left(\frac{2a}{c}\right)^2 + 0.1\left(\frac{\alpha_2}{50}\right) \\ &= 0.23 \times (1) + 0.1\left(\frac{14.81}{50}\right) \\ &= 0.26 \end{aligned}$$

이에 따라 편차각은 아래와 같이 구할 수 있다.

$$\begin{aligned} \delta &= m\theta(s/c)^{1/2} \\ &= 0.26(0.8)^{1/2}\theta \end{aligned}$$

$$\underline{\text{편차각 } \delta = 0.233\theta}$$

(b) 캠버각

$$\begin{aligned} \theta &= \alpha'_1 - \alpha'_2 \\ &= \alpha'_1 - \alpha_2 + \delta \\ &= \alpha'_1 - \alpha_2 + 0.233\theta \end{aligned}$$

익렬 입구 유동각 α_1 는 압축기의 상대 입구 유동각 $\beta_1 = 45.16°$ 과 같다. 또한, 입사각(incidence)이 0 이므로, 익렬 입구 날개각 α'_1 은 입구 유동각 α_1 과 같다.

$$\theta = 45.16 - 14.81 + 0.233\theta$$

$$\text{캠버각 } \theta = 39.57°$$

(c) 그림 5.11의 형상으로부터 원호형 익렬의 날개 설치각은 다음과 같다.

$$\begin{aligned} \zeta &= \alpha'_1 - \frac{\theta}{2} \\ &= 45.16 - \frac{39.57}{2} \end{aligned}$$

$$\underline{\text{영각} = 25.4°}$$

이제 계산된 각도에서, 원호형 캠버라인 위의 선택된 날개 형상을 구성하기 위해 필요한 모든 정보가 얻어졌다.

(d) $(s/c) = 0.8$ 에 대한 익렬 양력계수는 그림 5.17로부터 $\alpha_2 = 14.81°$ 에서 $C_L = 0.9$ 로 주어진다. 식 (5.30)에서 이차손실은 다음과 같다.

$$\begin{aligned} C_{DS} &= 0.018 C_L^2 \\ &= 0.018 \times (0.9)^2 \\ &= 0.01458 \end{aligned}$$

그리고, 식 (5.29)에서 원환손실은 다음과 같이 주어진다.

$$\begin{aligned} C_{DA} &= 0.02(s/h) \qquad (\text{폭} = \text{날개 높이}) \\ &= 0.02 \times \frac{0.0283}{0.11} \end{aligned}$$

$$= 0.005145$$

그러면, 0 의 입사각(incidence)에서 그림 5.13을 사용하여, $\overline{p}_0 / \frac{1}{2}\rho C_1^2 = 0.012$ 을 얻고, 식 (5.26)에 넣으면 직선 익렬에 대한 양력계수가 얻어진다.

$$C_D = \left(\frac{s}{c}\right)\left(\frac{\overline{p}_0}{\frac{1}{2}\rho C_1^2}\right)\frac{\cos^3\alpha_\infty}{\cos^2\alpha_1}$$
$$= 0.8 \times 0.012\left(\frac{\cos^3\alpha_\infty}{\cos^2 45.16}\right)$$

그런데,

$$\tan\alpha_\infty = \frac{\tan\alpha_1 + \tan\alpha_2}{2}$$
$$= \frac{\tan 45.16 + \tan 14.81}{2}$$
$$\alpha_\infty = 32.41^\circ$$

이므로 항력계수는 다음과 같이 계산된다.

$$C_D = \frac{0.8 \times 0.012 \times \cos^3 32.41}{\cos^2 45.16}$$
$$= 0.0116$$

손실에 대한 식을 (5.31)에 대입하면 총항력계수는 다음과 같다.

$$C_{DT} = C_D + C_{DA} + C_{DS}$$
$$= 0.0116 + 0.005145 + 0.01458$$

날개 항력 계수= 0.0313

(e) 직선 익렬이든 원호형 익렬이든 같은 식을 사용할 수 있다. 압력손실계수를 얻기 위하여 식 (5.26)을 다시 사용하면,

$$C_{DT} = \left(\frac{s}{c}\right)\frac{\overline{p}_0 \cos^3\alpha_\infty}{\frac{1}{2}\rho C_1^2 \cos^2\alpha_1}$$

이 된다. 이로부터 다음과 같이 구할 수 있다.

$$\frac{\overline{p}_0}{\frac{1}{2}\rho C_1^2} = \frac{0.0313 \times \cos^2 45.16}{0.8\cos^3 32.41}$$
$$= 0.0323$$

이제 익렬을 통한 이론 압력상승은 $\bar{p}_0 = 0$ 일 때, 식 (5.33)으로 주어지고, 이것은 식 (5.34)의 날개 효율을 준다.

날개 효율은

$$\eta_b = 1 - \frac{\bar{p}_0}{\triangle p_{\text{theor}}}$$

식 (5.33)을 $\rho C_1^2/2$ 로 나누면, 다음을 얻는다.

$$\begin{aligned}
\frac{\triangle p_{\text{theor}}}{\frac{1}{2}\rho C_1^2} &= \left(\frac{C_a}{C_1}\right)^2 (\tan^2\alpha_1 - \tan^2\alpha_2) \\
&= \cos^2\alpha_1(\tan^2\alpha_1 - \tan^2\alpha_2) \\
&= \cos^2 45.16(\tan^2 45.16 - \tan^2 14.81) \\
&= 0.468
\end{aligned}$$

그러므로,

$$\begin{aligned}
\eta_b &= 1 - \frac{0.0323}{0.468} \\
&= 0.931
\end{aligned}$$

익렬 효율 = 0.931

50% 반동도에서는 정지자 익렬의 효율이 평균 직경에서 회전자 익의 그것과 거의 같다. 회전자 익과 정지자 익렬 사이에서 높이와 익간격 차이가 있어 C_{DA}에 영향을 미칠 수 있다. 그러나, (d)에서와 같이, 이 항력은 전체 항력의 작은 부분을 차지하고, 그 영향은 무시할만 하다.

50% 반동도에서 단 효율은 식 (5.36)으로부터 날개 효율과 같음을 알 수 있다.

$$\eta_s = 0.931$$

(f) 단 정압비는 식 (5.35)로부터 다음과 같이 얻어진다.

$$\frac{T_{3ss}}{T_1} = \left(1 + \eta_s \frac{T_3 - T_1}{T_1}\right) = \left(\frac{p_3}{p_1}\right)^{(\gamma-1)/\gamma}$$

표준 단에서 $C_1 = C_3$이고, 단 정온도 상승은 단 정체온도 상승과 같다.

$$\frac{p_3}{p_1} = \left[1 + 0.931\left(\frac{22}{274.88}\right)\right]^{3.5}$$

$$\underline{= 1.29}$$

(g)
$$\frac{p_{03}}{p_{02}} = \left[1 + 0.931\left(\frac{22}{288}\right)\right]^{3.5}$$

$$\underline{= 1.27}$$

5.7

50% 반동도이므로 속도는 그림 5.7와 같이 대칭이고, $\alpha_1 = \beta_2$, $\alpha_2 = \beta_1$이다. 단의 수는 식 (5.46)에서 얻어진다.

$$\frac{T_{0\mathrm{II}}}{T_{0\mathrm{I}}} = \frac{T_{0\mathrm{I}} + N\Delta T_0}{T_{0\mathrm{I}}}$$

식 (5.8)을 사용하면 단 정체온도 상승은 다음과 같다.

$$\Delta T_0 = T_{03} - T_{01} = \frac{UC_a}{C_p}(\tan\beta_1 - \tan\beta_2)$$

여기서 $\beta_2 = 30°$ 이다. 한편,

$$\begin{aligned} W_{x2} &= C_a \tan\beta_2 \\ &= 160 \tan 30° \\ &= 92.38\ \mathrm{m/s} \end{aligned}$$

따라서,

$$\begin{aligned} W_1 = C_2 &= [(U - W_{x2})^2 + C_a^2]^{1/2} \\ &= [(244 - 92.38)^2 + 160^2]^{1/2} \\ &= 220.4\ \mathrm{m/s} \end{aligned}$$

$$\cos\beta_1 = C_a / W_1$$

$$= \frac{160}{220.4}$$

$$\beta_1 = 43.45°$$

그러므로

$$\triangle T_0 = \frac{244 \times 160}{1005}(\tan 43.45° - \tan 30°)$$

$$= 14.37\,\text{K}$$

식 (5.44)에서 총 온도비는 다음과 같이 주어진다.

$$\frac{T_{0\text{II}}}{T_{0\text{I}}} = \left(\frac{p_{0\text{II}}}{p_{0\text{I}}}\right)^{(\gamma-1)/\eta_p\gamma}$$

$$= 5^{0.4/(0.88\times1.4)}$$

$$= 5^{0.3247}$$

$$= 1.68$$

따라서

$$N = \frac{(1.68\times288)-288}{14.37}$$

$$= 13.3$$

전체 단의 수 = 14

5.8

(a) 그림 5.3의 속도 선도는 대칭이고, 따라서 $\alpha_1 = 15° = \beta_2$이다.

$$C_{x1} = C_a \tan\alpha_1$$

$$= 171 \times \tan 15°$$

$$= 45.8\,\text{m/s}$$

$$\tan\beta_1 = \frac{U - C_{x1}}{C_a}$$

$$= \frac{203 - 45.8}{171}$$

$$\tan\beta_1 = 0.919$$

$$\beta_1 = 42.6° = \alpha_2 \ (50\% \text{ 반동도에서})$$

<u>회전자 입구 날개각 $\beta_1 = 42.6°$</u>

(b) 전 등엔트로피 효율은 압축기 입구와 출구 사이의 작동 조건에 의해 얻어진다.

$$\text{전 등엔트로피 효율} = \frac{\text{등엔트로피 일}}{\text{실제 일}}$$

$$= \frac{T_{0IIs} - T_{0I}}{T_{0II} - T_{0I}}$$

$$= \left(\frac{T_{0IIs}}{T_{0I}} - 1\right) \Big/ \left(\frac{T_{0II}}{T_{0I}} - 1\right)$$

식 (5.45)에 의해 (T_{0II}/T_{0I})을, 등엔트로피 관계로부터 (T_{0IIs}/T_{0I})을 대입하면 다음을 얻는다.

$$\eta_0 = \left[\left(\frac{p_{0II}}{p_{0I}}\right)^{(\gamma-1)/\gamma} - 1\right] \Big/ \left[\left(\frac{p_{0II}}{p_{0I}}\right)^{(\gamma-1)/\gamma\eta_p} - 1\right]$$

$$0.82 = (6^{0.286} - 1)/(6^{0.286/\eta_p} - 1)$$

$$6^{0.286/\eta_p} = \left(\frac{1.669 - 1}{0.82}\right) + 1$$

$$= 1.816$$

$$\frac{0.286}{\eta_p} \log 6 = \log 1.816$$

폴리트로프 효율은

$$\eta_p = 0.859$$

이고, 따라서

$$\frac{T_{0\text{II}}}{T_{0\text{I}}} = \left(\frac{p_{0\text{II}}}{p_{0\text{I}}}\right)^{0.286/0.859}$$

$$= 1.82\,\text{K}$$

이 된다. 단의 수를 얻기 위하여 식 (5.46)에 넣으면,

$$\frac{T_{0\text{II}}}{T_{0\text{I}}} = \frac{T_{0\text{I}} + N \triangle T_0}{T_{0\text{I}}}$$

여기서

$$\triangle T_0 = \text{단에서 정체 온도 상승}$$

이다. 그리고,

$$C_p \triangle T_0 = \lambda C_a U(\tan\beta_1 - \tan\beta_2) \ (\text{식 } (5.9)\text{로 부터})$$

$$= 0.92 \times 171 \times 203(\tan 42.6^\circ - \tan 15^\circ)$$

$$= 20.81\,\text{kJ/kg}$$

이므로, 단의 수는 다음과 같이 주어진다.

$$N = \left[\frac{(1.82 \times 300) - 300}{20.81 \times 10^3}\right]1005$$

$$= 11.8$$

$$\underline{= 12 \text{ 단}}$$

(c) 회전자 입구에서

$$T_1 = T_{01} - \frac{C_1^2}{2C_p}$$

이다. 한편,

$$C_1 = \frac{C_a}{\cos\alpha_1}$$

$$= \frac{171}{\cos 15^\circ}$$

$$= 177$$

이므로, 다음과 같이 구해진다.

$$T_1 = 300 - \frac{177^2}{2 \times 1005}$$
$$= 300 - 15.58$$
$$\underline{= 284.4\,\mathrm{K}}$$

(d) 회전자 입구의 상대 마하수는 다음과 같다.

$$M_{1r} = W_1 / a_1$$

여기서

$$a_1 = (\gamma R T_1)^{1/2}$$
$$= (1.4 \times 287 \times 284.4)^{1/2}$$
$$= 338\,\mathrm{m/s}$$

또한,

$$W_1^2 = (U - C_{x1})^2 + C_a^2$$
$$= (203 - 45.8)^2 + 171^2$$
$$= 53953$$
$$W_1 = 232.3\,\mathrm{m/s}$$

이므로 대입하면 다음을 얻는다.

$$M_{r1} = \frac{232.3}{338}$$
$$\underline{= 0.687}$$

5.9

(a) 축방향 속도는 먼저 속도 삼각형으로부터 얻어진다. 50% 반동도에서 축방향 속도는 대칭이므로 그림 5.7(a)에서 $\alpha_1 = \beta_2$, $\alpha_2 = \beta_1$ 이고, 따라서,

$$\frac{U - C_a \tan \alpha_1}{C_a} = \tan \beta_1$$

$$C_a = \frac{200}{\tan 45^\circ + \tan 13^\circ}$$
$$= 162.5 \text{ m/s}$$

이 된다. 첫 번째 단에서 행해진 일은 식 (5.9)에 의해 다음과 같이 얻어진다.

$$C_p(T_{03} - T_{01}) = \lambda C_a U(\tan\beta_1 - \tan\beta_2)$$
$$= 0.86 \times 162.5 \times 200(\tan 45^\circ - \tan 13^\circ)$$
$$= 21497 \text{ J/kg}$$

첫 번째 단에서 압력비는 식 (5.7)로 부터 다음과 같이 주어진다.

$$\frac{p_{03}}{p_{01}} = \left(1 + \eta_c \frac{T_{03} - T_{01}}{T_{01}}\right)^{\gamma/(\gamma-1)}$$
$$= \left(1 + \frac{0.84 \times 21497}{288 \times 1005}\right)^{3.5}$$
$$= 1.24$$

전 정압비를 얻기 위하여 식 (5.44)를 사용한다.

$$\frac{p_{II}}{p_I} = \left(\frac{T_{II}}{T_I}\right)^{\eta_p \gamma/(\gamma-1)}$$

한편,

$$T_{0II} = T_{0I} + 10 \times \triangle T_0$$
$$= 288 + \frac{10 \times 21497}{1005}$$
$$= 502 \text{ K}$$

또한,

$$C_1 = \frac{C_a}{\cos\alpha_1}$$
$$= \frac{162.5}{\cos 13^\circ}$$
$$= 166.8 \text{ m/s}$$

을 얻고, 따라서

$$T_{\mathrm{I}} = T_{0\mathrm{I}} - \frac{C_1^2}{2C_p}$$
$$= 288 - \frac{166.8^2}{2\times 1005}$$
$$= 274.1\,\mathrm{K}$$

$$T_{\mathrm{II}} = T_{0\mathrm{II}} - \frac{C_1^2}{2C_p}$$
$$= 502 - \frac{166.8^2}{2\times 1005}$$
$$= 488.1\,\mathrm{K}$$

이 되어, 전 정압비는 다음과 같이 계산된다.

$$\frac{p_{\mathrm{II}}}{p_{\mathrm{I}}} = \left(\frac{488.1}{274.1}\right)^{0.88\times 1.4/0.4}$$

전 정압비 = 5.91

5.10

두 가지 경우의 속도 삼각형이 아래에 그려져 있다(그림 5.23). 그림은 대칭이 아니라는 것을 보여주고 있다. 질량유량이 감소할 때, 축방향 속도 C_a 도 감소하고, 또한 β_2와 α_1은 일정하다는 것을 염두에 두면 점선은 새로운 속도 삼각형을 보여주고 있다. 각도 α_1은 전방 정지자의 출구각과 같으므로 일정하다.

식 (5.14)로 단 부하를 계산한다.

$$\psi = \lambda\phi(\tan\alpha_2 - \tan\alpha_1)$$
$$= \lambda\phi(\tan\beta_1 - \tan\beta_2)$$

식 (5.11)은 반동도를 제시한다.

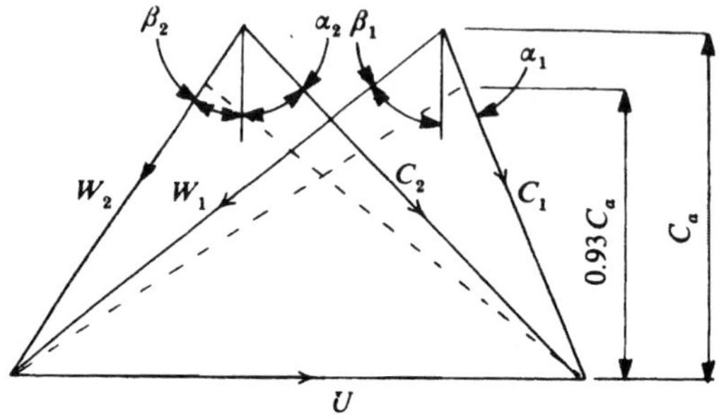

그림 5.23

$$R = \frac{\phi}{2}(\tan\beta_1 + \tan\beta_2)$$

β_1과 β_2에 관하여 풀면,

$$\tan\beta_1 = \left(R + \frac{\psi}{2\lambda}\right)/\phi$$

$$\tan\beta_2 = \left(R - \frac{\psi}{2\lambda}\right)/\phi$$

이 되고, 초기 유동조건에서

$$\tan\beta_1 = \left(0.65 + \frac{0.4}{1.8}\right)/0.55$$

$$\beta_1 = 57.76°$$

$$\tan\beta_2 = \left(0.65 - \frac{0.4}{1.8}\right)/0.55$$

$$\beta_2 = 37.87°$$

을 얻는다. 한편 속도 삼각형으로부터

$$U = C_a(\tan\beta_2 + \tan\alpha_2)$$

이므로

$$\tan\alpha_2 = \frac{1}{0.55} - \tan 37.87°$$

$$\alpha_2 = 46.14°$$

을 얻고

$$U = C_a(\tan\alpha_1 + \tan\beta_1)$$

으로부터

$$\tan\alpha_1 = \frac{1}{0.55} - \tan 57.76°$$

$$\alpha_1 = 13.1°$$

을 얻는다. 감소된 질량유량에서

$$\phi = 0.55 \times 0.93$$

$$= 0.5115$$

이 된다. 그러면

$$\tan\beta_1 = \frac{1}{0.5115} - \tan 13.1°$$

$$\beta_1 = 59.86°$$

$$\tan\alpha_2 = \frac{1}{0.5115} - \tan 37.87°$$

$$\alpha_2 = 49.65°$$

이 되어, 새로운 단의 부하는

$$\psi = 0.9 \times 0.5115(\tan 59.86° - \tan 37.87°)$$

$$\underline{= 0.435}$$

이 되고, 새로운 반동도는 아래와 같이 구해진다.

$$R = \frac{0.5115}{2}(\tan 59.86° + \tan 37.87°)$$

$$\underline{= 0.64}$$

제 6 장

축류 증기터빈과 개스터빈

6.1 서　론

이 절에서는 증기터빈과 개스터빈에 동일한 이론이 적용될 수 있다고 보고 함께 고려할 것이다. 증기가 과열된 상태에서는 거의 완전기체로 거동하기 때문에 이 가정은 타당하다. 지금부터 유도할 이론과 방정식은 그러나 증기의 조건이 몰리에르(Mollier) 선도에서 포화곡선 아래로 떨어질 경우, 즉 증기터빈의 최저압 상태에는 적용할 수 없다는 점에 주의해야 한다.

축류터빈은 찰스 파슨스(Charles Parsons)경이 소형군함의 추진용으로 반동형 증기터빈을 장착하여 사용한 것이 처음이다. 그 후 증기터빈은 급속히 발달하여 지금은 출력이 몇 킬로와트에서 660MW까지 이르게 되었다. 이렇게 높은 출력이 가능한 것은 보일러와 과열기 내에서 증기를 과열시키고 과열된 증기를 터빈을 통하는 동안 팽창시키며 응축기 내에서 대기압 이하로 떨어지게 하여 증기로부터 최대한의 에너지를 얻는 일련의 과정이 쉽게 이루어질 수 있기 때문이다.

한편, 연소과정과 그 결과로 인한 배기 가스의 팽창에 대한 공기의 조건을 유지하기 위해, 압축기로부터 충분한 유량과 압축비를 동시에 얻어야 할 필요성 때문에 축류 개스터빈의 개발이 지연되었다. 초기에는 공기의 공

그림 6.1 160MW 축류 증기터빈 *(Escher Wyss Ltd의 호의에 의함)*

급을 원심 압축기로 하였고, 이어서 축류압축기가 개발되었으며, 터보제트와 터보팬 엔진의 경우는 터빈에 의해 얻어진 동력을 사용하여 축류압축기를 구동시켰다. 개스터빈 추진장치가 소형 군함에 적합한 반면에 증기터빈은 일반적으로 화석연료를 사용하는 발전소와 증기구동 선박에 주로 사용되어지고 있다. 개스터빈은 중량에 대한 동력의 비가 높다는 장점 때문에 보편적으로 대형 제트 비행기의 추진을 위한 동력장치에 사용된다.

기체(가스)로부터 에너지를 얻는 원리는 고압에너지를 점차 운동에너지로 변환시키는 것이다. 즉, 기체가 고정되어 있는 익렬과 움직이는 익렬을 사이를 번갈아 가면서 통과함으로 인해 에너지의 변환이 진행되는 것이다. 이 기체의 운동에너지는 터빈 허브(hub)에 부착되어 움직이는 날개에서 감소하고, 케이싱에 부착되어 고정되어 있는 날개에서는 회복된다. 이 경우, 기체의 밀도는 하류로 갈수록 점차 감소하게 되고, 따라서 일정한 축류 속

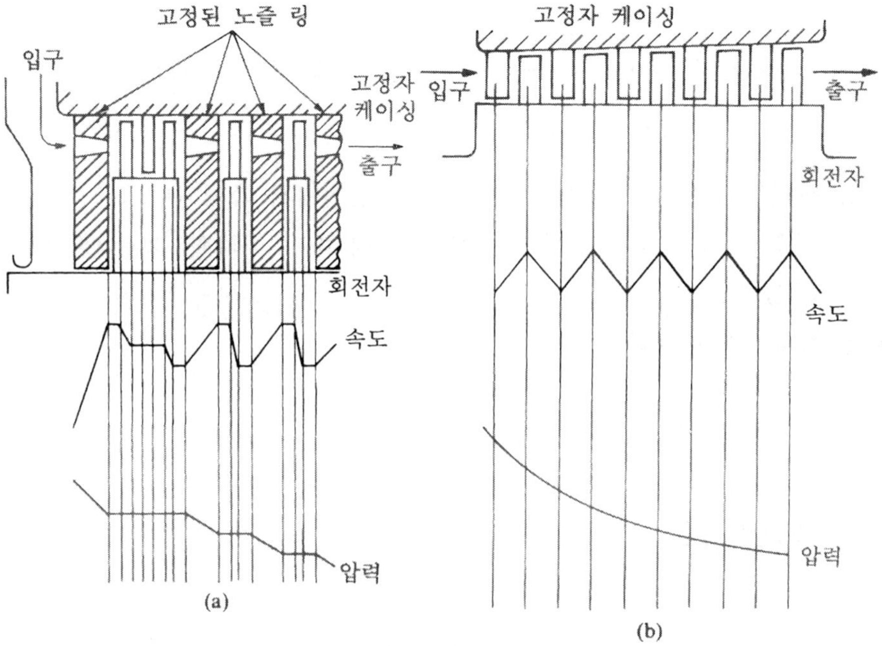

그림 6.2 충동 및 반동 축류터빈을 통한 압력 및 속도 변화
(a) 충동터빈 (b)반동터빈

도를 터빈을 통해 유지해야 할 경우에는 날개의 높이는 저압쪽으로 가면서 증가되어야 한다. 고정자(stator) 익열은 종종 노즐 익열(nozzle row)이라 부르고, 어떤 형태의 증기터빈 내에서는 드럼 주위에 배열된 수축노즐(converging nozzles)로써 노즐 익열을 구성한다.

그림 6.1은 케이싱의 하부에 놓여 있는 증기터빈의 회전자를 보여주고 있다. 이 그림에서 기체 유동의 방향을 따라 날개 높이가 증가하고 있음을 볼 수 있다. 축류터빈에는 반동식과 충동식이 있으며, 단일 터빈에서 이 두 가지 형태를 조합한 것도 있다. 그림 6.2에서는 기체가 충동단 및 반동단을 통과할 때 속도와 압력이 어떻게 변화하는가를 나타내었다. 깃 형태에 대해서는 6.6절에서 논하기로 한다. 그림의 전체적인 경향은 고정자 익열 또는

노즐 링에서 속도가 회복되면서 압력이 감소하고 있다. 고정자 익열과 그 다음의 회전자 익열이 하나의 단을 구성하는 것으로 하고, 단을 통한 조건(상태) 변화에 대해 이 다음에서 논의한다. 이를 위해 아래와 같이 가정한다.

1. 유동 상태는 별도의 언급이 없는 한 평균 반경에서 측정된다.
2. 평균 반경에 대한 깃의 높이비는 작고, 이에 따라 이차원 유동이론을 사용할 수 있다고 본다.
3. 반경 방향 속도는 0이다.

6.2 터빈 단

그림 6.3과 6.4은 하나의 터빈 단과 속도 삼각형을 각각 보여주고 있다. 고정자 깃 입구를 0, 회전자 입구를 1, 회전자 출구를 2로 표시하였다. 이 하첨자의 체제는 축류압축기의 경우와 같다. 모든 유동 각도는 축방향으로부터 측정된다. 그러나 증기터빈 분야에서는 일반적으로 날개 움직임 방향으로부터 유동각을 측정하기 때문에 주의를 필요로 한다.

각도 α_1 으로 고정자 날개를 떠나는 기체의 절대속도 벡터 C_1 에서 날개 속도벡터 U 를 빼면 회전자 입구에서 상대속도 벡터 W_1 이 결정된다. 회전자 날개를 통과하는 동안 유동방향이 변하며 절대속도는 감소하고 상대속도가 증가하여 압력이 감소된다. 기체는 상대속도 W_2 와 β_2 의 각도로 날개의 접선방향으로 유출된다. 상대속도 벡터 W_2 에서 날개 속도 벡터 U_2 를 빼면 절대속도 C_2 가 된다. 이것은 α_2 의 각도로 다음 고정자에 유입하는 속도가 되며, 표준 단의 경우에는 각각 α_0, C_0 로서 일정하다. 이 두 속도 삼각형을 그림 6.4와 같이 중첩시키고, 에너지 변환 관계를 나타내면 다음과 같이 된다.

$$E = U(C_{x1} - C_{x2})/g$$

여기서 C_{x2}는 x축에 대하여 음의 방향이므로, 단위 질량유량 당한 일은 다음 식과 같다.

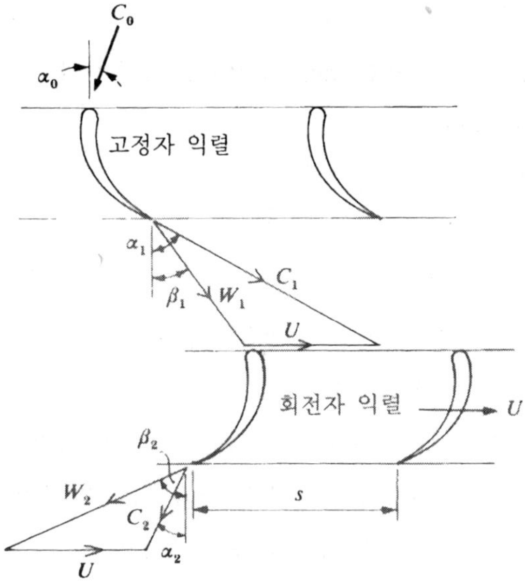

그림 6.3 축류 가스(혹은 증기)터빈 단에 대한 속도 삼각형

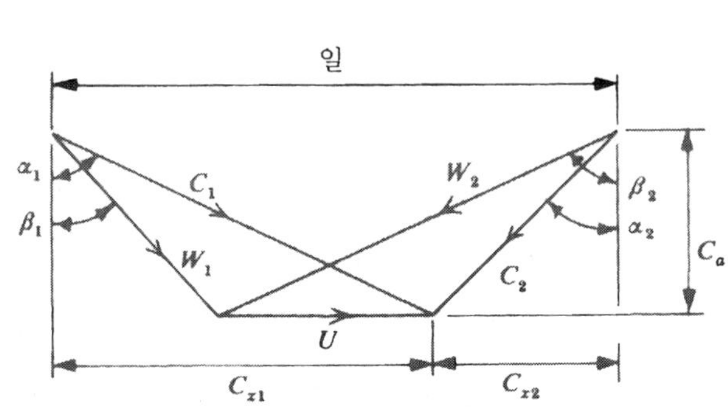

그림 6.4 겹쳐 그린 두 속도 삼각형

$$Eg = W/m = U(C_{x1} + C_{x2}) \tag{6.1}$$

$$= U(W_{x1} + W_{x2}) \tag{6.2}$$

만약 $C_{a1} \neq C_{a2}$ 이면 유동방향으로 축추력이 존재할 것이다. 그러나 C_a가 일정하다고 가정하여 다음과 같이 쓴다.

$$W/m = UC_a(\tan\alpha_1 + \tan\alpha_2) \tag{6.3}$$

$$= UC_a(\tan\beta_1 + \tan\beta_2) \tag{6.4}$$

식 (6.4)는 종종 단위 질량유량당 선도일(diagram work)로 불려지며, 이와 관련한 선도효율의 정의는 아래와 같다.

$$\text{선도효율} = \frac{\text{단위 질량유량당 선도 일}}{\text{단위 질량유량당 가용 일}}$$

$$= U(W_{x1} + W_{x2}) / \tfrac{1}{2} C_1^2 \tag{6.5}$$

단을 통과하는 기체의 열역학적 상태를 그림 6.5에서 보여주고 있다. 여기서 고정자의 입구 조건은 총압 p_{00} 와 총엔탈피 h_{00} 로 주어진다. 고정자 익열 또는 노즐 링을 통한 단열 유동에 대하여는 $h_{00} = h_{01}$ 이지만, 비가역성 때문에 고정자 출구(회전자 입구)에서 총압력은 p_{01} 으로 떨어진다. 회전자 익렬에서는 기체가 팽창하여 총압력은 p_{02} 로 총엔탈피는 h_{02} 로 되며 식 (5.6)에서 본 바와 같이 $h_{01\,\mathrm{rel}} = h_{02\,\mathrm{rel}}$ 이 된다. 기체에 의해 행하여진 단위 질량유량당 일은 다음과 같이 주어진다.

$$W/m = h_{00} - h_{02} = h_{01} - h_{02} \tag{6.6}$$

또는

$$W/m = C_p(T_{01} - T_{02}) \tag{6.7}$$

이 된다. 식 (6.4)의 W/m 을 대입하면 다음과 같이 된다.

$$C_p(T_{01} - T_{02}) = UC_a(\tan\beta_1 + \tan\beta_2) \tag{6.8}$$

식 (6.8)에서는 일계수 λ가 사용되지 않았음에 유의하여야 한다. 이것은 개스터빈이 증기터빈의 경우 날개 통로를 지나는 유동이 감속되지 않고

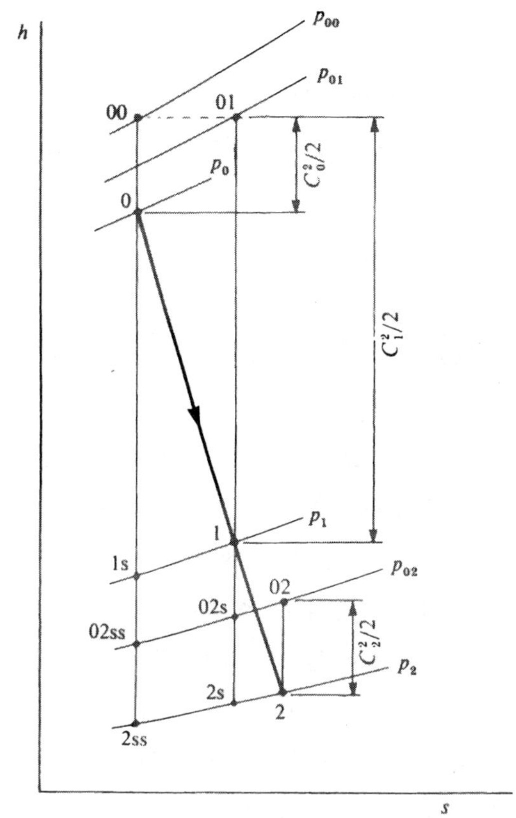

그림 6.5 축류 증기터빈 혹은 축류 개스터빈의 팽창과정을 위한 몰리에르(Molloer) 선도

가속되기 때문이다. 압축기 내의 유동과 앞 단의 경계층 성장의 영향은 따라서 무시할 수 있다. $C_0 = C_2$인 표준단의 경우, 단을 통한 정온(static temperature)의 강하는 총온도(total temperature)의 강하와 같다.

터빈 단의 총압-총압(total-to-total) 등엔트로피 효율 $\eta_{t(t-t)}$는 다음과 같이 정의된다.

$$\eta_{t(t-t)} = \frac{\text{기체에 의해 실제 수행된일}}{\text{등엔트로피 과정의 일}}$$

$$= (T_{00} - T_{02})/(T_{00} - T_{02ss}) \tag{6.9}$$

그러므로

$$T_{00} - T_{02} = \eta_{\mathrm{t(t-t)}} T_{00}(1 - T_{02ss} / T_{00})$$

$$T_{00} - T_{02} = \eta_{\mathrm{t(t-t)}} T_{00}[1 - (p_{02} / p_{00})^{(\gamma-1)/\gamma}] \tag{6.10}$$

6.3 고정자와 회전자 손실

회전자와 고정자 익열에서 발생하는 손실을 고려하기 전에 축류터빈 분야에서 흔히 사용되는 두 개의 등엔트로피 효율을 구별하는 것도 가치 있는 일이다. 첫 번째는 이미 식 (6.9)에서 사용된 바와 같이 총온도 차이의 비로 정의되는 것으로서 총압-총압 등엔트로피 효율이다. 이러한 형태는 단의 출구에서의 운동에너지가 그 다음 단에서 일을 할 수 있는 경우에 사용된다. 구체적인 예로서는 터보제트 배기의 추진 노즐과 다단 터빈의 내부 단이다. 그리고 두 번째는 남아있는 운동에너지가 출력에 기여함이 없이 소멸될 때 사용되는 것으로서 총압-정압(total-to-static) 효율이다. 이것은 다음과 같이 정의된다.

$$\eta_{\mathrm{t(t-s)}} = (h_{00} - h_{02})/(h_{00} - h_{2ss}) \tag{6.11}$$

표준단의 총압-총압 효율을 고려하면 다음과 같다.

$$\eta_{\mathrm{t(t-t)}} = (h_{00} - h_{02})/(h_{00} - h_{02ss})$$
$$= (h_0 - h_2)/(h_0 - h_{2ss})$$

$C_0 = C_2$ 및 $\alpha_0 = \alpha_2$인 표준단에 대하여 다시 정렬하면 다음과 같다.

$$\eta_{\mathrm{t(t-t)}} = (h_0 - h_2) / [(h_0 - h_2) + (h_2 - h_{2s}) + (h_{2s} - h_{2ss})] \tag{6.12}$$

한편, 몰리에르(Mollier) 선도(그림 6.5)에서 등압선의 기울기를 고려하면, $\mathrm{d}h = T\,\mathrm{d}s$이므로 등압선을 따라 기울기는 다음과 같다.

$$(\partial h / \partial s)_p = T \tag{6.13}$$

따라서 일정한 압력하에서 엔탈피 Δh의 미소 변화는

$$\Delta h \approx T \Delta s$$

이며, 다음과 같이 쓸 수 있다.

$$(h_{2s} - h_{2ss}) \approx T_2(s_{2s} - s_{2ss}) \tag{6.14}$$

그리고

$$(h_1 - h_{1s}) \approx T_1(s_1 - s_{1s})$$

반면에, 그림 6.5에서는 다음과 같은 사실을 알 수 있다.

$$(s_{2s} - s_{2ss}) = (s_1 - s_{1s})$$

그러므로 식 (6.14)로부터 다음과 같이 쓸 수 있다.

$$(h_{2s} - h_{2ss}) = (T_2/T_1)(h_1 - h_{1s}) \tag{6.15}$$

고정자(노즐)와 회전자 익렬에 대하여 무차원 손실계수를 두 가지 방법으로 정의할 수 있다. 노즐에 대하여는

$$\zeta_N = (h_1 - h_{1s})/0.5C_1^2 \quad \text{또는} \quad Y_N = (p_{00} - p_{01})/(p_{01} - p_1) \tag{6.16}$$

이며, 그리고 회전자에 대하여

$$\zeta_R = (h_2 - h_{2s})/0.5W_2^2 \quad \text{또는} \quad Y_R = (p_{01\text{rel}} - p_{02\text{rel}})/(p_{02\text{rel}} - p_2) \tag{6.17}$$

이다. 고정자와 회전자 내의 Y 또는 ζ의 값은 날개 내의 마찰로 인한 에너지 강하율이며, 이로 인해 날개를 통한 총압력과 정(static)엔탈피 강하가 일어난다. 전형적인 손실은 10∼15% 정도이지만 매우 낮은 유동 계수에 대해서는 더 낮아질 수 있다.

식 (6.12)에 날개 손실계수를 적용하면 다음과 같은 식을 얻을 수 있다.

$$\eta_{t(t-t)} = (h_0 - h_2)/[(h_0 - h_2) + W_2^2\zeta_R/2 + (T_2/T_1)\zeta_N C_1^2/2]$$

$$= \{1 + [\zeta_R W_2^2 + \zeta_N C_1^2(T_2/T_1)]/[2(h_0 - h_2)]\}^{-1} \tag{6.18}$$

출구 속도를 손실로 처리하는 총압-정압 효율은 위와 유사한 방법에 따라 다음과 같이 된다.

$$\eta_{t(t-s)} = \{1 + [\zeta_R W_2^2 + \zeta_N C_1^2(T_2/T_1) + C_0^2]/[2(h_0 - h_2)]\}^{-1} \tag{6.19}$$

T_1과 T_2가 거의 비슷한 값이기 때문에 계산의 출발점으로 (T_2/T_1)의 비를 1로 정한다. 그리고 ζ의 전형적인 값으로 다음을 사용한다.

$$\zeta = 0.04 + 0.06(\varepsilon/100)^2 \tag{6.20}$$

여기서 전향각 ε은 고정자(노즐)에 대해서는 $\varepsilon = \alpha_0 + \alpha_1$이고 회전자에 대해서는 $\varepsilon = \beta_1 + \beta_2$이 된다.

식 (6.20) 레이놀즈수 10^5에 대하여만 적용한다. 여기서 레이놀즈 수는 고정자 출구에서의 속도 C_1과 다음과 같이 정의되는 수력직경 d_H를 기준으로 정의된 것이다.

$$d_H = \frac{4 \times \text{고정자 출구에서의 유동면적}}{\text{고정자 출구에서의 침수길이(wetted perimeter)}}$$

그림 6.6을 참고하여 나타내면 다음과 같다.

$$d_H = (4sl\cos\alpha_1)/[2(s\cos\alpha_1 + l)]$$
$$= (2sl\cos\alpha_1)/(s\cos\alpha_1 + l)$$

날개의 최대 두께와 익현의 비(t_{max}/c)는 0.2이고, 축방향 현(즉, $c\cos\alpha_\infty$)을 기준으로 한 날개의 종횡비(익폭/익현)는 3이다. 그 밖의 다른 조건에 대해서, 예를 들어 종횡비가 다르면 다음의 실험식을 사용할 수 있다.

회전자에 대해서

$$1 + \zeta_1 = (1 + \zeta_{nom})[0.975 + (0.075c\cos\alpha_\infty)/l] \tag{6.21}$$

고정자(노즐)에 대해서

$$1 + \zeta_1 = (1 + \zeta_{nom})[0.933 + (0.021c\cos\alpha_\infty)/l] \tag{6.22}$$

여기서 ζ_1은 새로운 종횡비일 때, 그리고 ζ_{nom}은 종횡비가 3일 때의 각각에 대한 손실계수이다. 또한 식 (6.21)과 (6.22)에서 l은 날개 길이이며, 레이놀즈수는 여전히 10^5라고 가정하였다. 레이놀즈수가 10^5이 아닌 경우는 아래 과정과 같이 수정식을 사용한다. 우선, 유동에 대한 레이놀즈수는 다음과 같다.

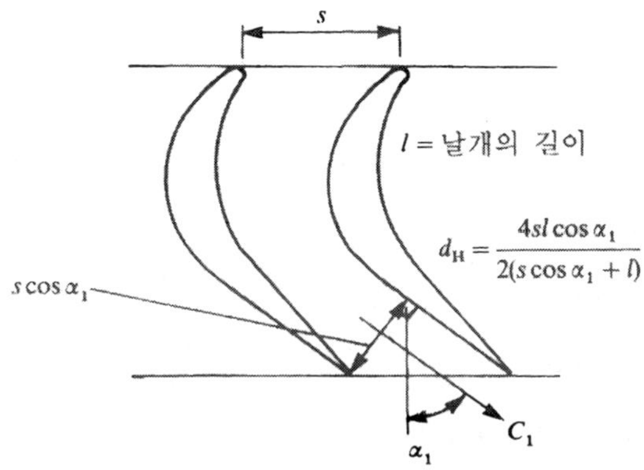

그림 6.6 수력직경

$$Re = (2\rho_1 slC_1 \cos\alpha_1)/[\mu(s\cos\alpha_1 + 1)] \quad (6.23)$$

그리고 ζ_1이 레이놀즈수가 10^5에서의 손실계수라면 새로운 레이놀즈수에서 수정된 손실계수는 다음과 같이 주어진다.

$$\zeta_2 = (10^5/Re)^{0.25}\zeta_1 \quad (6.24)$$

손실 예측을 위한 이 실험적 방법은 소더버그(Soderberg) 상관관계[6]에 근거를 둔 것이며, 이는 많은 대수의 터빈에 대한 특성 분석으로부터 만들어 진 것이다. 광범위한 레이놀즈수 범위에 대한 오차는 3% 정도로 낮다. 많은 터빈 시험으로부터 얻어진 데이터에 의하면 노즐 손실계수는 일반적으로 회전자와 고정자 익열에 대해 각각 0.09와 0.05이다. 총압-총압 효율은 90% 정도이고, 그림 6.7에는 유량계수와 깃 하중계수의 변화에 따른 손실계수의 변화를 보여주고 있는 ϕ와 ψ가 낮을 때 단 효율이 높은 것을 볼 수 있다.

6.3.1 깃 하중계수

각 단의 일 용량은 온도 강하계수 또는 깃 하중계수를 사용하여 나타낸다.

$$\psi = W/mU^2 = C_p(T_{01} - T_{02})U^2 \tag{6.25}$$

윗 식은 식 (6.4)로부터 다음과 같이 쓰여질 수 있다.

$$\begin{aligned}\psi &= C_a(\tan\beta_1 + \tan\beta_2)/U \\ &= \phi(\tan\beta_1 + \tan\beta_2)\end{aligned} \tag{6.26}$$

여기서 ϕ는 유량계수이다.

유량계수가 작다는 것은 C_a가 낮기 때문에 마찰 손실이 단에서 작아진다는 것을 의미한다. 그러나 주어진 질량유량에 대해서는 원환유동(annulus flow) 면적이 넓어진다. 낮은 ψ값은 각 단에 행한 일의 양이 적음을 뜻하고 따라서 요구되는 출력을 위해서는 단의 수를 많이 필요로 한다.

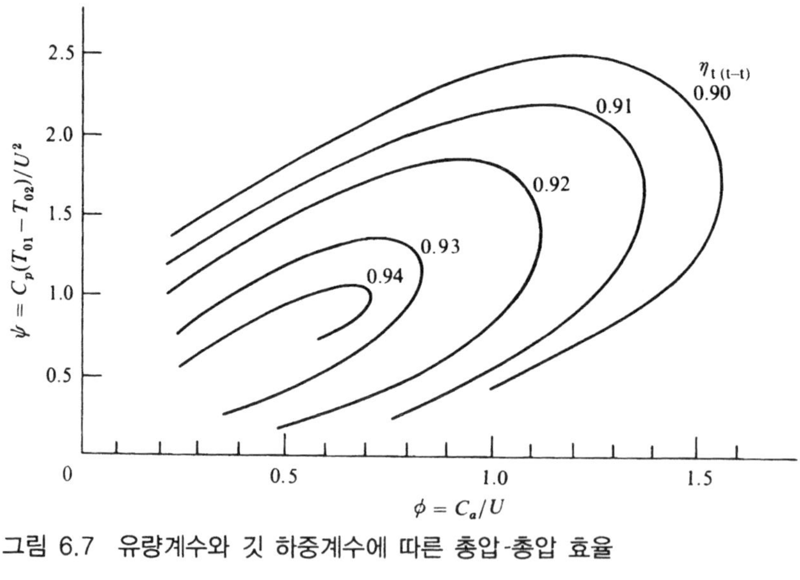

그림 6.7 유량계수와 깃 하중계수에 따른 총압-총압 효율

연료 소비율이 가장 중요한 사항이 되는 산업용 발전소에서는 고효율을 위해 직경이 크고 길이가 길며 유량계수와 깃 하중계수가 낮은 터빈을 사용한다. 그러나 비행기 추진용으로 사용되고 있는 개스터빈은 최소 중량과 작은 정면 면적이 요구된다. 이것은 보다 작고 콤팩트한 터빈을 위해 보다 큰 유량계수와 깃 하중계수가 사용되어야 함을 의미하지만 결과적으로 낮은 효율을 채택하게 되는 것을 의미한다(그림 6.7).

6.4 반 동 비

반동비는 축류압축기에서 보통 50%로 설정된다. 반동비는 이러한 축류압축기보다는 축류터빈의 경우에 더 많은 의미를 갖고 있다. 터빈에서의 반동비는 0부터 100%까지 넓은 범위로 변할 수 있다. 이 절에서는 그 의미를 설명하겠다. 반동비는

$$R=\frac{\text{회전자를 통한 정엔탈피 강하}}{\text{고정자를 통한 정엔탈피 강하}}$$

$$=(h_1-h_2)/(h_0-h_2)$$

$$=(h_1-h_2)/[(h_{00}-C_0^2/2)-(h_{02}-C_2^2/2)]$$

이다. 그러나 표준단에서는 $C_0=C_2$ 이고 노즐에서는 $h_{00}=h_{01}$ 이므로

$$R=(h_1-h_2)/(h_{01}-h_{02}) \tag{6.27}$$

이다. 여기서 $h_{01\mathrm{rel}}=h_{02\mathrm{rel}}$ 을 생각하면

$$h_{01\mathrm{rel}}-h_{02\mathrm{rel}}=(h_1-h_2)+(W_1^2-W_2^2)/2=0$$

이고, 식 (6.27)에서 (h_1-h_2) 를 치환하면

$$R=(W_2^2-W_1^2)/[2(h_{01}-h_{02})]$$
$$=(W_2^2-W_1^2)/[2U(C_{x1}+C_{x2})] \tag{6.28}$$

이다. 축방향속도 C_a가 단에 걸쳐 일정하다고 가정하면 다음 식을 얻는다.

$$R = (W_{x2}^2 - W_{x1}^2)/[2U(U + W_{x1} + W_{x2} - U)]$$
$$= (W_{x2} - W_{x1})(W_{x2} + W_{x1})/[2U(W_{x1} + W_{x2})]$$
$$= C_a(\tan\beta_2 - \tan\beta_1)/2U$$
$$= \phi(\tan\beta_2 - \tan\beta_1)/2 \quad (6.29)$$

이 식의 다른 형태는 다음과 같다.

$$R = (C_a \tan\beta_2)/2U - [(C_a \tan\alpha_1)/2U - U/2U]$$
$$= 0.5 + C_a(\tan\beta_2 - \tan\alpha_1)/2U \quad (6.30)$$

세 번째 형태는

$$\tan\beta_2 = (U + C_{x2})/C_a = (\tan\alpha_2 + U/C_a)$$

을 식 (6.30)에 대입함으로써 얻어진다.

$$R = 0.5 + C_a(\tan\alpha_2 + U/C_a - \tan\alpha_1)/2U$$
$$= 1 + C_a(\tan\alpha_2 - \tan\alpha_1)/2U \quad (6.31)$$

식 (6.29)에서 반동비가 0인 경우에는 $\beta_2 = \beta_1$이고 $W_1 = W_2$가 됨을 알 수 있다. 그림 6.8은 단을 통한 기체의 상태와 속도 삼각형을 보여주고 있는 데 여기서 속도 삼각형은 왼쪽으로 쏠려 있음을 볼 수 있다.

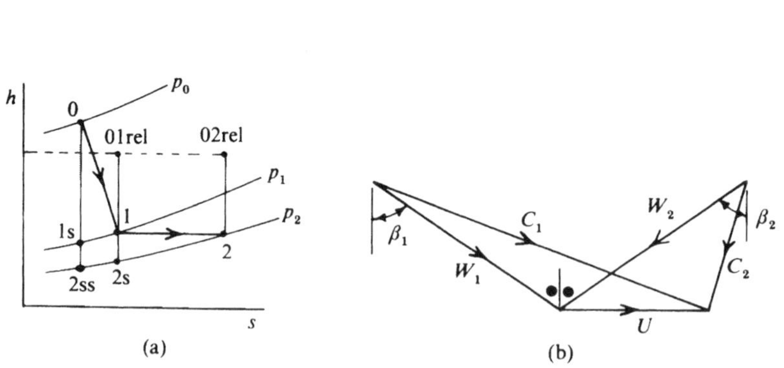

그림 6.8 무반동 축류 개스터빈

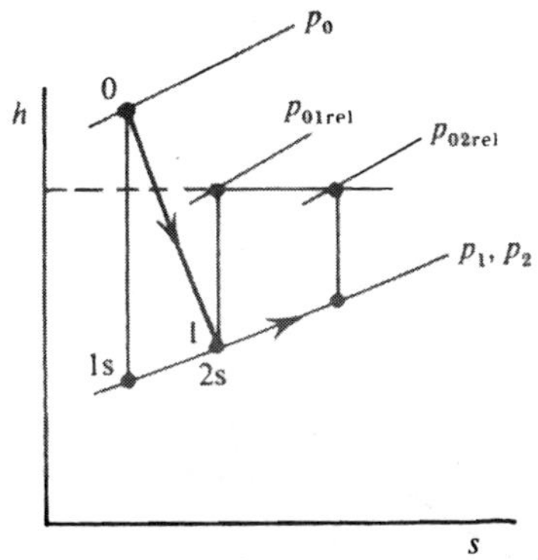

그림 6.9 순수 충동단

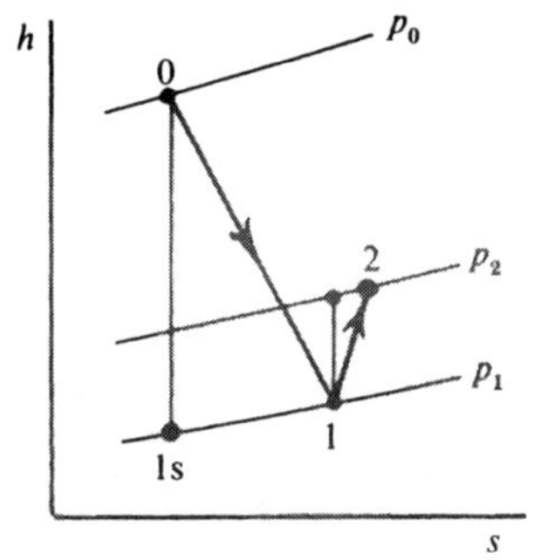

그림 6.10 음의 반동단

가역 단열유동의 이상적인 경우에는 몰리에르(Mollier) 선도 상에서 점 1, 2와 2s는 일치하고, 회전자 내에서의 압력강하는 없다. 순수한 충동단의 경우에는 정의에 따라 회전자 내에서의 압력강하는 없다. 그림 6.9는 가역 단열유동에 대한 몰리에르(Mollier) 선도를 보여주고 있는데 순수 충동 단에서 점 1, 2 그리고 2s가 일치하고 있음을 보여주고 있다. 따라서 등엔트로피 유동 조건이 지배적인 0의 반동단은 충동단과 같다. 그러나 유동이 비가역적인 경우에는 0의 반동단과 충동단이 같지 않고, 실제로는 충동단의 회전자에서 엔탈피가 증가한다. 이것은 반동이 음이 됨을 뜻한다. 음의 반동단에 대해서는 $W_2 < W_1$ 이 될 것이고, 회전자 내에서는 상대속도의 확산을 일으키고 결과적으로 압력이 상승하게 된다. 이러한 상황은 날개 표면에서

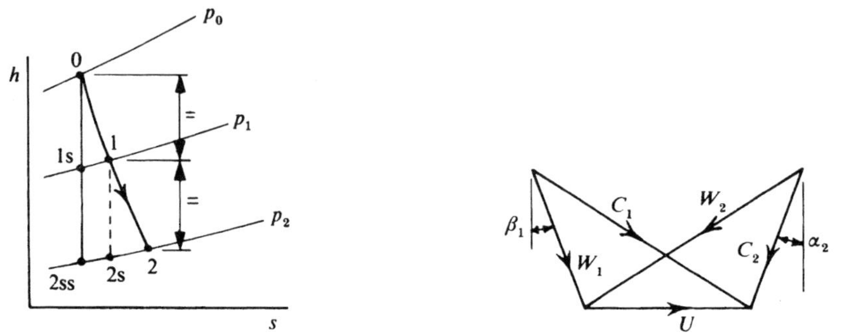

그림 6.11　50% 반동단

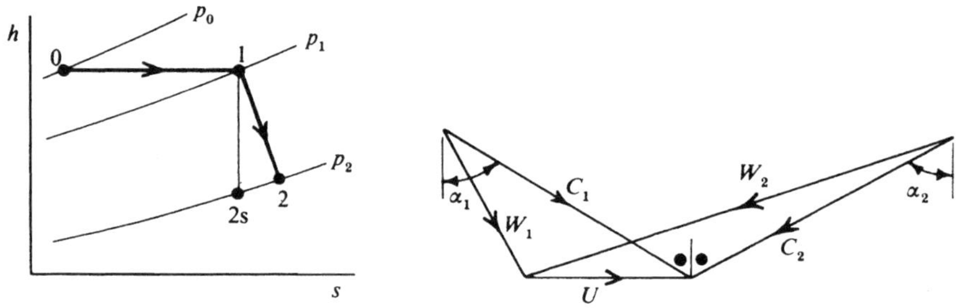

그림 6.12　100% 반동단

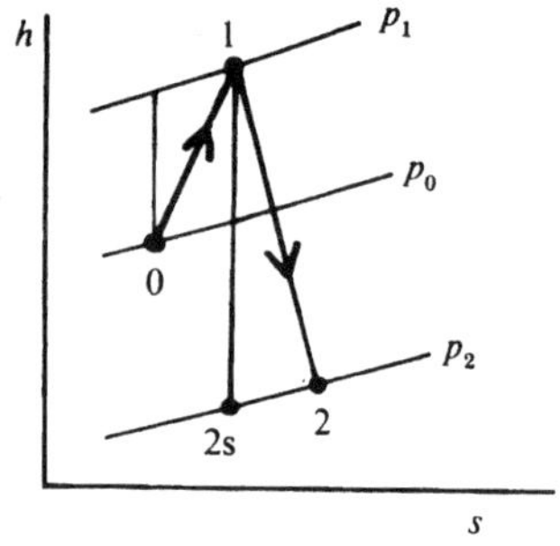

그림 6.13　100% 초과 반동을 갖는 확장단

유동 박리를 일으키는 역 압력 구배가 생길 수 있기 때문에 피해야만 한다. 그림 6.10에서는 음의 반동에 대한 몰리에르(Mollier) 선도를 설명하고 있다.

50% 반동이 되기 위해서는 식 (6.30)에서 $\beta_2 = \alpha_1$ 및 $\beta_1 = \alpha_2$가 되어야 한다. 또한 $C_1 = W_2$, $C_2 = W_1$이 되어 그림 6.11과 같이 속도선도는 대칭이 되고 고정자와 회전자에서 동일한 엔탈피 강하가 일어난다. 100% 반동의 경우에는 그림 6.12에서 보여지고 있듯이 속도선도가 오른쪽으로 기울어지고 식 (6.31)으로부터 $\alpha_1 = \alpha_2$ 그리고 $C_1 = C_2$을 알 수 있다. 반동비가 1보다 더 증가하면 $C_1 < C_0$, 즉 노즐이나 고정자 통로에서 확산이 발생한다. 이러한 경우는 고정자 날개 표면에서 유동 박리가 생기기 때문에 또한 피해야만 한다(그림 6.13).

6.5 단 효율에 미치는 반동비의 영향

반동 익과 충동 익은 용도에 따라 구분되어 사용된다. 증기터빈의 고압단에서는 단 하나에서의 압력비가 매우 높고 단 내에서 압력강하는 없으며 팁 손실도 없기 때문에 충동 익을 거의 일반적으로 사용한다. 반동 익은 증기터빈의 저압 단이나 개스터빈과 같이 압력비가 높지 않은 경우에 사용된다. 50% 반동을 선택한다는 것은 전체적인 팽창을 고정자 익열과 회전자 익열에 대하여 절반씩 나누는 것을 의미한다.

그림 6.7에서는 높은 총압-총압 효율을 위해서는 깃 하중계수는 가능한 한 낮아야 함을 보여주는데, 이는 날개 응력이 허용하는 한 날개 속도는 커야 함을 의미한다. 그러나 날개 하중계수의 적은 변화에 대해서는 총압-총압 효율의 변화도 매우 적다. 이것은 반동비의 넓은 범위에서 그러하다. 반면에 총압-정압 효율은 반동비에 크게 의존하는데, 주어진 날개 하중에서 이것은 적절한 반동값을 선택함으로서 최적화 되어질 수 있다.

6.6 날개 형태

앞 절에서 언급하였듯이 증기터빈은 보통 충동 또는 충동과 반동의 혼합 형태의 단인 반면에 개스터빈은 항상 반동형태인 경향이 있다. 증기터빈의 압력비는 1000 : 1 정도가 가능하지만 개스터빈은 10 : 1 이상을 넘지 못한다. 1000 : 1의 비로 압력을 줄이기 위해서는 많은 수의 반동단을 갖는 매우 긴 증기터빈이 필요함은 명백하다. 단 하나에서의 압력강하를 크게하여 단의 수를 크게 줄인다 해도 날개 끝단의 누설손실 때문에 여전히 매우 비효율적인 작동을 초래한다. 그러므로 반동단은 항공 엔진의 경우처럼 일반적으로 단 하나에서의 압력강하가 낮고 또 전체적인 터빈의 압력비가 비교적 낮을 때 사용된다. 비행기 엔진의 경우 평균 반경 상에서 반동비가 약 50%인 반동단이 세 개 또는 네 개 밖에 없다. 요구되는 단의 형태가 다르면 날개의 설계도 달라져야 한다. 이 절에서는 각 설계에 관련된 몇 가지에 대하여 설명한다.

6.6.1 반동 깃

그림 6.2에서 나타나 있듯이 연속되는 고정자와 회전자 익열을 기체가 통과하는 동안 압력이 감소하고, 압력의 감소에 따라 속도가 회복되는데, 이것은 그림 6.14에서 볼 수 있듯이 출구 쪽으로 갈수록 깃 통로가 조금씩 좁아지는 것을 필요로 한다.

50% 반동의 경우에는 고정자 깃과 회전자 깃이 같아지고, 반면에 0의 반동에서는 일정 단면적의 통로를 갖는 충동 회전자 날개에 유동속도도 변하지 않는 것을 의미한다. 100% 반동은 고정자 날개가 일정 단면 충동형이라는 것을 의미한다. 반동 깃의 입주각은 거의 0이고, 깃의 추면 행상은 거의 직선이다. 증기터빈분야에서 깃의 형태는 경험적으로 결정되면서 발전해

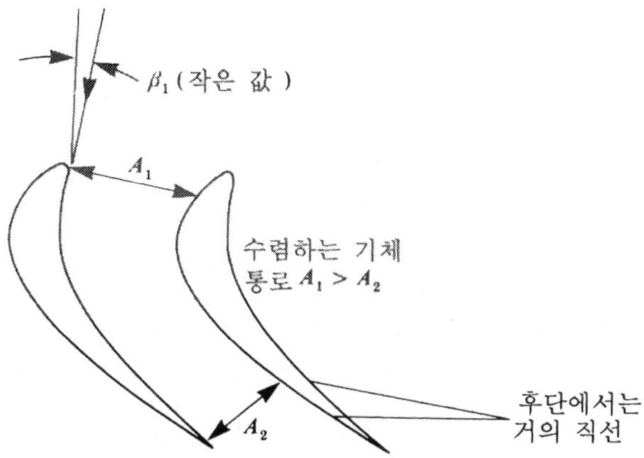

그림 6.14 반동 깃

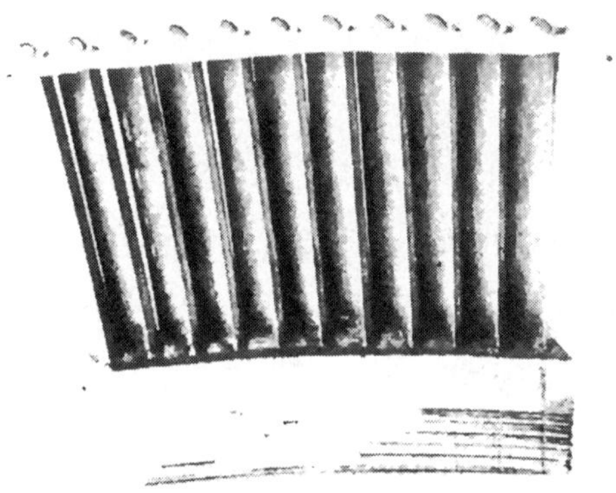

그림 6.15 슈라우드가 있는 개스터빈 반동 깃

왔다. 19세기 후반에 처음으로 설계된 증기터빈의 날개를 기준으로 보면 후에 공기역학 이론에 따라 설계한 날개는 최대 효율에서 단지 약 4% 증가에 지나지 않는다. 그러나 연료 비용을 고려한다면 단지 0.5% 혹은 그 이하의 효율 증가도 현재로서는 매우 중요하다. 한편, 반동 깃은 날개가 길 경우 종종 날개 팁 부분에 라우드를 부착한다. 이것은 날개의 끝 부분을 상호 고정시켜서 과다한 진동이 발생되는 것을 방지하는 데 도움이 된다(그림 6.15).

6.6.2 충동 깃

이러한 깃의 형태는 역사적으로 증기터빈분야에서 발달되었다. 6.1절에서 속도 삼각형은 날개의 평균반경에서 그린다고 하였다. 날개의 위치에 따른 팁의 속도변화 때문에 입사각은 날개의 뿌리에서 팁으로 가면서 변해야 하므로 결국 날개는 비틀리게 된다. 그러나 관례적으로 비틀린 날개의 필요성이 무시되었고 50% 반동이든 0의 반동(충동)이든 테이퍼지지 않고(untapered) 비틀리지 않은 날개를 사용했다. 곧은 날개의 사용에 따른 효율 감소가 터빈의 고압 단에서 사용되는 짧은 날개의 경우에는 매우 작다. 그러나 저압 단에서의 매우 긴 날개의 경우에는 큰 손실이 발생할 수 있기 때문에 이 영역에서의 날개는 요즈음 일정 반동비 대신에 자유 와류 원리에 따라서 설계된다. 회전자를 통한 가역 유동의 경우에는 충동과 0의 반동 깃이 똑같다.

충동깃은 증기터빈의 고압 단에서 사용하면 좋다. 증기의 속도는 수렴 노즐 통로에서 약 800 m/s까지 증가하고, 이때 그림 6.2(a)에서처럼 회전자 깃으로 유입되어 일정한 압력 상태로 날개를 지나간다. 식 (6.5)로부터 $(W_{x1}+W_{x2})$를 다음과 같이 정리할 수 있다.

$$W_{x1}+W_{x2}=W_1\sin\beta_1+W_2\sin\beta_2 \tag{6.32}$$

그리고 충동 또는 0의 반동에 $\beta_1=\beta_2$을 적용하면

$$\begin{aligned} W_{x1}+W_{x2} &= W_1\sin\beta_1(1+W_R) \\ &= (C_1\sin\alpha_1-U)(1+W_R) \end{aligned} \tag{6.33}$$

이 된다. 여기서 W_R은 상대 속도비 W_2/W_1이다. 식 (6.33)을 (6.5)에 대입하면

$$\begin{aligned} \text{선도효율} &= 2U(C_1\sin\alpha_1-U)(1+W_R)/C_1^2 \\ &= 2\left[(U/C_1)\sin\alpha_1-(U/C_1)^2\right](1+W_R) \end{aligned} \tag{6.34}$$

가 된다. 최대 선도효율의 조건을 (U/C_1)에 관해 미분한 뒤 0으로 두어

구한다.

$$0 = \sin\alpha_1 - 2U/C_1$$

또는

$$U/C_1 = (\sin\alpha_1)/2 \tag{6.35}$$

식 (6.35)는 노즐각 α_1이 가능한 한 커야함을 나타내는데 그 이상적인 경우는 90°이다. 그러나 α_1은 C_a에 의한 제한된다. 즉 α_1이 클수록 C_a는 작아지고, 필요로 하는 질량유량을 수용하기 위해 날개 길이가 길어져야만 한다. 전형적인 노즐 각도는 65°와 78° 사이이다. 회전자 날개 통로는 대개 입구와 출구의 각도가 45°(β_1과 β_2)이면서 항상 대칭적인 일정한 단면적을 유지한다(그림 6.16). 이웃한 날개의 볼록면과 오목면의 곡률의 중심은 같은 점에 위치하여 평행한 통로를 유지한다. 또 다른 충동 깃의 형태는 수축-확대형이다. 이 날개는 볼록면의 곡률 반경이 감소되면서 날개의 볼록면에서 유동 박리가 일어날 확률이 적이 때문에 유용하다. 약간 수축된 통로는 유체 유동이 휘어질 때 균일한 유동을 유지하는 데 도움이 되고, 비록 확대 단면이 유동의 확산을 일으킬지라도 선회각(turning angle)이 크고 날개의 곡률 반경이 작을 경우에 전체적인 효과 측면에서 이익이다.

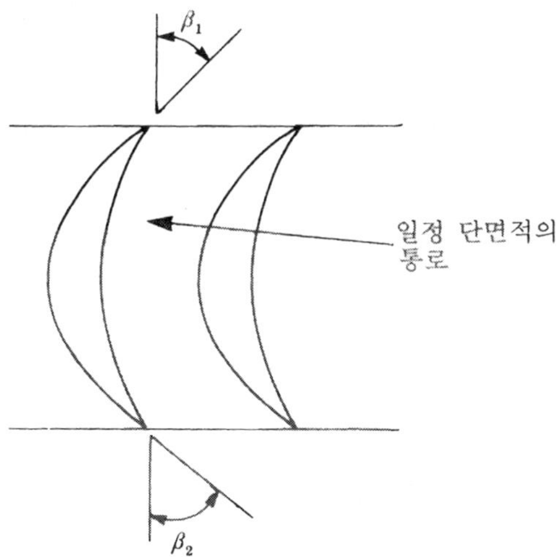

그림 6.16 충동터빈 날개

6.6.3 자유 와류와 일정-노즐각 설계

6.6.2절에서 깃 날개의 설계시에는 일장각에 의한 설계가 wjgydf을 유발 할 수 있기 때문에 자유 와류 혹은 기타 다른 설계기준을 적용한다고 하였다. 식 (5.40)에서 나타난 바와 같이 반경방향으로 정체 엔탈피가 일정하고 ($dh_0/dr=0$) 축방향 유속이 일정하면 ($dC_a/dr=0$) 선회속도성분 C_x는 반경에 반비례함으로써 반경방향 평행이 이루어진다. 지금 우리가 평균 직경에서 조건을 알고 있다고 가정하고 첨자 m을 '평균 직경에서'라고 나타낸다면 임의의 노즐날개 반경 r_1에서

$$C_{x1}r_1 = r_1 C_{a1}\tan\alpha_1 = 일정 \qquad (자유 와동조건)$$

이다. 그러나 C_{a1}이 일정하기 때문에 노즐 출구에서는

$$\tan\alpha_1 = (r_{1m}/r_1)\tan\alpha_{1m}$$

이고, 단 출구(stage outlet)에서 선회 성분이 있을 때

$$\tan\alpha_2 = (r_{2m}/r_2)\tan\alpha_{2m}$$

이 된다. 또 하나의 설계 기준은 노즐 각 α_1이 일정하고 $dh_0/dr=0$인 일정 노즐 각 설계이다. 여기서는 축 방향 속도분포가 다음과 같이 된다.

$$C_{x1}r^{\sin^2\alpha_1} = 일정$$

그리고 α_1이 일정하기 때문에 C_{a1}은 C_{x1}에 비례하고 $dh_0/dr=0$이 된다. 그러므로

$$C_{a1}r^{\sin^2\alpha_1} = 일정$$

이다.

많은 경우, 자유와류셀계에서 벋어나더라도 날개의 성능은 조금 밖에 영향은 받지 않지만 이차손실은 증가한다. 특정한 와류를 위한 설계는 설계자의 경험과 익렬 실험 데이터의 결과에 달려 있다.

6.7 공기역학적 날개 설계

현대의 터빈 회전자 날개 설계에서는 5.1절에서 설명한 것과 같은 익렬 데이터가 사용된다. 즉 양력과 항력 계수가 익렬 데이터 곡선으로부터 얻어진다. 그러면 압력 손실이 결정되고 효율의 예측이 가능이 가능하다. 실제로는 날개가 허브와 팁에 실제 경계가 존재하고 이에 따라 상하류의 날개가 이상유동(ideal how) 형태를 헡뜨린다. 항력계수는 팁 간극 손실 C_{DC}와 이차유동손실 C_{DS}에 의해 수정되어 다음과 같이 주어진다.[7]

$$C_{DC} = n C_L^2 (kc / ls) \tag{6.36}$$

그리고

$$C_{DS} = C_L^2 \lambda c / s \tag{6.37}$$

여기서 k는 케이싱과 날개 팁과의 간극이다. n은 슈라우드가 없는 날개에서는 0.5이고 팁에 슈라우드가 있는 날개에서는 0.25이다. 매개변수 λ는 다음과 같은 함수 관계로부터 계산된다.

$$\lambda = f\left[\left(\frac{\text{유동에 수직한 깃출구 단면적}}{\text{유동에 수직한 깃입구 단면적}}\right)^2 \Big/ \left(1 + \frac{\text{허브반경}}{\text{팁반경}}\right)\right]$$

그래서 터빈의 경우에

$$C_{DT} = C_D(\text{ 익렬 데이터로부터}) + C_{DC} + C_{DS} \tag{6.38}$$

이 된다. 날개 설계에 대한 더 많은 정보는 전문서적으로부터를 얻을 수 있으며, 더 상세한 설계 과정은 이 책의 범주를 벗어난다.

6.8 다단 개스터빈

다단 압축기에 대하여 5.8절에서 논할 때 폴리트로프 또는 소단효율은 단의 등엔트로피 효율과 같게 두었으며, 이로부터 압력비 산정이 가능하였다. 다단 개스터빈에서도 이와 같은 과정을 거치지만, 이 경우에는 겨우 서너 개의 단만이 있기 때문에 각 터빈단에서의 온도와 압력을 결정하는데는 여분의 일이 거의 필요 없다. 상류 단의 출구 조건은 하류 단을 위한 입구 조건이 된다. 전체적인 온도와 압력 강하가 얻어지면 등엔트로피 효율을 계산할 수 있다.

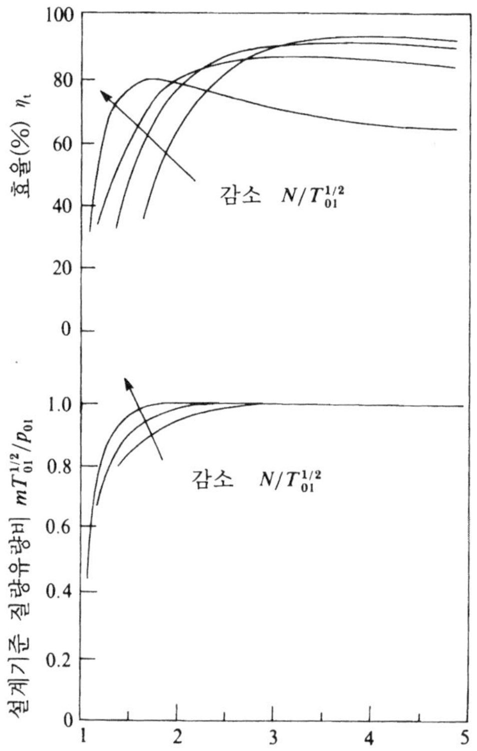

그림 6.17 축류 개스터빈에 대한 특성곡선

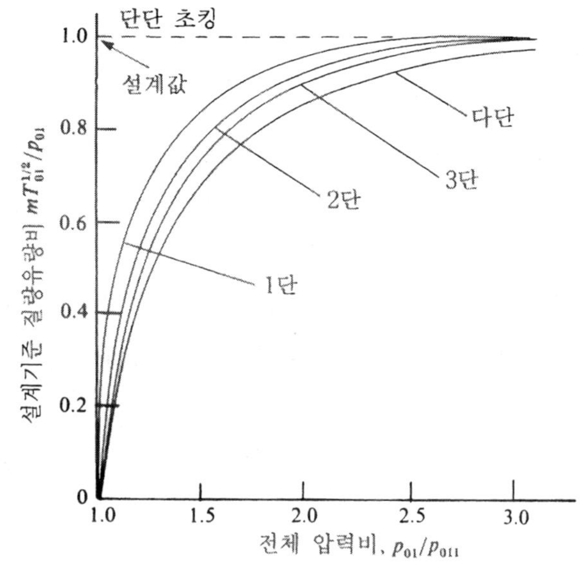

그림 6.18 축류 개스터빈의 다단특성

성능곡선은 일반적으로 질량유량 매개변수 $mT_{0\mathrm{I}}^{1/2}/p_{0\mathrm{I}}$ 혹은 효율 η_t를 종축으로 하고 전체 압력비 $p_{0\mathrm{I}}/p_{0\mathrm{II}}$를 횡축으로 한 그래프에 속도 매개변수 $N/T_{0\mathrm{I}}^{1/2}$를 달리 하여 나타낸다. 모든 속도 곡선은 최대 질량유량 값에서 서로 가깝게 되어 한 개의 선으로 모인다(그림 6.17). 이것을 초크(choked) 상태로서, 노즐 또는 회전자 출구에서 음속이 되기 때문이다.

질량유량 특성 곡선들은 더 낮은 압력비에서도 아주 가깝게 서로 그룹지어져 있기 때문에 모든 속도곡선에 대한 평균곡선으로 그 터빈의 대표성능으로 삼기도 한다. 등엔트로피 효율은 (초크가 발생하면) 압력비와 속도의 넓은 범위에 걸쳐 좁은 범위를 유지하고 있으며, 이는 개스터빈을 압축기와 짝을 이루는 문제에 관한 한 매우 유동성 있는 기계임을 뜻한다. 5.9절에서 보았듯이 압축기는 탈 설계 조건에 대해 매우 민감하다. 그러므로 압축기 설계속도가 터빈 설계속도와 다르다면 기계가 탈설계속도로 작동하더라도 터빈효율은 최대값과 거의 변함이 없을 것이다. 이러한 작동상의 유연성은 입사각이 많이 변하더라도 회전자 날개의 압력 손실계수는 크게 달라지지 않기 때문이며, 이러한 것은 실제로 익렬에 대한 실험 데이터로부터 알 수 있다.

마지막으로 그림 6.18은 단 수의 증가에 따른 효과를 보여주고 있다. 다단터빈에서 한계질량유량은 2를 약간 넘는 압력비에서 발생하며, 이는 정지자에서의 초킹에 기인한다. 그러나 단수의 증가와 함께 초킹 압력비는 증가하지만 주어진 압력비에 대해서 송출용량(질량유량)은 단 수의 증가에 따라 감소한다. 다단터빈에 대한 성능곡선은 거의 다음과 같은 타원법칙을 따른다.

$$mT_{0\mathrm{I}}^{1/2}/p_{0\mathrm{I}}=k[1-(p_{0\mathrm{II}}/p_{0\mathrm{I}})^2]^{1/2} \tag{6.39}$$

여기서 k는 상수이다.

연습문제

별도의 언급이 없으면 다음의 상수들을 사용한다.

정압비열 $C_p = 1148$ J/kg K

비열비 $\gamma = 1.333$, 기체상수 $R = 287$ J/kg K

6.1 질량유량이 0.3 kg/s이고 등엔트로피 압력강하가 58 kJ/kg인 노즐에 대하여 증기터빈의 충동단이 설계되었다. 노즐을 떠난 증기가 회전자 날개 통로에 축방향으로부터 75° 의 각도로 들어가고 상대 속도는 날개 통로에서 5% 감소했다. 날개 속도가 173 m/s이고 노즐의 속도계수가 0.98일 때 다음을 결정하라. 깃은 대칭이라고 가정한다.

(a) 날개 입구각

(b) 전달 동력

(c) 날개에서의 접선방향 추력

(d) 단 선도효율

6.2 일정각의 회전자 날개를 가진 1단 충동 증기터빈이 3.75 kW의 동력을 일으키고 평균반경 132.5 mm에서 디스크의 토크를 1.62 Nm 생산한다. 회전자는 축 방향에서 70° 기울어진 노즐로부터 0.014 kg/s의 증기를 받고 증기는 이어서 휠 챔버(wheal chamber)로부터 축방향으로 배출된다. 다음을 구하라.

(a) 날개 각

(b) 선도효율

(c) 축추력

(d) 날개의 접선방향 추력

6.3 증기 질량유량이 6.5 kg/k Wh이고 450 rpm으로 작동하는 50% 반동 증기터빈이 5 MW의 동력을 생산한다. 팽창 중에 있는 하나의 특정한 단에서 절대압력이 85 kPa이며, 이 때 증기건도는 0.94이다. 축방향으로부터 측정된 날개의 출구각이 70°, 증기의 출구 상대속도가 평균 날개 속도의 1.3배, 날개 높이에 대한 회전자 허브 직경의 비가 14일 때 날개 높이를 구하라.

6.4 어떤 무반동 개스터빈의 경우 평균 직경에서의 날개 속도가 290 m/s이다. 단 입구의 정체 온도는 1100 K이며, 기체는 축방향에 대해 65°의 각도로 노즐 링을 떠난다. 다음은 여러 위치에서 측정한 압력들이다.

노즐 입구에서 정체 압력	400 kPa
노즐 출구에서 정체 압력	390 kPa
노즐 출구에서 정압력	200 kPa
회전자 출구에서 정압력	188 kPa

단의 입구와 출구에서의 속도의 크기와 방향은 각각 서로 같다고 가정하고 단의 총압-총압 효율을 구하라.

6.5 유량 계수가 0.65이고, 축방향속도는 일정하며, 기체가 축방향으로부터 65°의 각도로 고정자 날개를 떠나는 축류터빈이 있다. 다음을 계산하라.

(a) 깃 하중계수

(b) 회전자 날개 상대 유동각

(c) 반동도

(d) 총압-총압 효율과 총압-정압 효율

6.6 단 입구와 단 출구의 속도가 같은 소형 축류 개스터빈이 평균직경에서 다음의 데이터로 설계되었다.

입구 정체 온도, T_{00}	1100 K
입구 정체 압력, p_{00}	350 kPa
축방향 유속(단을 통해 일정), C_a	260 m/s
질량유량, m	18 kg/s
날개 속도, U	350 m/s
노즐 유출 각, α_1	60°
기체 출구 각, α_2	12°

다음을 계산하라.

(a) 회전자 날개 기체 각

(b) 반동도, 깃 하중계수와 출력

(c) 목(throat)이 노즐 출구에 위치해 있고 노즐 손실계수가 0.05일 경우 필요한 전체 노즐 목 면적

6.7 수축 노즐을 가진 1단 축류 개스터빈의 데이터가 다음과 같다.

입구 정체온도, T_{00}	1150 K
입구 정체압력, p_{00}	420 kPa
압력 비, p_{00}/p_{02}	1.9
단 정체온도 강하, $(T_{00}-T_{02})$	150 K
질량유량, m	25 kg/s
평균 날개 속도, U	340 m/s
회전속도, N	15000 rpm
유량 계수, ϕ	0.75
단을 떠나는 기체의 각, α_2	12°

축방향 유속이 일정하게 유지되고 입구와 출구에서의 기체 속도가 같다면 평균 반경에서 다음을 구하라.

(a) 깃하중계수와 반동도

(b) 기체 각

(c) 요구되는 노즐 목 면적

(d) 회전자 출구에서 $\zeta_N = 0.05$일 경우 노즐 입구와 출구에서의 원환 면적

(e) 위의 위치에서 원환의 높이와 반경의 비

6.8 문제 6.7의 데이터를 사용하여, 터빈이 자유 와류이론으로 설계된 경우 회전자 날개의 뿌리와 팁에서의 기체 각 $\alpha_1, \beta_2, \alpha_2, \beta_2$와 입구 날개 팁과 뿌리에서의 상대 마하수를 구하라.

6.9 다시 문제 6.7과 6.8의 데이터를 사용하여 일정 노즐 각하에서 설계된 경우에 있어서, 날개의 뿌리와 팁에서의 각 β_1를 구하고 문제 6.8의 결과들과 비교하라.

6.10 아래의 데이터는 자유 와류 이론에 근거하여 설계된 어떤 다단 축류 개스터빈에 대한 것이다. 출구에서의 속도는 축방향이고 터빈

은 단을 통과하는 원환 면적이 일정하게 설계되었다.

질량유량, m	30 kg/s
입구 정체온도, T_{00}	1225 K
입구 정체압력, p_{00}	800 kPa
온도 강하, $(T_{00}-T_{02})$	160 K
등엔트로피 효율, $\eta_{t(t-t)}$	0.9
평균 날개 속도, U_m	330 m/s
회전 속도, N	15000 rpm
출구 속도, C_2	390 m/s

다음을 계산하라.

(a) 원환의 반경과 날개 높이의 비율

(b) 유동이 노즐에서 등엔트로피일 경우 노즐 출구에서의 축방향 유속

(c) 회전자 날개 뿌리 반경에서의 입구 상대 마하수

문제풀이

6.1

(a) 노즐 속도 계수가 식 (3.7)에서 정의된 노즐속도계수를 엔탈피를 사용하여 정의하면 다음과 같다.

$$C_v = \frac{\text{실제의 노즐 속도}}{\text{이상적인 노즐 속도}}$$

여기서 노즐을 통해 $h_{00}=h_{01}$이 되고 노즐에서 행한 일이 없기 때문에

$$h_0+\frac{C_0^2}{2}=h_1+\frac{C_1^2}{2}$$

이다. 그러나 노즐로 들어가는 증기 용기에서 C_0는 C_1과 비교해서 무시

할 수 있을 만큼 작기 때문에

$$C_1^2 = 2(h_0 - h_1)$$

이다. 이상적인 노즐 속도는 노즐을 통과하는 유동이 등엔트로피, 즉 $(h_0 - h_1) \equiv (h_0 - h_{1s})$일 때 얻어진다. 즉 $C_1^2 = 2(h_0 - h_{1s})$이다. 실제 노즐 속도는 다음과 같다.

$$C_1 = (58 \times 10^3 \times 2)^{1/2} 0.98$$

$$= 333.8 \text{ m/s}$$

그림 6.3과 6.4의 속도 선도로부터

$$C_a = C_1 \cos \alpha_1$$

$$= 333.8 \cos 75^\circ$$

$$= 86.4 \text{ m/s}$$

이다. 또한

$$U + W_{x1} = C_1 \sin \alpha_1$$

$$= 333.8 \sin 75^\circ$$

$$= 322.4 \text{ m/s}$$

이다. 여기서

$$W_{x1} = 322.4 - 173$$

$$= 149.4 \text{ m/s}$$

이다. 그러므로 다음과 같이 정리된다.

$$\tan \beta_1 = W_{x1} / C_a$$

$$= \frac{149.4}{86.4}$$

$$\underline{\beta_1 = 60^\circ}$$

(b) 입구 상대속도는

$$W_1 = C_a / \cos \beta_1$$

$$= \frac{86.4}{\cos 60^\circ}$$

$$= 172.8 \text{ m/s}$$

이며, 출구 상대속도는

$$W_2 = 0.95 \times 172.8$$

$$= 164.1 \text{ m/s}$$

$$W_{x2} = W_2 \sin \beta_1 \qquad (\beta_1 = \beta_2)$$

$$= 164.1 \sin 60^\circ$$

$$= 142.1 \text{ m/s}$$

이다. 식 (6.2)로부터 다음 식을 구할 수 있다.

$$W/m = U(W_{x2} + W_{x1})$$

생산된 동력은 다음과 같다.

$$W = 0.3 \times 173\,(142.1 + 149.4)$$

$$\underline{= 15.1 \text{ kW}}$$

(c) 접선 방향 추력 $= m\,(W_{x2} + W_{x1})$

$$= 0.3(142.1 + 149.4)$$

$$\underline{= 87.45 \text{ N}}$$

이다.

(d) 식 (6.5)로부터 다음과 같이 정리된다.

$$\text{선도효율} = \frac{\text{단위 질량유량이 한 일}}{\text{단위 질량유량이 할 수 있는 일}}$$

$$= \frac{W/m}{C_1^2/2}$$

$$= \frac{16.3 \times 10^3 \times 2}{333.8^2 \times 0.3}$$

$$\underline{= 0.975}$$

6.2

(a) 휠 챔버로부터 축방향으로 배출되기 때문에 그림 6.4의 속도 선도에서 $C_a = C_2$ 이다. 그러면 평균 반경에서 $W_{x2} = U$이다.

$$\text{토크} = mr(W_{x2} + W_{x1}) \quad (\text{평균반경에서})$$

$$W_{x2} + W_{x1} = \frac{1.62}{0.1325 \times 0.014}$$
$$= 873.3 \text{ m/s}$$

식 (6.2)로부터

$$W = mU(W_{x2} + W_{x1})$$

이며, 따라서

$$U = \frac{3.75 \times 10^3}{0.014 \times 873.3}$$
$$= 306.7 \text{ m/s}$$

이다. 지금

$$C_{a1} = \frac{W_{x1} + W_{x2}}{\tan 70^\circ}$$
$$= \frac{873.3}{\tan 70^\circ}$$
$$= 317.9 \text{ m/s}$$

$$W_{x1} = 873.29 - 306.7$$
$$= 566.6 \text{ m/s}$$

이므로

$$\tan \beta_1 = W_{x1} / C_{a1}$$
$$= \frac{566.6}{317.9}$$
$$\underline{\beta_1 = 60.7^\circ}$$

이며, 그림 6.8로부터 다음의 결과를 얻을 수 있다.

$$\underline{\beta_2 = 60.7^\circ}$$

(b) 또한, 속도 선도로부터

$$C_1^2 = (W_{x1} + W_{x2})^2 + C_{a1}^2$$
$$= 873.3^2 + 317.9^2$$
$$= 8.637 \times 10^5 \, m^2/s^2$$

이므로. 식 (6.5)로부터 다음의 선도효율을 구할 수 있다.

$$\text{선도효율} = \frac{U(W_{x2} + W_{x1})}{C_1^2/2}$$
$$= \frac{306.7 \times 873.3 \times 2}{863/700}$$
$$\underline{= 0.62}$$

(c) 만약 축추력이존재한다면 $C_{a1} \neq C_{a2}$ 이고, 다음과 같이 정리된다.

$$C_{a2} = \frac{W_{x2}}{\tan\beta_2}$$
$$= \frac{U}{\tan\beta_2} \quad (C_2\text{가 축방향이기 때문에 } U = W_{x2})$$
$$= \frac{306.7}{\tan 60.7^\circ}$$
$$= 172.1 \, m/s$$

$$\text{축 추력} = m(C_{a1} - C_{a2}) \quad \text{(식 (1.23)형태의 축방향 성분)}$$
$$= 0.014(317.9 - 172.1)$$
$$= 2.04 \, N$$

(d) 날개에서의 접선방향 추력 $= m(W_{x2} + W_{x1})$ (식 (1.23))

$$= 0.014 \times 873.3$$
$$\underline{= 12.23 \, N}$$

6.3

속도 선도로부터(그림 6.4)

$$W_2 = 1.3\,U$$

이다. 그런데

$$\begin{aligned} C_a &= W_2 \cos\beta_2 \\ &= 1.3\,U\cos 70^\circ \\ &= 0.445\,U \text{ m/s} \end{aligned}$$

이며, 또한

$$\begin{aligned} U &= \frac{\pi ND}{60} \quad (\text{평균직경에서}) \\ &= \frac{2\pi N(D_h + h)}{60 \times 2} \end{aligned}$$

이다. 여기서 D_h는 허브에서의 회전자 직경이고 h는 날개 높이이다. 윗식에 대입하면

$$\begin{aligned} C_a &= \frac{0.445 \times 2\pi \times 450(14h + h)}{2 \times 60} \\ &= 157.3\,h \text{ m/s} \end{aligned}$$

이 된다. 원환면적 $= \pi h(D_h + h)$, 즉

$$A = 15\pi h^2$$

이다. 압력 85 kPa에서의 증기 표를 사용하면, 포화상태에서의 증기의 비체적은 $1.972\ m^3/kg$이다. 0.94의 건도에서

$$\begin{aligned} \text{증기의 비체적} &= 1.972 \times 0.94 \\ &= 1.85\ m^3/kg \end{aligned}$$

여기서 질량유량은 다음과 같다.

$$\begin{aligned} m &= \frac{5 \times 10^3 \times 6.5}{3600} \\ &= 9.03 \text{ kg/s} \end{aligned}$$

$$m = \frac{C_a A}{v}$$. 여기서 v는 비체적이다.

$$9.03 = \frac{157.3h \times 15\pi h^2}{1.85}$$

그러므로

$$h^3 = 2.254 \times 10^{-3}$$

$$h = 0.131 \text{ m}$$

이며, 따라서 다음의 결과를 얻는다.

<u>날개 높이 = 0.131 m</u>

6.4

무반동에서 단을 통과하는 기체의 상태가 그림 6.8에 나타나 있다. 여기서 회전자를 통과하는 온도(또는 엔탈피)의 강하는 없는 것으로 한다. 무반동의 경우

$$h_1 = h_2 \qquad \text{(식 (6.27))}$$

이고, 또한 회전자에 대한 식 (5.6)으로부터 다음의 관계를 얻는다.

$$h_{01\text{rel}} = h_{02\text{rel}} \qquad \text{(식 (5.6))}$$

그러므로

$$W_1 = W_2 \quad \text{및} \quad \beta_1 = \beta_2$$

이다. 표준단에 대한 총압-총압 효율이 식 (6.12)에 의해 주어져 있다. 이것을 온도차로 나타내면 다음과 같이 된다.

$$\eta_{t(t-t)} = \frac{T_0 - T_2}{(T_0 - T_2) + (T_2 - T_{2ss})}$$

한편, 노즐 열을 통해서 $T_{00} = T_{01}$이고 한 점에서

$$T_1 = T_{01}\left(\frac{p_1}{p_{01}}\right)^{(\gamma-1)/\gamma}$$

$$= 1100\left(\frac{200}{390}\right)^{(1.333-1)/1.333}$$

$$= 931\ \text{K}$$

이며, 따라서

$$C_1^2 = 2C_p(T_{01} - T_1)$$

$$= 2 \times 1148(1100 - 931)$$

$$= 388024$$

$$C_1 = 622.9\ \text{m/s}$$

이다. 지금

$$C_{a1} = C_1 \cos \alpha_1$$

$$= 622.9 \cos 65^\circ$$

$$= 263.25\ \text{m/s}$$

그리고

$$C_{x1} = C_1 \sin \alpha_1$$

$$= 622.9 \sin 65^\circ$$

$$= 564.5\ \text{m/s}$$

이므로

$$W_{x1} = C_{x1} - U$$

$$= 564.5 - 290$$

$$= 274.5\ \text{m/s}$$

이다. 그리고

$$C_{x2} = W_{x2} - U$$

이고, 무반동이므로 $W_{x1} = W_{x2}$ 이다. 그러므로 다음과 같이 정리된다.

$$C_{x2} = 274.5 - 290$$

$$= -15.5 \text{ m/s}$$

음의 부호는 선회속도가 날개 운동의 반대방향임을 뜻한다.

단이 표준이므로 $C_2 = C_0$ 이고, 단을 통해 C_a가 일정하다고 가정하면

$$C_2^2 = C_a^2 + C_{x2}^2$$
$$= 263.25^2 + 15.5^2$$
$$= 69540 \text{ m}^2/\text{s}^2$$

이고,

$$T_0 - T_2 = T_{00} - \frac{C_0^2}{2C_p} - T_2$$
$$= 1100 - \left(\frac{69540}{2 \times 1148}\right) - 931 \quad T_1 = T_2 \text{ 에서}$$
$$= 138.7 \text{ K}$$

이 된다. 등엔트로피 관계를 이용하면

$$\frac{T_{2ss}}{T_{00}} = \left(\frac{p_2}{p_{00}}\right)^{(\gamma-1)/\gamma}$$
$$T_{2ss} = 1100\left(\frac{188}{400}\right)^{0.25}$$
$$= 910.8 \text{ K}$$

이므로, 다음과 같은 온도차를 얻는다.

$$T_2 - T_{2ss} = 931 - 910.8$$
$$= 20.2 \text{ K}$$

이러한 온도차를 위의 식에 대입하여 효율을 구한다.

$$\eta_{t(t-t)} = \frac{138.7}{138.7 + 20.2}$$
$$= \underline{0.873}$$

6.5

(a) 식 (6.26)으로부터 깃 하중계수는

$$\psi = \phi(\tan\beta_1 + \tan\beta_2)$$

$$= \phi(\tan\alpha_1 + \tan\alpha_2)$$

이다. 출구에서 유동이 축방향이이므로 $\alpha_2 = 0$ 이다. 그러므로 다음과 같이 정리된다.

$$\psi = 0.65\tan 65^\circ$$

$$= \underline{1.394}$$

(b) 속도삼각형으로부터

$$\tan\beta_2 = U/C_a \quad (C_2 \text{가 축방향일 때})$$
$$= \frac{1}{0.65}$$

<u>날개 출구각 $\beta_2 = 57^\circ$</u>

$$\tan\beta_1 = \frac{\psi}{\phi} - \tan\beta_2$$

$$= \frac{1.394}{0.65} - \tan 57^\circ$$

<u>날개 입구각 $\beta_1 = 31.2^\circ$</u>

(c) 식 (6.30)으로부터 반동도를 구한다.

$$R = 0.5 + 0.5\phi(\tan\beta_2 - \tan\alpha_1)$$

$$= 0.5 + 0.5 \times 0.65(\tan 57^\circ - \tan 65^\circ)$$

<u>반동도 = 0.303</u>

(d) 식 (6.18)은 총압-총압 효율을 노즐과 회전자의 손실계수로 나타낸 것이다.

$$\eta_{t(t-t)} = \left(1 + \frac{\zeta_R W_2^2 + \zeta_N C_1^2 (T_2/T_1)}{2(h_0 - h_2)}\right)^{-1}$$

6.3절의 소더버그(Soderberg) 관계를 사용하면 고정자(노즐) 익열에 대해

$$\begin{aligned}\varepsilon_N &= \alpha_0 + \alpha_1 \\ &= 0° + 65° \\ &= 65°\end{aligned}$$

이고, 회전자 익열에 대해

$$\begin{aligned}\varepsilon_R &= \beta_1 + \beta_2 \\ &= 31.2° + 57° \\ &= 88.2°\end{aligned}$$

이다. 그러므로 식 (6.20)으로부터 회전자 손실계수는

$$\begin{aligned}\zeta_R &= 0.04 + 0.06\left(\frac{88.2}{100}\right)^2 \\ &= 0.0867\end{aligned}$$

이고, 그리고 노즐 손실계수는 다음과 같다.

$$\begin{aligned}\zeta_N &= 0.04 + 0.06\left(\frac{65}{100}\right)^2 \\ &= 0.0654\end{aligned}$$

또한

$$W_2^2 = C_a^2 \sec^2 \beta_2$$

이며

$$C_1^2 = C_a^2 \sec^2 \alpha_1$$

그리고 식 (6.6)으로부터

$$\begin{aligned}h_0 - h_2 &= U(C_{x1} + C_{x2}) \qquad (C_0 = C_2) \\ &= UC_{x1} \qquad (\text{출구에서 선회 없음}) \\ &= UC_a \tan \alpha_1\end{aligned}$$

그러므로 이들을 대입하면 다음과 같다.

$$\eta_{t(t-t)} = \left(1 + \frac{0.0867 \sec^2 57° + 0.0654 \sec^2 65° \,(T_2/T_1)}{2 \tan 65° / 0.65}\right)^{-1}$$

한편, $T_2/T_1=1$ 을 적용하면

$$\eta_{t(t-t)} = 0.909$$
$$= \underline{90.9\%}$$

이다. 식 (6.19)는 $C_0 = C_a$ 인 경우의 총압-정압 효율을 나타낸다.

$$\eta_{t(t-s)} = \left(1 + \frac{\zeta_R W_2^2 + \zeta_N C_1^2 (T_2/T_1) + C_0^2}{2(h_0 - h_2)}\right)^{-1}$$
$$= \left(1 + \frac{\zeta_R \sec^2 \beta_2 + \zeta_N \sec^2 \alpha_1 + 1}{2 \tan \alpha_1 / \phi}\right)^{-1}$$
$$= \left(1 + \frac{0.0867 \sec^2 57^\circ + 0.0654 \sec^2 65^\circ + 1}{2 \tan 65^\circ / 0.65}\right)^{-1}$$
$$= 0.799$$
$$= \underline{79.9\%}$$

6.6

(a) 그림 6.4의 속도삼각형으로부터

$$C_{x1} = C_a \tan \alpha_1$$
$$= 260 \tan 60^\circ$$
$$= 450.3 \text{ m/s}$$
$$C_{x2} = C_a \tan \alpha_2$$
$$= 260 \tan 12^\circ$$
$$= 55.26 \text{ m/s}$$

이고, 따라서

$$W_{x1} = C_{x1} - U$$
$$= 450.3 - 350$$
$$= 100.3 \text{ m/s}$$

이므로

$$\beta_1 = \tan^{-1}\left(\frac{W_{x1}}{C_a}\right) = \tan^{-1}\left(\frac{100.3}{260}\right) = \underline{21.1°}$$

이고, 또한

$$W_{x2} = U + C_{x2} = 350 + 55.26 = 405.3 \text{ m/s}$$

이므로 다음의 각을 구할 수 있다.

$$\beta_2 = \tan^{-1}\left(\frac{W_{x2}}{C_a}\right) = \tan^{-1}\left(\frac{405.3}{260}\right) = \underline{57.3°}$$

(b) 식 (6.29)로부터 반동은

$$R = \frac{\phi}{2}(\tan\beta_2 - \tan\beta_1) = \frac{260}{2\times 350}(\tan 57.3° - \tan 21.1°) = \underline{0.435}$$

이며, 깃 하중계수는 식 (6.26)에 의해 주어진다.

$$\psi = \frac{C_a}{U}(\tan\beta_1 + \tan\beta_2)$$

[주석: 깃 하중계수로서 다른 정의는 $\psi = C_p(T_{00} - T_{02})/\frac{1}{2}U^2$이다. 이것은 수치적으로 식 (6.26)의 두 배의 값을 갖는다.]

따라서

$$\psi = \frac{260}{350}(\tan 21.1° + \tan 57.3°)$$

$$= \underline{1.44}$$

이며, 출력은 다음과 같다.

$$W = mU(C_{x1} + C_{x2})$$
$$= 18 \times 350(450.3 + 55.26)$$
$$= \underline{3185\,\text{kW}}$$

(c) 속도 삼각형으로부터 C_1을 계산한다.

$$C_1 = C_a \sec \alpha_1$$
$$= 260 \sec 60^\circ$$
$$= 520\ \text{m/s}$$

노즐 목의 면적을 구하기 위해서는 밀도 ρ_1을 알아야만 한다. 식 (6.16)에서 노즐 엔탈피 손실계수는

$$\zeta_N = \frac{C_p(T_1 - T_{1s})}{\frac{1}{2} C_1^2}$$

또는

$$T_1 - T_{1s} = \frac{0.05 \times 0.5 \times 520^2}{1148}$$
$$= 5.89\ \text{K}$$

이다. 여기서 노즐 내에서 $T_{01} = T_{00}$ 이다. 즉, 노즐에서의 유동이 단열이라면 정체 온도는 일정하게 된다. 이제

$$T_1 = T_{01} - \frac{C_1^2}{2C_p}$$
$$= 1100 - \frac{520^2}{2 \times 1148}$$
$$= 982\ \text{K}$$

이며, 따라서

$$T_{1s} = 982 - 5.89$$
$$= 976.1\ \text{K}$$

이다. 그러므로

$$\frac{p_{00}}{p_1} = \left(\frac{T_{00}}{T_{1s}}\right)^{\gamma/(\gamma-1)}$$

$$= \left(\frac{1100}{976.1}\right)^4$$

$$= 1.61$$

$$p_1 = \frac{350}{1.61}$$

$$= 217 \text{ kPa}$$

이며

$$\rho_1 = \frac{p_1}{RT_1}$$

$$= \frac{217 \times 10^3}{287 \times 982}$$

$$= 0.77 \text{ kg/m}^3$$

이고, 질량유량의 식으로부터 노즐 출구 면적을 구할 수 있다.

$$m = \rho_1 A_1 C_1$$

$$A_1 = \frac{18}{0.77 \times 520}$$

$$\underline{\text{노즐 출구 면적} = 0.045 \text{ m}^2}$$

6.7

(a) 깃 하중계수를 구하기 위해 식 (6.25)에 데이터를 대입하면

$$\psi = \frac{C_p(T_{01} - T_{02})}{U^2}$$

$$= \frac{1148 \times 150}{340^2}$$

$$= 1.49$$

이고, 터빈 속도 선도로부터

$$U/C_a = \tan\beta_2 - \tan\alpha_2$$

또는

$$\begin{aligned}\tan\beta_2 &= \frac{1}{\phi} + \tan\alpha_2 \\ &= \frac{1}{0.75} + \tan 12^\circ \\ \beta_2 &= 57.1^\circ\end{aligned}$$

이다. 식 (6.26)과 (6.29)로부터

$$\psi = \phi(\tan\beta_1 + \tan\beta_2)$$

이고

$$R = \frac{\phi}{2}(\tan\beta_2 - \tan\beta_1)$$

이다. 이로부터

$$\tan\beta_2 = \frac{1}{2\phi}(\psi + 2R)$$

그러므로

$$\tan 57.1^\circ = \frac{1}{2\times 0.75}(1.49 + 2R)$$

이다. 따라서 반동은 다음과 같다.

$$\underline{R = 0.414}$$

(b) $\tan\beta_1$에 대한 위의 연립 방정식을 풀면 다음과 같이 구해진다.

$$\begin{aligned}\tan\beta_1 &= \frac{1}{2\phi}(\psi - 2R) \\ &= \frac{1}{2\times 0.75}(1.49 - 2\times 0.414)\end{aligned}$$

$$\underline{\beta_1 = 23.8^\circ}$$

여기서 기체각은 다음과 같이 계산된다.

$$\begin{aligned}\tan\alpha_1 &= \tan\beta_1 + \frac{1}{\phi} \\ &= \tan 23.8^\circ + \frac{1}{0.75}\end{aligned}$$

$$\underline{\alpha_1 = 60.6°}$$

(c) 노즐 목 면적을 구하기 위해서는 노즐 목에서의 밀도와 그 위치에서 절대 속도를 구할 필요가 있다. 단순한 수축 노즐이므로 노즐 목은 지표까지의 기호방식을 따르면 위치 1에 있다. 속도 선도로부터

$$\begin{aligned} C_{a1} &= U\phi \\ &= 340 \times 0.75 \\ &= 255 \text{ m/s} \end{aligned}$$

그리고

$$\begin{aligned} C_1 &= \frac{C_{a1}}{\cos \alpha_1} \\ &= \frac{255}{\cos 60.6°} \\ &= 519.5 \text{ m/s} \end{aligned}$$

이다. 한편,

$$\begin{aligned} T_{01} - T_1 &= \frac{C_1^2}{2C_p} \\ &= \frac{519.5^2}{2 \times 1148} \\ &= 117.6 \text{ K} \end{aligned}$$

이며, 식 (6.16)으로부터

$$\begin{aligned} T_1 - T_{1s} &= \frac{\zeta_N C_1^2}{2C_p} \\ &= \frac{0.05 \times 519.5^2}{2 \times 1148} \\ &= 5.87 \text{ K} \end{aligned}$$

즉

$$T_{1s} = T_1 - 5.87$$

이다. 그러나

$$T_{01} = T_{00}$$

이고

$$T_1 = 1150 - 117.6$$
$$= 1032.4\ \text{K}$$

따라서

$$T_{1s} = 1032.4 - 5.87$$
$$= 1026.5\ \text{K}$$

두 점 사이에 등엔트로피 관계로부터

$$\frac{p_{00}}{p_1} = \left(\frac{T_{00}}{T_{1s}}\right)^{\gamma/(\gamma-1)}$$

$$P_1 = 420\left(\frac{1026.5}{1150}\right)^4$$
$$= 266.6\ \text{kPa}$$

따라서 밀도는 다음과 같이 구해진다.

$$\rho_1 = \frac{p_1}{RT_1}$$
$$= \frac{272.8\times10^3}{287\times1032.4}$$
$$= 0.9\ \text{kg/m}^3$$

$$\text{노즐 목 면적} = \frac{m}{\rho_1 C_1}$$
$$= \frac{25}{0.9\times519.5}$$
$$\underline{= 0.0534\ \text{m}^2}$$

(d) 평면 1에서 원환 면적은 다음과 같다.

$$A_1 = \frac{m}{\rho_1 C_{a1}}$$
$$= \frac{25}{0.9\times255}$$

$$\underline{\text{원환 면적 } A_1 = 0.109\ \text{m}^2}$$

0 과 2의 위치에 대해서도 이와 유사한 과정을 따르면

$$C_0 = C_2 = \frac{255}{\cos 12°}$$

$$= 260.7 \text{ m/s}$$

이고

$$\frac{C_0^2}{2C_p} = \frac{260.7^2}{2 \times 1148}$$

$$= 29.6 \text{ K}$$

$$T_0 = T_{00} - \frac{C_0^2}{2C_p}$$

$$= 1150 - 29.6$$

$$= 1120 \text{ K}$$

이므로

$$\frac{p_{00}}{p_0} = \left(\frac{T_{00}}{T_0}\right)^{\gamma/(\gamma-1)}$$

$$p_0 = 420 \left(\frac{1120}{1150}\right)^4$$

$$= 377.9 \text{ kPa}$$

이다. 따라서

$$\rho_0 = \frac{p_0}{RT_0}$$

$$= \frac{378.4 \times 10^3}{287 \times 1120}$$

$$= 1.17 \text{ kg/m}^3$$

이며, 원환 면적은 다음과 같다.

$$A_0 = \frac{m}{\rho_0 C_a}$$

$$= \frac{25}{1.177 \times 255}$$

$$= 0.0838 \text{ m}^2$$

한편, 단 출구에서는

$$T_{02} = T_{00} - (T_{00} - T_{02})$$

$$= 1150 - 150$$

$$= 1000\ \mathrm{K}$$

$$T_2 = T_{02} - \frac{C_2^2}{2C_p}$$

$$= 1000 - 29.6$$

$$= 970.4\ \mathrm{K}$$

따라서

$$\frac{p_2}{p_{02}} = \left(\frac{T_2}{T_{02}}\right)^{\gamma/(\gamma-1)}$$

$$p_{02} = p_{00}\left(\frac{p_{02}}{p_{00}}\right)$$

$$= \frac{420}{1.9}$$

$$= 221.1\ \mathrm{kPa}$$

이고

$$p_2 = 221.1\left(\frac{970.4}{1000}\right)^4$$

$$= 196.1\ \mathrm{kPa}$$

이므로, 밀도는 다음과 같이 구해진다.

$$\rho_2 = \frac{196.1 \times 10^3}{287 \times 970.4}$$

$$= 0.704\ \mathrm{kg/m^3}$$

그러므로 원환 면적은 다음과 같다.

$$A_2 = \frac{m}{\rho_2 C_a}$$

$$= \frac{25}{0.704 \times 255}$$

$$\underline{=0.139\ \mathrm{m}^2}$$

(e) R이 팁 반경이고, h가 날개 높이이며, r이 허브 반경이고, 평균 반경에서의 조건을 하첨자 m으로 표시하여 다음과 같이 쓸 수 있다.

$$U_{\mathrm{m}}=\frac{\pi N D_{\mathrm{m}}}{60}$$

$$D_{\mathrm{m}}=\frac{340\times 60}{\pi\times 15000}$$

$$=0.433\ \mathrm{m}$$

지금 원환 면적의 식은

$$A=\pi D_{\mathrm{m}} h=\frac{60 U_{\mathrm{m}} h}{N}$$

으로부터

$$h=\frac{AN}{60 U_{\mathrm{m}}}$$

$$=0.735\ A$$

으로 쓸 수 있고, 아래와 같이 각각의 h를 구할 수 있다.

$$\underline{h_0=0.061\ \mathrm{m},\ h_1=0.080\ \mathrm{m},\ h_2=0.102\mathrm{m}}$$

또한

$$\frac{R}{r}=\frac{r_{\mathrm{m}}+(h/2)}{r_{\mathrm{m}}-(h/2)}$$

이므로

$$\underline{(R/r)_0=1.328,\ (R/r)_1=1.45,\ (R/r)_2=1.61}$$

이다.

6.8

뿌리에서

$$r=r_{\mathrm{m}}-(h/2)$$

이고, 팁에서

$$R = r_m + (h/2)$$

이므로 다음과 같다.

$$\left(\frac{r}{r_m}\right)_1 = 1 - \frac{h_1}{2r_m} = 0.81$$

$$\left(\frac{R}{r_m}\right)_1 = 1.185$$

$$\left(\frac{r}{r_m}\right)_2 = 0.764$$

$$\left(\frac{R}{r_m}\right)_2 = 1.236$$

지유 와류 설계인 경우 6.6.3절에 의하면 뿌리에서

$$\tan \alpha_{1r} = \left(\frac{r_m}{r}\right)_1 \tan \alpha_{1m} = 1.23 \tan 60.6^\circ$$

$$\alpha_{1r} = 65.5^\circ$$

및

$$\tan \alpha_{2r} = \left(\frac{r_m}{r}\right)_2 \tan \alpha_{2m} = 1.31 \tan 12^\circ$$

$$\underline{\alpha_{2r} = 15.5^\circ}$$

와 같다. 끝단에서는

$$\tan \alpha_{1R} = 0.847 \tan 60.6^\circ$$

$$\underline{\alpha_{1R} = 56.4^\circ}$$

$$\tan \alpha_{2R} = 0.809 \tan 12^\circ$$

$$\underline{\alpha_{2R} = 9.8^\circ}$$

이다. 임의의 반경에서 상대 기체 각을 구하기 위해 속도 삼각형으로부터

$$\tan\beta_2 = \tan\alpha_2 + \frac{U}{C_a}$$

$$\tan\beta_1 = \tan\alpha_1 - \frac{U}{C_a}$$

이며

$$\frac{U_m}{r_m} = \frac{U}{r}$$

이므로 U와 $\tan\alpha$를 대입하면

$$\tan\beta_2 = \left(\frac{r_m}{r}\right)_2 \tan\alpha_{2m} + \left(\frac{r}{r_m}\right)_2 \frac{U_m}{C_a}$$

$$\tan\beta_1 = \left(\frac{r_m}{r}\right)_1 \tan\alpha_{1m} - \left(\frac{r}{r_m}\right)_1 \frac{U_m}{C_a}$$

이다. 팁에서는

$$\tan\beta_{2R} = \left(\frac{R}{r_m}\right)_2 \frac{U_m}{C_a} + \left(\frac{r_m}{R}\right)_2 \tan\alpha_{2m}$$

$$= \frac{1.236}{0.75} + \frac{\tan 12°}{1.236}$$

$$\underline{\beta_{2R} = 61.2°}$$

$$\tan\beta_{1R} = \frac{\tan 60.6°}{1.185} - \frac{1.185}{0.75}$$

$$\underline{\beta_{1R} = -4.7°}$$

이고, 뿌리에서는

$$\tan\beta_{2r} = \frac{\tan 12°}{0.764} + \frac{0.764}{0.75}$$

$$\underline{\beta_{2r} = 52.3°}$$

$$\tan\beta_{1r} = \frac{\tan 60.6°}{0.81} - \frac{0.81}{0.75}$$

$$\underline{= 48°}$$

이다. 이상의 결과를 요약하여 표로 나타내면 다음과 같다.

	α_1	β_1	α_2	β_2
팁	56.4°	−4.7°	9.8°	61.2°
뿌리	65.5°	48.0°	15.5°	52.3°
평균반경	60.6°	23.8°	12.0°	57.1°

다른 점에 대해서도 이와 같이 날개 각을 계산한다면 전 범위에 걸쳐 날개의 형상을 얻을 수 있다.

문제 6.7로부터

$$W_1 = C_a \sec\beta_1$$

이고, 뿌리에서는

$$\begin{aligned} W_{1r} &= 255 \sec\beta_{1r} \\ &= 255 \sec 48° \\ &= 381\,\text{m/s} \end{aligned}$$

이다. 또한

$$\begin{aligned} C_{1r} &= C_a \sec\alpha_{1r} \\ &= 255 \sec 65.5° \\ &= 651\,\text{m/s} \end{aligned}$$

그래서

$$\begin{aligned} T_{1r} &= T_{01} - \frac{C_{1r}^2}{2C_p} \\ &= 1150 - \frac{615^2}{2\times 1148} \\ &= 985\,\text{K} \end{aligned}$$

이다. 따라서 마하수는

$$\begin{aligned} (M_{1\text{rel}})_r &= \frac{W_{1r}}{(\gamma R T_{1r})^{1/2}} \\ &= \frac{381}{(1.33\times 287\times 985)^{1/2}} \end{aligned}$$

뿌리에서의 마하수 $=0.664$

한편, 팁에서는

$$W_{1R}=255.7\,\mathrm{m/s}$$

$$C_{1R}=460.8\,\mathrm{m/s}$$

$$T_{1R}=1057.4\,\mathrm{K}$$

이므로 끝팁에서의 마하수는

$$(M_{1\mathrm{rel}})_R=0.402$$

이다. 이로부터 날개의 뿌리에서 마하수가 더 크다는 것을 알 수 있다.

6.9

식 (5.37)로부터 반경방향 평형 방정식은 다음과 같이 주어진다.

$$\frac{\mathrm{d}h_0}{\mathrm{d}r}=\frac{C_x^2}{r}+C_x\frac{\mathrm{d}C_x}{\mathrm{d}r}+C_a\frac{\mathrm{d}C_a}{\mathrm{d}r}$$

위치 1에서 $\mathrm{d}h_0/\mathrm{dr}=0$ 이고 α_1 이 일정하다면

$$\tan\alpha_1=\frac{C_{x1}}{C_{a1}}=\mathrm{const}$$

이고

$$\frac{\mathrm{d}C_{a1}}{\mathrm{d}r}=\frac{\mathrm{d}C_{x1}}{\mathrm{d}r}\cot\alpha_1$$

이다. 이제 식 (5.37)은 다음과 같이 쓸 수 있다.

$$0=\frac{C_{x1}^2}{r}+C_{x1}\frac{\mathrm{d}C_{x1}}{\mathrm{d}r}+C_{x1}\cot^2\alpha_1\frac{\mathrm{d}C_{x1}}{\mathrm{d}r}$$

$$=(1+\cot^2\alpha_1)\frac{\mathrm{d}C_{x1}}{\mathrm{d}r}+\frac{C_{x1}}{r}$$

그런데

$$1+\cot^2\alpha_1=\sin^2\alpha_1$$

$$\frac{dC_{x1}}{C_{x1}} = -\sin^2\alpha_1 \frac{dr}{r}$$

이므로 적분하면 다음과 같다.

$$\log_e C_{x1} = -\sin^2\alpha_1 \log_e r + \text{상수}$$

혹은

$$C_{x1} r^{\sin^2\alpha_1} = \text{일정} \qquad \text{(6.6.3절 참조)}$$

지금 α_1이 일정하고 $\tan\alpha_1 = C_{x1}/C_a$이면 C_{x1}은 C_a에 비례한다. 그러므로

$$C_a r^{\sin^2\alpha_1} = \text{일정}$$

이다. 평균 반경에서 $C_{am} = 255\,\text{m/s}$ 이고 $r_{1m} = 0.2165\,\text{m}$, $\alpha_1 = 60.6°$ 이므로 다음과 같다.

$$\begin{aligned} \text{일정} &= 255 \times 0.2165^{\sin^2 60.6°} \\ &= 79.83\,\text{m/s} \end{aligned}$$

뿌리에서

$$\begin{aligned} (C_{a1})_r &= \frac{79.83}{(r_{1m} - h_1/2)^{0.759}} \\ &= \frac{79.83}{(0.2165 - 0.08/2)^{0.759}} \\ &= 297.77\,\text{m/s} \end{aligned}$$

따라서

$$\begin{aligned} \phi_r &= C_{a1}/U_1 \\ &= \frac{C_{a1}}{U_m}\left(\frac{r_m}{r}\right)_1 \\ &= \frac{297.77}{340} \times \frac{1}{0.81} \\ &= 1.08 \approx 1 \end{aligned}$$

$$\tan\beta_{1r} = \tan\alpha_{1r} - \frac{1}{\phi_r}$$

$$= \tan 60.6 - \frac{1}{1.08} \quad (\alpha_{1r} = \alpha_{1m} = \text{일정})$$

$$\beta_{1r} = 40^\circ$$

뿌리에서 $\beta_{1r} = 40^\circ$

팁에서는

$$(C_{a1})_R = \frac{79.83}{(r_{1m} + h_1/2)^{0.759}}$$

$$= \frac{79.83}{(0.2165 + 0.08/2)^{0.759}}$$

$$= 224.2 \text{ m/s}$$

이므로

$$\phi_R = \frac{224.2}{340}\left(\frac{r_m}{R}\right)_1$$

$$= \frac{224.2}{340}\left(\frac{1}{1.18}\right)$$

$$= 0.559$$

$$\tan\beta_{1R} = \tan\alpha_{1R} - \frac{1}{\phi_R}$$

$$= \tan 60.6 - \frac{1}{0.559} \quad (\alpha_{1R} = \alpha_{1m} = \text{일정})$$

$$\beta_{1R} = -0.81^\circ$$

팁에서 $\beta_1 = -0.81^\circ$

6.10

(a) 식 (6.9)로부터

$$T_{00} - T_{02ss} = \frac{T_{00} - T_{02}}{\eta_{t(t-t)}}$$

$$= \frac{160}{0.9}$$

$$= 177.77 \text{ K}$$

이 된다. 그러므로

$$T_{02ss} = 1225 - 177.77$$
$$= 1047.2\,\text{K}$$

이며, 등엔트로피 관계로부터

$$p_{02} = p_{00}\left(\frac{T_{02ss}}{T_{00}}\right)^{\gamma(\gamma-1)}$$
$$= 800\left(\frac{1047.2}{1225}\right)^4$$
$$= 427.3\,\text{kPa}$$

이 된다. 한편

$$T_2 = T_{02} - \frac{C_2^2}{2C_p}$$
$$= (1225 - 160) - \frac{390^2}{2\times 1148}$$
$$= 998.7\,\text{K}$$

$$p_2 = p_{02}\left(\frac{T_2}{T_{02}}\right)^{\gamma/(\gamma-1)}$$
$$= 427.3\left(\frac{998.7}{1065}\right)^4$$
$$= 330\,\text{kPa}$$

로부터

$$\rho_2 = \frac{p_2}{RT_2}$$
$$= \frac{330\times 10^3}{287\times 998.7}$$
$$= 1.153\,\text{kg/m}^3$$

을 구할 수 있다. 또 한편 연속 방정식으로부터

$$A_2 = \frac{m}{\rho_2 C_{a2}}$$
$$= \frac{30}{1.153\times 390} \qquad (C_2 = C_a)$$

$$=0.0667\,\text{m}^2$$

이며, 평균반경에서는

$$r_m = \frac{U_m}{\omega} = \frac{330\times60}{15000\times2\pi} = 0.21\,\text{m}$$

이고, 날개 높이는

$$h = \frac{A_2}{2\pi r_m} = \frac{0.0667}{2\pi\times0.21} = \underline{0.0506\,\text{m}}$$

이다. 그러므로 반경비는 다음과 같다.

$$\frac{R}{r} = \frac{r_m + h/2}{r_m - h/2} = \frac{0.21+0.0253}{0.21-0.0253} = \underline{1.27}$$

(b) 아래에 나와 있듯이 C_{a1}을 결정하는 데는 반복적인 절차가 필요하다. 연속 방정식이 만족되어야 하므로 노즐 출구 1에서

$$m=\rho_1 C_{a1} A_1,\quad A_1 = \text{일정},\quad C_{a1} = \text{일정}$$

이 된다. 첫 번째 가정으로서 다음을 구한다.

$$\rho_1 = \frac{p_{00}}{RT_{00}} = \frac{800\times10^3}{287\times1225} = 2.27\,\text{kg/m}^3$$

그러면

$$C_{a1} = \frac{30}{2.27 \times 0.067} \qquad (A_1 = A_2)$$
$$= 198 \text{ m/s}$$

이 되는데, 여기서 $C_{x2} = 0$ 을 기억하면

$$\frac{W}{m} = U(C_{x1} + C_{x2})$$
$$= UC_{a1} \tan \alpha_1$$
$$1148 \times 160 = 330 \times 198 \tan \alpha_1$$

이다. 이로부터

$$\tan \alpha_1 = \frac{1148 \times 160}{330 \times 198}$$
$$\alpha_1 = 70.4°$$

이므로

$$C_1 = \frac{C_{a1}}{\cos \alpha_1}$$
$$= \frac{198}{\cos 70.4°}$$
$$= 590.4 \text{ m/s}$$

이 된다.

$$T_1 = T_{00} - \frac{C_1^2}{2C_p}$$
$$= 1225 - \frac{590.4^2}{2 \times 1148}$$
$$= 1073 \text{ K}$$

이 되며, 등엔트로피 관계식을 사용하면

$$p_1 = p_{00} \left(\frac{T_1}{T_{00}} \right)^{\gamma/(\gamma-1)} \qquad (p_{00} = p_{01})$$
$$= 800 \left(\frac{1073}{1225} \right)^4$$

$$= 470.9\,\text{kPa}$$

이고, 따라서

$$\rho_1 = \frac{p_1}{RT_1}$$
$$= \frac{470.9 \times 10^3}{287 \times 1073}$$
$$= 1.529\,\text{kg/m}^3$$

이다. 이 값을 사용하여 다시 계산을 수행하며, C_{a1}과 ρ_1이 변하지 않을 때까지 계산을 반복한다. 아래 표에 그 값들이 나와 있다.

반복횟수	1	2	3	4	5	6	7
ρ_1	2.27	1.53	1.44	1.42	1.42		
C_{a1}	200.2	294	312.3	316.7			
α_1	70.2	62.1	60.67	60.34			
C_1	590.4	628.3	637.6	640			
T_1	1073	1053	1047.8	1046.4			
p_1	470.9	436.6	428.2	426			
ρ_1	1.53	1.44	1.42	1.42			

이로부터 노즐 출구에서 축방향 유동은 다음과 같다.

$$\underline{C_{a1} = 316.7\,\text{m/s}}$$

(c) 이제 마하수 $(M_{1\text{rel}})_r$을 구한다. 여기서 하첨자 r은 뿌리 반경을 의미한다.

$$\frac{U_r}{U_m} = \frac{r}{r_m}$$
$$U_r = 330 \times \frac{0.21 - 0.0253}{0.21}$$
$$= 290.2\,\text{m/s}$$

날개 뿌리에서는

$$W_{x1} = \frac{C_p(T_{00} - T_{02})}{U} - U$$

$$= \frac{1148 \times 160}{290.2} - 290.2$$

$$= 342.7 \text{ m/s}$$

이고, 따라서

$$W_1^2 = C_{a1}^2 + W_{x1}^2$$

$$= 316.7^2 + 342.7^2$$

$$W_1 = 466.6 \text{ m/s}$$

음속은 다음과 같다.

$$a_1 = (\gamma R T_1)^{1/2}$$

$$= (1.333 \times 287 \times 1046.4)^{1/2}$$

$$= 632.7$$

$$M_{1\text{rel}} = W_1 / a_1$$

$$= \frac{466.6}{632.7}$$

<u>날개 뿌리에서의 상대 마하수 = 0.74</u>

제 7 장

반경류 개스터빈

7.1 서 론

내향 반경류 개스터빈은 유량이 매우 적은 곳에 사용된다. 예를 들면 상업용 (디젤) 엔진의 배기 터빈 과급기와 소방 펌프(fire pump)에 사용된다. 이것들은 매우 소형이고 최대 직경이 약 0.2 m정도이다. 속도는 커서 40,000~180,000 rpm 정도이다. 날개는 회전자의 바깥쪽 유입부에서 원주에 대해 수직인, 즉 90° 형이 일반적이며, 기체는 반경 방향으로 들어간 후 출구에서는 축 방향으로 빠져나간다.

그림 7.1은 터빈 및 중요한 부분들을 보여주고 있다. 이로부터 원심압축기와 유사한 점을 볼 수 있지만, 차이점은 기체 유동이 반대 방향인 점이다. 그림 7.1은 기체가 와류 케이싱으로 들어가 통로를 지나는 동안, 통로의 단면적은 점차 감소함을 보여주고 있다. 이것은 원주상에서 노즐로 유입되는 기체 속도를 일정하게 유지한다. 노즐 깃은 기체의 운동에너지를 증가시키도록 수축형태로 되어 있으며 회전자로 유입되는 기체 각도를 설정시켜 준다. 이 각은 보통 약 70° 이지만(반경방향으로부터 측정됨) 하중의 변화에 따라 유동각의 조절이 가능하도록 하고 있다. 노즐부에는 가끔 베인이 없을 수도 있지만, 이 때는 그림 2.17의 깃 없는 디퓨저와 유사한 통로를 마련해

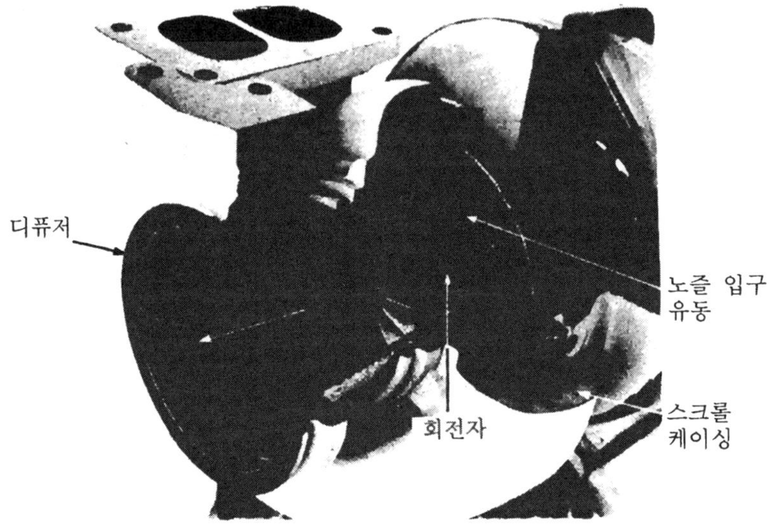

그림 7.1 입구에 노즐 링이 있는 90° 내향 반경류형 개스터빈

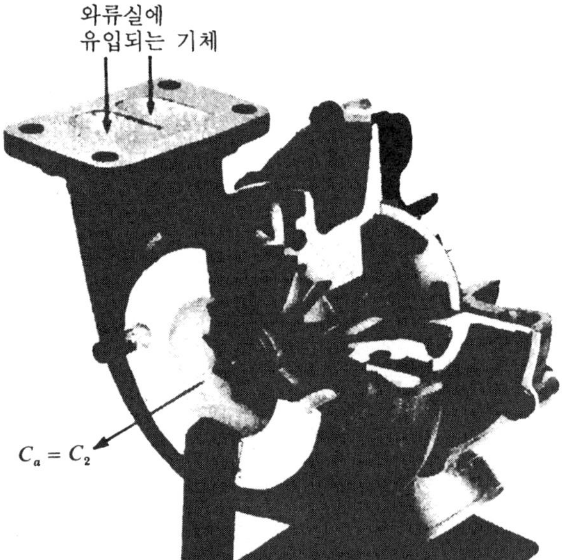

그림 7.2 입구에 노즐 링이 없는 90° 내향 반경류형 개스터빈

야 한다(그림 7.2). 그리고 노즐 깃 출구 팁과 회전자 사이에 깃 없는 공간이 존재하는데, 이 공간을 통해 기체 유동 방향이 더 조정되고, 또 이것은 터빈내의 진동을 일으키는 교란을 감소시키는 데 도움이 된다.

회전자는 보통 니켈합금 주물로 만들어지며 반경 방향으로부터 축방향으로 유동을 변화시키기 위해서 굽혀진 날개를 갖고 있다. 날개를 덮어주는 것은 케이싱에 의해서이다. 출구에는 디퓨저를 설치하여 높은 운동에너지를 더욱 감소시켜 엔탈피의 더 많은 강하가 이루어지게 할 수도 있다.

7.2 속도선도와 유동의 열역학

그림 7.3에는 터빈에 대한 속도 삼각형이 그려져 있다. 회전자 전후로 가로지르는 1과 2의 숫자 체계를 사용하며, 0은 노즐 깃의 입구를 나타내고 3은 디퓨저 출구 단면을 나타낸다. 기체의 열역학적 상태변화 경로는 그림 7.4의 몰리에르(Mollier) 선도에 나타나 있다. 노즐 내에서는 비가역성 때문에 총 압력이 p_{00}에서 p_{01}로 떨어질지라도 행한 일이 없기 때문에 $h_{00}=h_{01}$이다. 따라서 다음과 같이 쓸 수 있다.

$$h_0 - h_1 = (C_1^2 - C_0^2)/2 \tag{7.1}$$

회전자 내에 단위 질량유량 당 수행된 일은 오일러의 터빈 방정식에 의해 주어진다(식 (1.24)).

$$W/m = (U_1 C_{x1} - U_2 C_{x2}) \quad (\mathrm{J/s})(\mathrm{kg/s}) \tag{7.2}$$

출구에서 선회 속도가 0이면

$$W/m = U_1 C_{x1}$$

이고, 입구에서 흐름이 반경 방향이면

$$W/m = U_1^2 \tag{7.3}$$

이다.

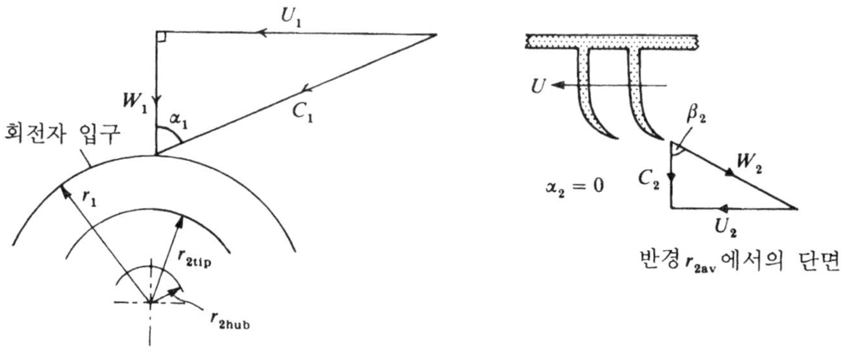

그림 7.3 90° 내향 반경류형 개스터빈에 대한 속도 삼각형

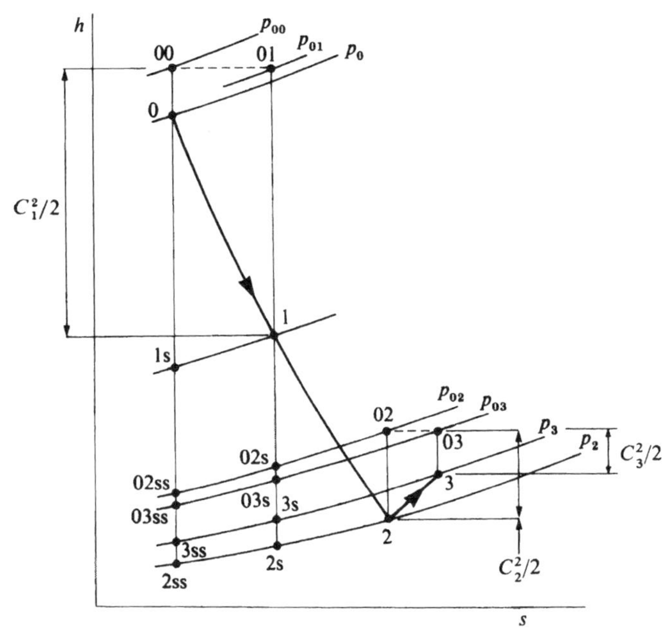

그림 7.4 90° 내향 반경류형 개스터빈에 있어서 팽창에 대한 몰리에르(Mollier) 선도

좀더 일반적으로는 W/m을 치환하여

$$h_{01} - h_{02} = U_1 C_{x1} - U_2 C_{x2}$$

이 된다. 한편 4.1.3절에서 원심압축기에 대한 양 I가 다음과 같다고 하였다.

$$I = h_{0\mathrm{rel}} - U^2/2 \quad (\text{여기서 } I\text{는 상수})$$

그러므로

$$h_1 - h_2 = [(U_1^2 - U_2^2) - (W_1^2 - W_2^2)]/2$$

이다. 만약 $C_{x2} = 0$ 이면 $(W_2^2 - U_2^2) = C_2^2$ 이고

$$h_1 - h_2 = (U_1^2 - W_1^2 + C_2^2)/2 \tag{7.4}$$

이다. 디퓨저에서는 $h_{02} = h_{03}$ 이다. 따라서 다음과 같다.

$$h_3 - h_2 = (C_2^2 - C_3^2)/2 \tag{7.5}$$

만약 디퓨저 내에서의 손실이 무시된다면 $T_{03\mathrm{ss}} = T_{02\mathrm{ss}}$ 이고 총압-총압 등엔트로피 효율은 다음과 같이 주어진다.

$$\eta_{\mathrm{t(t-t)}} = (T_{00} - T_{02})/(T_{00} - T_{02\mathrm{ss}}) \tag{7.6}$$

효율은 80~90% 사이이다.

7.3 분출속도

기체가 등엔트로피 상태로 터빈을 통과한다면 총엔탈피 등엔트로피 강하는 디퓨저가 장착되지 않은 경우 $(h_{00} - h_{02\mathrm{ss}})$로 주어지고, 디퓨저가 장착되는 경우 $(h_{00} - h_{03\mathrm{ss}})$로 주어진다. 이런 에너지 변화를 운동에너지 형태로 나타내고자 함에 따라 분출속도 C_{s}가 정의된다. 표 7.1에서 처럼 디퓨저의 유무에 따라 그리고 총압-총압 혹은 총압-정압의 조건에 따라 네 가지 분출속도의 정의가 가능하다.

표 7.1 분출속도

	총압-총압	총압-정압
디퓨저 있음	$C_s^2/2=(h_{00}-h_{03ss})$	$C_s^2/2=(h_{00}-h_{3ss})$
디퓨저 없음	$C_s^2/2=(h_{00}-h_{02ss})$	$C_s^2/2=(h_{00}-h_{2ss})$

각각의 정의는 사용된 효율의 형태에 따라 구분 적용된다. 모든 점에서 등엔트로피 유동이면 다음과 같이 나타낼 수 있다.

$$W/m=U_1^2=C_s^2/2$$

또는

$$U_1/C_s=0.707 \tag{7.7}$$

실제적으로 U_1/C_s는 0.68~0.7 범위 안에 있다.

7.4 터빈 효율

내향 반경류 터빈의 효율을 결정하는 방법은, 먼저 노즐과 회전자에서의 손실계수를 사용하여 총압-총압 효율을 정하고, 이어서 주어진 터빈 치수를 사용하여 효율을 나타낸 뒤 둘 사이의 관계를 짓는 것이다. 그러나 그것을 하기 전에 $\eta_{t(t-s)}$를 유도하는 데 필요한 일련의 관계식이 설명되어야 한다. 그림 7.3으로부터

$$W_1 = U_1 \cot \alpha_1$$

$$C_2 = U_2 \cot \beta_2$$

이고, 이것들을 식 (7.4)에 대입하면

$$h_1-h_2=U_1^2\left[1-\cot^2\alpha_1+(U_2/U_1)^2\cot^2\beta_2\right]/2$$

이 되며, $U_2/U_1 = r_2/r_1$을 넣으면 다음과 같이 된다.

$$h_1 - h_2 = U_1^2[1-\cot^2\alpha_1 + (r_2/r_1)^2\cot^2\beta_2]/2 \tag{7.8}$$

지금 $(h_1 - h_2) = C_p(T_1 - T_2) = \gamma R(T_1 - T_2)/(\gamma - 1)$ 이므로, 식 (7.8)은 다음과 같이 된다.

$$T_2/T_1 = 1 - U_1^2(\gamma-1)[1-\cot^2\alpha_1 + (r_2/r_1)^2\cot^2\beta_2]/2_\gamma RT_1$$

그리고 $\gamma RT_1 = a_1^2$을 넣으면

$$T_2/T_1 = 1-(U_1/a_1)^2(\gamma-1)[1-\cot^2\alpha_1 + (r_2/r_1)^2\cot^2\beta_2]/2 \tag{7.9}$$

이다. 총압-정압 효율(디퓨저가 없는 경우)은 다음과 같이 주어진다.

$$\begin{aligned}\eta_{t(t-s)} &= (h_{00} - h_{02})/(h_{00} - h_{2ss}) \\ &= (h_{00} - h_{02})/[(h_{00} - h_{2s}) + (h_{2s} - h_{2ss})]\end{aligned}$$

여기서

$$\begin{aligned}h_{00} &= U_1^2 + h_{02} \qquad (U_1^2 = W/m) \\ &= U_1^2 + h_2 + C_2^2/2\end{aligned}$$

을 적용하면 다음과 같이 된다.

$$\eta_{t(t-s)} = U_1^2/[U_1^2 + C_2^2/2 + (h_2 - h_{2s}) + (h_{2s} - h_{2ss})] \tag{7.10}$$

노즐과 회전자의 손실계수는 각각에서의 엔탈피 손실을 각 출구에서의 운동에너지로 나눈 것으로 정의된다. 우선, 노즐의 경우는 다음과 같다.

$$\zeta_N = (h_1 - h_{1s})/(0.5C_1^2) \tag{7.11}$$

그러나 몰리에르(Mollier) 선도를 살펴보면

$$h_1 - h_{1s} \approx T_1(s_1 - s_{1s})$$

$$h_{2s} - h_{2ss} \approx T_2(s_{2s} - s_{2ss})$$

이고, 이로부터

$$h_1 - h_{1s} = (T_1/T_2)(h_{2s} - h_{2ss})$$

이며, 식 (7.11)에 대입하고 다시 정리하면 다음과 같이 된다.

$$h_{2s} - h_{2ss} = (T_2/T_1)\zeta_N C_1^2/2 \tag{7.12}$$

같은 방법으로, 회전자에 대해서는

$$\zeta_R = (h_2 - h_{2s})/(0.5 W_2^2)$$

또는 다음과 같이 된다.

$$h_2 - h_{2s} = \zeta_R W_2^2/2 \tag{7.13}$$

이제 식 (7.12)와 (7.13)을 식 (7.10)에 대입한 결과는 다음과 같다.

$$\begin{aligned}\eta_{t(t-s)} &= U_1^2/\{U_1^2 + [C_2^2 + W_2^2\zeta_R + C_1^2\zeta_N(T_2/T_1)]/2\} \\ &= U_1^2/\{U_1^2 + [U_2^2\cot^2\beta_2 + U_2^2\operatorname{cosec}^2\beta_2)\zeta_R \\ &\qquad + (U_1^2\operatorname{cosec}^2\alpha_1)(T_2/T_1)\zeta_N]/2\} \\ &= \{1 + [\zeta_N(T_2/T_1)\operatorname{cosec}^2\alpha_1 + (r_2/r_1)^2(\zeta_R\operatorname{cosec}^2\beta_2 \\ &\qquad + \cot^2\beta_2)]/2\}^{-1}\end{aligned} \tag{7.14}$$

출구부분 2에서는 두 개의 반경, 즉 슈라우드 반경과 허브 반경이 존재한다. 이때는 일반적으로 평균 반경을 취한다.

$$r_{2av} = (r_{2hub} + r_{2tip})/2$$

온도비 (T_2/T_1)는 식 (7.9)로부터 얻어진다.

그러나 식 (7.9)에 각 변수의 대표적인 값을 대입하면 (T_2/T_1)은 거의 1이 된다. 그래서 이것은 종종 무시되고 총압-정압 효율의 근사식은 다음과 같이 주어진다.

$$\eta_{t(t-s)} = \{1 + [\zeta_N\operatorname{cosec}^2\alpha_1 + (r_{2av}/r_1)^2(\zeta_R\operatorname{cosec}^2\beta_{2av} + \cot^2\beta_{2av})]/2\}^{-1} \tag{7.15}$$

총압-총압 효율은 다음의 방정식으로부터 얻을 수 있다.

$$(1/\eta_{t(t-t)}) = (1/\eta_{t(t-s)}) - [(r_{2av}/r_1)^2\cot^2\beta_{2av}]/2 \tag{7.16}$$

일반적으로 90° 내향 터빈에 대한 손실계수는 다음의 범위 내에 있다.

$$0.063 \leq \zeta_N \leq 0.235$$

$$0.384 \leq \zeta_R \leq 0.777$$

7.5 무차원 비속도

내향 반경류 개스터빈은 매우 좁은 범위의 무차원 비속도에서 최대 효율을 가진다. 그러나 수력 기계를 통한 체적유량은 일정한 반면에 반경류 개스터빈을 통한 체적유량은 상당히 변화하기 때문에, 이 점을 고려해야만 한다. 출구에서의 유량 Q_2를 사용하기로 하고, 식 (6.11)을 참조하여 (gH)를 엔탈피로 바꾸어 쓰면

$$N_s = NQ_2^{0.5}/(h_{00} - h_{02ss})^{0.75} \tag{7.17}$$

이 된다. 지금 $N = U_1/\pi D_1$와 $h_{00} - h_{02ss} = C_s^2/2$을 윗 식에 대입하면 결과는 다음과 같다.

$$\begin{aligned} N_s &= (U_1/\pi D_1 N)^{0.5}(U_1/\pi D_1)[Q_2^{0.5}/(C_s^2/2)^{0.75}] \\ &= 0.302(Q_2/ND_1^3)^{0.5}(U_1/C_s)^{1.5} \end{aligned} \tag{7.18}$$

식 (7.7)에서 이상적인 터빈에 대해 비 U_1/C_s는 0.707이라는 것을 알았다. 그러므로 이 값을 식 (7.18)에 대입하면 다음과 같이 된다.

$$N_s = 0.18\,(Q_2/ND_1^3)^{0.5} \tag{7.19}$$

만약 출구에서의 방향 속도가 균일하다면 $Q_2 = A_2 C_2$이다. 또한 회전자의 투영 면적을 $A_r = \pi D_1^2/4$로 쓰면

$$Q_2/ND_1^3 = \pi A_2 C_2/U_1 D_1^2 \tag{7.20}$$

이 되고, 분자와 분모에 A_r을 곱해서 윗 식을 정리하면

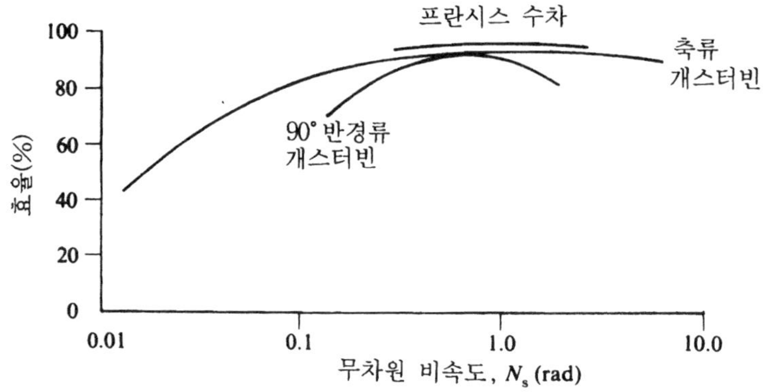

그림 7.5 무차원 비속도에 대한 효율의 변화

$$Q_2/ND_1^3 = (A_2/A_r)(\pi^2/4)(C_2/U_1)$$
$$= (A_2/A_r)(\pi^2/4)(1.414/C_s)C_2$$
$$= 3.49\,(A_2/A_r)(C_2/C_s)$$

이 된다. 이것을 식 (7.19)에 대입하면

$$N_s = 0.336(C_2/C_s)^{0.5}(A_2/A_r)^{0.5}\ \text{rev} \tag{7.21}$$

$$= 2.11(C_2/C_s)^{0.5}(A_2/A_r)^{0.5}\ \text{rad} \tag{7.22}$$

이 되며, 실제로

$$0.04 < (C_2/C_s)^2 < 0.3$$

$$0.1 < (A_2/A_r) < 0.5$$

이므로 무차원 비속도는 다음과 같은 범위 내에 있다.

$$0.3 < N_s < 1.1\ \text{rad}$$

따라서 무차원 비속도 범위는 매우 작음을 알 수 있다. N_s에 대한 효율의 변화는 그림 7.5와 같다.

연습문제

별도의 언급이 없으면 다음의 값들을 사용하라.

정압 비열 $C_p = 1147\ \text{J/kgK}$

비열비 $\gamma = 1.333$, 기체 상수 $R = 287\ \text{J/kgK}$

7.1 내향 반경류 개스터빈이 총압-총압 효율(노즐 입구에서 디퓨저 출구까지)이 0.9로 작동한다. 노즐의 입구에서 기체의 정체압력과 온도가 각각 300 kPa, 1150 K 이다. 디퓨저 출구에서의 압력은 100 kPa 이고 그 점에서의 유동 속도는 무시한다. 기체가 임펠러에 반경방향으로 유입되고 회전차 출구에서 선회가 없다면, 임펠러 팁의 속도와 노즐 출구에서의 유동각은 얼마인가? 노즐 출구에서의 마하수는 0.9이다.

7.2 소형의 내향 반경류 개스터빈이 다음의 설계 값을 가진다.

회전자 입구 팁 직경	90 mm
회전자 출구 팁 직경	62 mm
회전자 출구 허브 직경	25 mm
비 C_2/C_s	0.447
비 U_1/C_s(이상적인 경우)	0.707
날개 속도	30000 rpm
임펠러 출구에서의 밀도	1.8 kg/m^3

다음을 구하라.

(a) 터빈의 무차원 비속도

(b) 임펠러 출구에서의 체적유량

(c) 터빈에 의해 발생되는 동력

7.3 어떤 내향 반경류 개스터빈의 설계값이 다음과 같이 제안되었다.

노즐의 입구에서 정체압력, p_{00}	700 kPa
노즐의 입구에서 정체온도, T_{00}	1075 K
노즐의 출구에서 정압력, p_1	510 kPa
노즐의 출구에서 정온도, T_1	995 K
회전자의 출구에서 정압력, p_2	350 kPa
회전자의 출구에서 정온도, T_2	918 K
회전자의 출구에서 정체온도, T_{02}	920 K
비 r_{2av}/r_1	0.5
회전속도, N	26000 rpm

회전자로 유입되는 유동은 순전히 반경방향이고 출구에서는 모든 반경에서 축방향이다. 다음을 계산하라.

(a) 터빈의 총압-정압 효율

(b) 회전자의 외경

(c) 노즐과 회전자 익열에서의 엔탈피 손실계수

(d) 평균 직경에서의 날개 출구각 β_{2av}

(e) 터빈의 총압-총압 효율

7.4 터빈에 유입시켜 사용할 수 있는 배기 가스의 질량유량이 2.66 kg/s 일 때 문제 7.3의 데이터를 사용하여 다음을 계산하라.

(a) 회전자 출구에서의 체적유량

(b) 회전자 출구에서의 허브와 팁 직경

(c) 터빈에 의해 생산되는 출력

(d) 허브와 팁에서의 회전자 출구 날개 각

(e) 노즐 출구 각

(f) 입구에서 회전자 폭과 입구 팁 직경과의 비

7.5 디퓨저를 가진 내향 반경류 터빈이 있다. 디퓨저의 효율은 100%이다. 임펠러 출구에서의 절대속도가 음속에 도달할 때($M=1$) 터빈이 초크된다면 한계 총 압력비가 다음과 같이 됨을 보여라.

$1/(1-R^n)$

$=(C_2/C_s)^2\{[1+0.5(\gamma-1)M_2^2]/[0.5(\gamma-1)M_2^2]\}+\eta_{t(t-t)}$.

여기서 $R_n=(p_{02}/p_{00})^{(\gamma-1)/\gamma}$.

문제풀이

7.1

입구에서 디퓨저에 이르는 터빈의 전체 등엔트로피 효율이 다음과 같이 주어진다.

$$\eta_{t(t-t)}=\frac{T_{00}-T_{03}}{T_{00}-T_{03ss}}$$

식 (7.3)으로부터 $C_{x2}=0$일 때

$$W/m=U_1^2=C_p(T_{00}-T_{03})$$

이다. 또한

$$T_{00}\left(1-\frac{T_{03ss}}{T_{00}}\right)=T_{00}\left[1-\left(\frac{p_{03}}{p_{00}}\right)^{(\gamma-1)/\gamma}\right]$$

이므로

$$U_1^2=\eta_{t(t-t)}C_pT_{00}\left[1-\left(\frac{p_{03}}{p_{00}}\right)^{(\gamma-1)/\gamma}\right]$$

$$=0.9\times1147\times1150\left[1-\left(\frac{100}{300}\right)^{0.2498}\right]$$

임펠러 팁 속도는 $U_1 = 533.7\,\text{m/s}$

노즐 출구에서의 절대속도의 마하수는 다음과 같이 주어진다.

$$M_1 = C_1 / a_1 = \frac{U_1}{a_1 \sin \alpha_1}$$

노즐을 통한 유동은 단열이다. 그러므로

$$T_{00} = T_{01} = T_1 + \frac{C_1^2}{2C_p} = T_1 + \frac{U_1^2}{2C_p \sin^2 \alpha_1}$$

또는

$$\frac{T_1}{T_{00}} = 1 - \frac{U_1^2}{2C_p T_{00} \sin^2 \alpha_1}$$

이 된다. 한편,

$$C_p - C_v = R$$

또는

$$1 - \frac{1}{\gamma} = \frac{R}{C_p}$$

또는

$$\frac{\gamma - 1}{\gamma} = \frac{R}{C_p}$$

이므로, 이 C_p를 대입하면 다음을 얻는다.

$$\frac{T_1}{T_{00}} = 1 - \frac{U_1^2(\gamma - 1)}{2\gamma R T_{00} \sin^2 \alpha_1} = 1 - \frac{U_1^2(\gamma - 1)}{2a_{01}^2 \sin^2 \alpha_1}$$

그러나 $T_{00} = T_{01}$ 으로부터

$$\left(\frac{T_1}{T_{00}}\right)^{1/2} = \frac{a_1}{a_{00}} = \frac{a_1}{a_{01}}$$

이며,

$$\frac{a_1}{a_{01}} = \frac{U_1}{M_1 a_{01} \sin \alpha_1}$$

따라서

$$\left(\frac{U_1}{M_1 a_{01} \sin \alpha_1}\right)^2 = 1 - \frac{U_1^2(\gamma - 1)}{2a_{01}^2 \sin^2 \alpha_1}$$

이고

$$1 = \left(\frac{U_1}{a_{01} \sin \alpha_1}\right)^2 \left(\frac{\gamma - 1}{2} + \frac{1}{M_1^2}\right)$$

$$\sin^2 \alpha_1 = \left(\frac{U_1}{a_{01}}\right)^2 \left(\frac{\gamma - 1}{2} + \frac{1}{M_1^2}\right)$$

이다. 한편

$$\begin{aligned} a_{01}^2 &= \gamma R T_{01} \\ &= 1.333 \times 287 \times 1150 \\ &= 439956 \text{ m}^2/\text{s}^2 \end{aligned}$$

이므로, 노즐각은 아래와 같이 구해진다.

$$\begin{aligned} \sin^2 \alpha_1 &= \frac{533.7^2}{439956}\left(\frac{0.333}{2} + \frac{1}{0.9^2}\right) \\ &= 0.9071 \end{aligned}$$

노즐각 $\alpha_1 = 72.25°$

7.2

(a) 식 (7.21)로부터 무차원 비속도는

$$N_s = 0.336 \left(\frac{C_2}{C_s}\right)^{1/2} \left(\frac{A_2}{A_r}\right)^{1/2} \text{rev}$$

이다. 면적은

$$A_2 = \frac{\pi(D^2_{2\,tip} - D^2_{2\,hub})}{4}$$

$$= \frac{\pi(0.062^2 - 0.025^2)}{4}$$

$$= 2.53 \times 10^{-3}\,\mathrm{m}^2$$

$$A_r = \frac{\pi D_1^2}{4}$$

$$= \frac{0.09^2\pi}{4}$$

$$= 6.361 \times 10^{-3}\,\mathrm{m}^2$$

와 같이 계산되고, 무차원 비속도는 아래와 같이 된다.

$$N_s = 0.336\left(\frac{0.447 \times 2.53}{6.36}\right)^{1/2}$$

$$= 0.142 \text{ rev}$$

$$\underline{= 0.89 \text{ rad}}$$

그림 7.5을 보면 이 비속도 근처에서 효율값이 전반적으로 합리적임을 알 수 있다.

(b) 이상적인 터빈의 경우 출구에서의 유량은 식 (7.19)에 의해 주어진다.

$$N_s = 0.18\left(\frac{Q_2}{ND_1^3}\right)^{1/2} \text{ rev}$$

$$0.142 = 0.18\left(\frac{Q_2 \times 60}{30000 \times 0.09^3}\right)^{1/2}$$

따라서 유량은 다음과 같다.

$$\underline{Q_2 = 0.227\,\mathrm{m}^3/\mathrm{s}}$$

(c) 식 (7.3)으로부터 출력을 구할 수 있다.

$$W = mU_1^2$$

$$= \rho_2 Q_2 U_1^2$$

$$= 1.8 \times 0.227 \times \left(\frac{\pi N D_1}{60} \right)^2$$

$$= 1.8 \times 0.227 \times \left(\frac{\pi \times 30000 \times 0.09}{60} \right)^2$$

생산된 출력 $= 8.166$ kW

7.3

(a) 총압-정압 효율은 다음과 같이 주어진다.

$$\eta_{(t-s)} = \frac{h_{00} - h_{02}}{h_{00} - h_{2ss}} = \frac{1 - (T_{02}/T_{00})}{1 - (T_{2ss}/T_{00})}$$

등엔트로피 관계

$$\frac{T_{2ss}}{T_{00}} = \left(\frac{p_2}{p_{00}} \right)^{(\gamma-1)/\gamma}$$

로부터 아래와 같이 계산된다.

$$\eta_{t(t-s)} = \frac{1 - (T_{02}/T_{00})}{1 - (p_2/p_{00})^{(\gamma-1)/\gamma}}$$

$$= \frac{1 - (920/1075)}{1 - (350/700)^{0.2498}}$$

$$= 0.144/0.159$$

$$= 0.906$$

(b) 반경방향 입구유동에 대하여 $C_{x2} = 0$ 이고 $C_{x1} = U_1$ 이므로 식 (7.3)으로부터 비일(specific work)은

$$W/m = U_1^2$$

이다. 그러므로

$$C_p(T_{00} - T_{02}) = U_1^2$$

이고

$$U_1^2 = 1147(1075 - 920)$$

$$= 177785\ \mathrm{m^2/s^2}$$

$$U_1 = 421.6\ \mathrm{m/s}$$

이므로, D_1은 다음과 같이 구해진다.

$$D_1 = \frac{60\,U_1}{\pi N}$$

$$= \frac{60 \times 421.6}{\pi \times 26000}$$

$$= 0.31\ \mathrm{m}$$

(c) 노즐 손실계수의 식 (7.11)을 압력과 온도만을 포함하는 식으로 다시 정리한다.

$$\zeta_N = \frac{h_1 - h_{1s}}{0.5\,C_1^2}$$

그런데

$$\frac{C_1^2}{2C_p} = T_{01} - T_1 = T_{00} - T_1 \quad (T_{01} = T_{00})$$

이므로

$$\zeta_N = \frac{T_1 - T_{1s}}{T_{00} - T_1}$$

이 된다. 또한,

$$T_{1s} = \left(\frac{T_{1s}}{T_{00}}\right) T_{00}$$

$$= \left(\frac{p_1}{p_{00}}\right)^{(\gamma-1)/\gamma} \times T_{00}$$

$$= \left(\frac{510}{700}\right)^{0.2498} \times 1075$$

$$= 993.2\ \mathrm{K}$$

이 되고, 이 값을 윗식에 대입하면

$$\zeta_N = \frac{995-993.2}{1075-995}$$

<u>노즐 손실계수 $= 0.0225$</u>

회전자 손실계수는 식 (7.13)으로부터 구할 수 있다.

$$\zeta_R = \frac{h_2 - h_{2s}}{0.5 W_2^2}$$

지금

$$W_2^2 = C_2^2 + U_2^2$$

이며, 회전차 출구에서의 조건을 계산하기 위해 평균 직경을 사용하면

$$\frac{U_2}{U_1} = \frac{r_{2av}}{r_1}$$

$$U_2 = 0.5 \times 421.6$$
$$= 210.8 \text{ m/s}$$

또한

$$C_2^2 = 2C_p(T_{02} - T_2)$$
$$= 2 \times 1147(920-918)$$
$$= 4588 \text{ m}^2/\text{s}^2$$

을 얻는다. 그러므로

$$W_2^2 = 4588 + 210.8^2$$
$$= 49025 \text{ m}^2/\text{s}^2$$

이 된다. 한편,

$$h_2 - h_{2s} = C_p\left[T_2 - \left(\frac{T_{2s}}{T_1}\right)T_1\right]$$
$$= C_p\left[T_2 - \left(\frac{p_2}{p_1}\right)^{(\gamma-1)/\gamma} T_1\right]$$
$$= 1147(918-905.7)$$
$$= 14108 \text{ J/kg (또는 m}^2/\text{s}^2)$$

이다. 그러므로 다음의 결과를 얻는다.

$$\zeta_R = \frac{14108}{0.5\times 49025}$$

$$\underline{= 0.58}$$

(d) 총압-총압 효율은 식 (7.16)으로부터 구할 수 있다.

$$\frac{1}{\eta_{t(t-t)}} = \frac{1}{\eta_{t(t-s)}} - \frac{1}{2}\left(\frac{r_{2av}}{r_1}\cot\beta_{2av}\right)^2$$

그런데

$$\cot\beta_{2av} = C_2/U_2$$

$$= \frac{(4588)^{1/2}}{210.8}$$

$$= 0.321$$

$$\underline{\beta_{2av} = 72.2°}$$

이므로, 다음 결과를 얻는다.

$$\frac{1}{\eta_{t(t-t)}} = \frac{1}{0.906} - 0.5(0.5\times 0.321)^2$$

$$= 1.09$$

$$\underline{\eta_{t(t-t)} = 0.917}$$

7.4

터빈에 있어서 총압-총압의 엔탈피 강하에 근거를 둔 무차원 비속도는 식 (7.17)로부터 구할 수 있다.

$$N_s = \frac{NQ_2^{1/2}}{(h_{00} - h_{02ss})^{3/4}}$$

한편 등엔트로피 관계식

$$(h_{00} - h_{02ss}) = T_{00}C_p\left(1 - \frac{T_{02ss}}{T_{00}}\right)$$

을 사용하면

$$(h_{00}-h_{02ss})=C_p T_{00}\left[1-\left(\frac{p_{02}}{p_{00}}\right)^{(\gamma-1)/\gamma}\right]$$

이 되고,

$$\frac{p_2}{p_{02}}=\left(\frac{T_2}{T_{02}}\right)^{\gamma/(\gamma-1)}$$

으로부터

$$\begin{aligned} p_{02} &= 350\left(\frac{920}{918}\right)^4 \\ &= 353.06\,\text{kPa} \end{aligned}$$

을 얻으므로

$$\begin{aligned} (h_{00}-h_{02ss}) &= 1147\times 1075\left[1-\left(\frac{353.06}{700}\right)^{0.2498}\right] \\ &= 193.78\,\text{kJ/kg} \end{aligned}$$

이 된다. 회전속도는 아래와 같이 계산된다.

$$\begin{aligned} \omega &= \frac{2\pi N}{60} \\ &= \frac{2\pi\times 26000}{60} \\ &= 2722.7\,\text{rad/s} \end{aligned}$$

유량의 식

$$Q_2 = m/\rho_2$$

에서

$$\begin{aligned} \rho_2 &= \frac{p_2}{RT_2} \\ &= \frac{350\times 10^3}{287\times 918} \\ &= 1.328\,\text{kg/m}^3 \end{aligned}$$

이므로

$$Q_2=\frac{2.66}{1.328}$$

$$= 2.0\,\text{m}^3/\text{s}$$

이다. 이로부터 비속도는 다음과 같이 계산된다.

$$N_s = \frac{2722.7 \times (2.0)^{1/2}}{(193.78 \times 10^3)^{3/4}}$$
$$= 0.416\,\text{rad}$$

어느 효율을 사용해야 하는지 문제에서 언급하지 않았기 때문에, 무차원 비속도는 총압-정압 효율에 상응하는 총압-정압의 엔탈피 강하에 근거를 둘 수도 있다. 이렇게 하여 구한 값은

$$h_{00} - h_{2ss} = C_p T_{00}\left[1 - \left(\frac{p_2}{p_{00}}\right)^{(\gamma-1)/\gamma}\right]$$
$$= 196.035\,\text{kJ/kg}$$

그리고

$$N_s = 0.413\,\text{rad}$$

이 되어 앞에서 구한 결과들과 차이가 작음을 알 수 있다.

(b) 체적유량의 공식은

$$Q_2 = A_2 C_2$$
$$= \pi(r_{2\,\text{tip}}^2 - r_{2\,\text{hub}}^2) C_2$$
$$= 2\pi r_{2\text{av}} h C_2$$

이다. 여기서 $r_{2\text{av}} = (r_{2\text{hub}} + r_{2\text{tip}})/2$ 이며 h는 허브와 팁 사이의 날개의 높이이다. 지금

$$C_2^2 = 2C_p(T_{02} - T_2)$$
$$= 2 \times 1147(920 - 918)$$
$$= 4588\,\text{m}^2/\text{s}^2$$
$$C_2 = 67.7\,\text{m/s}$$

및

$$r_{2av} = 0.5 \times 0.155$$

$$= 0.0775\,\text{m}$$

이므로, 다음과 같이 h를 구할 수 있다.

$$h = \frac{2.0}{2\pi \times 0.0775 \times 67.7}$$

$$= 0.061\,\text{m}$$

이어서

$$r_{2hub} = r_{2av} - \frac{h}{2}$$

$$= (0.5 \times 0.155) - \frac{0.061}{2}$$

$$= 0.047\,\text{m}$$

<u>허브 직경 = 0.094 m</u>

$$r_{2tip} = r_{2av} + \frac{h}{2}$$

$$= (0.5 \times 0.155) + \frac{0.061}{2}$$

$$= 0.108\,\text{m}$$

<u>팁 직경 = 0.216 m</u>

(c) 식 (7.3)으로부터 출력을 구하면 다음과 같다.

$$W = mU_1^2$$

$$= 2.66 \times 421.6^2$$

<u>출력 = 472.8 kW</u>

(d) C_2는 출구 원환에서 축방향이고 균일하므로 출구 속도 삼각형으로부터

$$\tan\beta_2 = U_2 / C_2$$

이 된다. 팁에서

$$U_{2tip} = U_1 \frac{r_{2tip}}{r_1}$$

$$= 421.6\left(\frac{0.108}{0.155}\right)$$

$$= 293.8 \text{ m/s}$$

$$\tan\beta_2 = \frac{293.8}{67.7}$$

$$\underline{\text{출구 팁 } \beta_2 = 77°}$$

허브에서

$$U_{2\text{hub}} = 421.6\left(\frac{0.047}{0.155}\right)$$

$$= 127.8 \text{ m/s}$$

$$\tan\beta_2 = \frac{127.8}{67.7}$$

$$\underline{\text{출구 허브 } \beta_2 = 62°}$$

(e) 노즐을 통해 $h_{00} = h_{01}$ 이고

$$C_1^2 = 2C_p(T_{00} - T_1)$$

$$= 2 \times 1147(1075 - 995)$$

$$= 183520 \text{ kJ/kg}$$

이므로 노즐 출구 속도는 다음과 같이 구해진다.

$$C_1 = 428.4 \text{ m/s}$$

입구 속도 삼각형으로부터 다음을 알 수 있다.

$$\sin\alpha_1 = U_1 / C_1$$

$$= \frac{421.6}{428.4}$$

$$\underline{\text{노즐 각 } \alpha_1 = 79.7°}$$

(f) 임펠러 입구에서의 연속방정식으로부터

$$m = \rho_1 A_1 C_{r1}$$

$$= \rho_1 \pi D_1 W_1 b_1$$

이며, 여기서 b_1은 입구에서 임펠러 날개의 깊이이다.

$$\frac{b_1}{D_1}=\frac{m}{\pi\rho_1 D_1^2 W_1}$$

그러나

$$W_1 = U_1 \cot \alpha_1$$

$$=421.6 \cot 79.7°$$

$$=76.62 \text{ m/s}$$

이고

$$\rho_1=\frac{p_1}{RT_1}$$

$$=\frac{510}{287\times 995}$$

$$=1.786 \text{ kg/m}^3$$

이므로, 윗 식에 대입하면 날개 깊이는 다음과 같다.

$$\frac{b_1}{D_1}=\frac{2.66}{\pi\times 1.79\times 0.31^2\times 76.62}$$

$$=0.0642$$

날개 길이 $=0.02$ m

7.5

디퓨저에서의 유동이 등엔트로피이기 때문에 $T_{02ss}=T_{03ss}$, $T_{02}=T_{03}$ 및 $p_{02}=p_{03}$이다. 총압-총압 효율은

$$\eta_{t(t-t)}=\frac{T_{00}-T_{02}}{T_{00}-T_{02ss}}$$

이며, 표 7.1로부터 분출속도는

$$\frac{C_s^2}{2C_p}=T_{00}-T_{02ss}$$

이다. 이것을 윗 식에 대입하면

$$\eta_{t(t-t)} = \frac{1}{1-(T_{02ss}/T_{00})} - \frac{2T_{02}C_p}{C_s^2} \qquad \text{(i)}$$

이며, 등엔트로피 관계를 사용하면

$$\frac{T_{02ss}}{T_{00}} = \left(\frac{p_{02}}{p_{00}}\right)^{(\gamma-1)/\gamma}$$

이 된다. 온도비를 대입하고 양변에 C_2^2를 곱하면

$$C_2^2\eta_{t(t-t)} = \frac{C_2^2}{1-(p_{02}/p_{00})^{(\gamma-1)/\gamma}} - 2T_{02}C_p\left(\frac{C_2}{C_s}\right)^2$$

또는

$$\left(\frac{C_2}{C_s}\right)^2 = \left(\frac{1}{1-(p_{02}/p_{00})^{(\gamma-1)/\gamma}} - \eta_{t(t-t)}\right)\frac{C_2^2}{2C_pT_{02}} \qquad \text{(ii)}$$

이 된다. 한편,

$$\frac{T_{02}}{T_2} = 1 + \frac{C_2^2}{2C_pT_2} \qquad \text{(iii)}$$

이고

$$\frac{R}{C_p} = \frac{C_p - C_v}{C_p} = 1 - \frac{1}{\gamma} = \frac{\gamma-1}{\gamma}$$

이다. 식 (iii)에서 이 C_p를 대입하면

$$\frac{T_{02}}{T_2} = 1 + \frac{(\gamma-1)}{2}\frac{C_2^2}{\gamma RT_2}$$

이 되고

$$a_2^2 = \gamma RT_2$$

이므로

$$\frac{T_{02}}{T_2} = 1 + \left(\frac{\gamma-1}{2}\right)M_2^2 \qquad \text{(iv)}$$

따라서

$$\frac{C_2^2}{2C_p} = T_{02} - T_2 = \frac{T_2(\gamma-1)}{2}M_2^2 \tag{v}$$

또는

$$\frac{C_2^2}{2C_pT_{02}} = \frac{\frac{1}{2}(\gamma-1)M_2^2}{1+\frac{1}{2}(\gamma-1)M_2^2} \tag{vi}$$

이 된다. 식 (vi)을 (ii)에 대입하고 $R^n = (p_{02}/p_{00})^{(\gamma-1)/\gamma}$을 쓰면

$$\left(\frac{C_2}{C_s}\right)^2 = \left(\frac{1}{1-R^n} - \eta_{t(t-t)}\right)\left(\frac{\frac{1}{2}(\gamma-1)M_2^2}{1+\frac{1}{2}(\gamma-1)M_2^2}\right)$$

이 되고, 다시 정리하면

$$\frac{1}{1-R^n} = \left(\frac{C_2}{C_s}\right)^2\left(\frac{1+\frac{1}{2}(\gamma-1)M_2^2}{\frac{1}{2}(\gamma-1)M_2^2}\right) + \eta_{t(t-t)}$$

또는

$$\frac{1}{1-(p_{02}/p_{00})^{(\gamma-1)/\gamma}} = \left(\frac{C_2}{C_s}\right)^2\left(\frac{1+\frac{1}{2}(\gamma-1)M_2^2}{\frac{1}{2}(\gamma-1)M_2^2}\right) + \eta_{t(t-t)}$$

을 얻는다. 선택한 $\eta_{t(t-t)}$와 M_2의 값에 대하여 $(C_2/C_s)^2$를 바꾸어 가면서 (p_{02}/p_{00})를 구할 수 있다.

찾아보기

■ 서용권
1974년 서울대학교 공과대학 기계공학과 졸업
1981 – 1983 영남공업전문대학 자동차과
1983 – 1986 State University of New York at Buffalo, Ph.D.
1986 – 현재 동아대학교 기계공학과 교수
1998년 대한기계학회 남헌학술상 수상

■ 예용택
1975년 경북대학교 공업교육학과 졸업
1975 – 1979 대구공업고등학교 교사
1988 – 1994 경북대학교 대학원 기계공학과 박사
1979 – 현재 경일대학교 기계공학부 교수

■ 주원구
1981년 연세대학교 기계공학과 졸업
1989 – 1994 University of Cambridge, Ph.D.
1994 – 1995 Whittle Laboratory, University of Cambridge, Post-Doc
1995 – 현재 연세대학교 기계공학과 조교수

터보유체기계

지은이 A. T. Sayers
옮긴이 서용권 · 예용택 · 주원구
펴낸이 조경희
펴낸곳 경문사
펴낸날 2018년 3월 5일
등 록 1979년 11월 9일 제313-1979-23호
주 소 04057, 서울특별시 마포구 와우산로 174
전 화 (02) 332-2004 팩스 (02) 336-5193
이메일 kyungmoon@kyungmoon.com

값 24,000원

ISBN 978-89-7282-483-1